Umsetzungsmanagement

Matthias Kolbusa

Umsetzungsmanagement

Wieso aus guten Strategien und
Veränderungen häufig nichts wird

Matthias Kolbusa
Hamburg,
Deutschland

ISBN 978-3-658-02236-5   ISBN 978-3-658-02237-2 (eBook)
DOI 10.1007/978-3-658-02237-2

Die Deutsche Nationalbibliothek verzeichnet diese Publikation in der Deutschen Nationalbibliografie;
detaillierte bibliografische Daten sind im Internet über http://dnb.d-nb.de abrufbar.

Springer Gabler
© Springer Fachmedien Wiesbaden 2013

Lektorat: Stefanie A. Winter, Eva-Maria Fürst

Gedruckt auf säurefreiem und chlorfrei gebleichtem Papier

Springer Gabler ist eine Marke von Springer DE. Springer DE ist Teil der Fachverlagsgruppe
Springer Science+Business Media
www.springer-gabler.de

Für meine wunderbare Frau,
von der ich vieles über das Leben gelernt habe und
mit Sicherheit noch lernen werde.

Vorwort von Dr. Werner Brinker

Ohne Zweifel gehört die Energiebranche derzeit mit zu den dynamischsten Wirtschaftszweigen überhaupt. Das Thema „Energiewende" ist in aller Munde. Nicht erst seit dem Unglück des Kernreaktors in Fukushima 2011 bestimmt es die Diskussionen in Öffentlichkeit und Politik. Seit längerer Zeit schon tragen Klimaschutzvorgaben, Instrumente wie das Erneuerbare-Energien-Gesetz, der von Rot-Grün beschlossene Ausstieg aus der Atomkraft sowie technologische Entwicklungen wie Blockheizkraftwerke und Brennstoffzellen auch zu realen Veränderungen auf dem gesamten Energiesektor bei. Eine Umkehr der industriellen Branchenlogik von einer zentral geführten Stromerzeugung zu einer dezentralen sowie regenerativen Stromerzeugung hat stattgefunden und ist weiterhin in Gange.

Doch nicht nur die Energiebranche ist mit wachsenden Anforderungen und der Notwendigkeit, sich innerhalb kurzer Zeit neu zu erfinden, konfrontiert worden. Sich immer schneller verändernde Markt- und Wettbewerbserfordernisse zwingen nahezu jede Branche, ob Telekommunikation, Handel, Automotive, Stahl etc., ihre Geschäftsmodelle zu überdenken und sich kontinuierlich dem Wandel anzupassen, um im internationalen und nationalen Wettbewerb bestehen zu können. Insbesondere die vier Megatrends Globalisierung, technologischer Fortschritt, demografischer Wandel und Ressourcenverknappung tragen dazu bei, dass sich Geschäftsmodelle immer schneller ändern und Unternehmen sich immer weniger auf einmal erreichten Erfolgen ausruhen können. Sie müssen nicht nur lernen, mit den Auswirkungen dieser Trends dauerhaft umzugehen, sondern auch sie weniger als Risiken, denn primär als Chancen zu interpretieren. Mehr denn je müssen alle Verantwortlichen in Unternehmen sich darauf einstellen, mit einem zunehmenden Maß an Widersprüchlichkeit, Unsicherheit und Ungewissheit umgehen zu können. Das bedeutet unter anderem, dass Strategien immer weniger einen klaren Weg über Jahre vorzeichnen, sondern dass man auf die richtigen Gelegenheiten zum richtigen Zeitpunkt vorbereitet sein muss. Insbesondere die Umsetzungskompetenz, Strategien zügig und gezielt Realität werden zu lassen, wird vor dem Hintergrund der geringeren Halbwertzeiten immer entscheidender. So entwickelt sich diese Umsetzungskompetenz von einer Fähigkeit an sich zu einem ausschlaggebenden Wettbewerbsfaktor. Nur solche Führungskräfte, die es schaffen, in hoher Geschwindigkeit neue Themen zum Erfolg zu führen, indem sie rechtzeitig auf relevante Veränderungen des Umfelds (Politik, Märkte etc.) mit entsprechenden Neuausrichtungen und Anpassungen des eigenen Unternehmens zügig und gekonnt reagieren, werden zu den Gewinnern zählen.

Genau diesen Zusammenhang stellt Matthias Kolbusa in seinem Buch „Umsetzungsmanagement" eindrucksvoll dar. Er zeigt, warum es so wichtig ist, dass man – parallel zum exzellenten Managen des operativen Geschäftes – Strategien und Veränderungen mit den vorhandenen Ressourcen so schnell wie möglich Realität werden lässt und die Fallstricke, die für schleppende Umsetzungen und nicht selten auch deren Scheitern sorgen, gekonnt umgeht. Das Entscheidende dabei ist, dass man vom Beginn einer Umsetzung an immer das Ende im Blick hat. Nur wenn konsequent vom zu erzielenden Ergebnis her gedacht und gearbeitet wird, kann die nötige Geschwindigkeit aufgebaut werden. Matthias Kolbusa führt den Leser über seine detaillierten Beschreibungen der für erfolgreiches Umsetzungsmanagement notwendigen Aspekte zu der Souveränität, die sie brauchen, um sich innerhalb ihres Umsetzungsvorhabens auf die wirklich wichtigen Dinge zu beschränken. Der Autor liefert einen Leitfaden, wie man Umsetzungen von Strategien oder Veränderungsprogrammen bis zum Ende durchdenkt, plant und ausführt, damit diese erfolgreich gelingen. Ein Leitfaden, der viel unnützes und unproduktives Arbeiten ersparen hilft.

Erfahrungen aus der Beratungspraxis des Autors bei mittelständischen Unternehmen wie auch Konzernen unterschiedlicher Branchen fließen in Form inspirierender Fallbeispiele der Umsetzungsarbeit mit ein. Von den beschriebenen Herausforderungen und Umsetzungserkenntnissen profitieren alle, die mit Umsetzungsmanagement im Unternehmen betraut sind oder sich dafür interessieren.

Freuen Sie sich auf ein unterhaltsames und anregendes Buch!

Dr. Werner Brinker
EWE AG, Vorstandsvorsitzender
(www.ewe.ag)

Vorwort des Autors: Konzentration auf das Ergebnis

Es gibt eine unendliche Fülle an Büchern zur Strategiearbeit wie auch zum Thema Führung, Umsetzung und Projektmanagement und nicht zu vergessen Change-Management. Doch die Lektüre vermittelt im Grunde das, was ich auch als Managementberater bei einer Vielzahl von Strategie- und Umsetzungsvorhaben erlebe: Hauptgegenstand in der Praxis wie in der Theorie ist der „Input" und nicht das, worauf es ankommt – das Ergebnis. Im Management ist die Konzentration im Wesentlichen auf Einzelthemen und dazu entwickelter Pläne und Aktivitäten gerichtet und auch ein Großteil der einschlägigen Literatur beschäftigt sich mit singulären Fragestellungen oder Methoden. Worauf es bei der Umsetzung von Strategien und dem Gelingen von Veränderungen jedoch ausschließlich ankommt, ist das Ergebnis, das erreicht werden soll.

So gesehen dürfen auch die bei Umsetzungs- und Veränderungsvorhaben eingesetzten Methoden lediglich als Mittel zum Zweck verstanden werden, als Instrumentarium, das nicht für sich steht, sondern genutzt wird, um ein konkretes Ziel zu erreichen. Sowohl in den meisten Büchern wie auch in den Unternehmen werden Methoden hingegen vielfach ohne kritisches Hinterfragen als Garanten für den Erfolg gehandelt, denen bedingungslos zu folgen sei – gleichgültig um welche Art von Veränderungsprozess es geht.

Im Gegensatz dazu möchte ich in diesem Buch zeigen, weshalb bei Strategieumsetzungen oder Veränderungen einzig und allein das Ziel im Visier sein sollte, von dem alles andere abgeleitet werden muss. Den Weg zu diesem Ziel zu finden, erfordert anstrengendes Nachdenken und Reflektieren sowie ein erhebliches Maß an Konsequenz im Vorgehen.

Mein Buch soll Ihnen vermitteln, wie Sie den Blick stets auf Ihr anzustrebendes Ziel ausrichten und auch auf unkonventionelle, das heißt noch nicht vorgedachte bzw. vorpraktizierte Lösungen kommen können. Die Anregungen und Anstöße, die ich Ihnen geben möchte, sollen nicht zuletzt helfen, die Produktivität Ihres Umsetzungsvorhabens auf ein neues Niveau zu heben.

Viel Erfolg bei Ihren zukünftigen Umsetzungen wünscht Ihnen

Ihr Matthias Kolbusa

Inhaltsverzeichnis

1   Der Unterschied zwischen Ziel, Strategie, Taktik und Ausführung   1
    1.1   Strategische Planung – Ein Oxymoron   3
    1.2   EBIT und Umsatz sind keine Ziele   10
    1.3   Strategie – Ein Ergebniserlebnis   14
    1.4   Taktik – Konzeption ist wichtiger als Planung.   22
    1.5   Ausführung – kommt manchmal vor Strategie   25

2   Das Umsetzungsdilemma   27
    2.1   Umsetzungsmomentum – Zwischen Frust und Flow   28
    2.2   Von verfehltem Planungs- und Kontrollverständnis   34
    2.3   Die Change-Bremsen – Der Geist ist willig, aber   36
    2.4   Der Panic Point – Wenn sich Angst breit macht   38

3   Der Kern des Umsetzungserfolges: Die Konzeption   41
    3.1   Das Vorgehen in der Konzeption – Ein Leitfaden   41
    3.2   Scharfstellen – Der Kampf gegen Unsicherheit   48
    3.3   Puzzle-Management – Filme synchronisieren   58

4   Methodenkrebs – Diagnose, Beseitigung und Vermeidung   63
    4.1   Ursachen und Effekte des Methodenkrebses   64
    4.2   Die Diagnose des Methodenkrebses   70
    4.3   Wieso Denken wichtiger als Management ist. Konzeption   76
    4.4   Mit Geschwindigkeit Komplexität reduzieren   82

5   Sich nicht verwirren lassen – Komplexitätsbeherrschung   89
    5.1   Wenn die Dinge mehr als kompliziert werden   90
    5.2   Meist vorprogrammiert: Unnötige Komplexität   97
    5.3   Entscheidend: der unkritische Pfad – Planungskomplexität   105
    5.4   Dem täglichen Komplexitätschaos begegnen – Prinzipien
          und Werkzeuge   108

6   Die Gretchenfrage: Wie steht es mit der Einbindung? 113
   6.1   Der Mythos Team 114
   6.2   Umsetzungsstrukturierung – lieber Sportwagen als Bus 121
   6.3   Ohne veränderte Zielsysteme keine Resultate 126
   6.4   Die Emotionalisierung und Entemotionalisierung von
         Umsetzungsprozessen 129
   6.5   Umsetzungspolitik – Das Zusammenspiel der Kräfte regeln.............. 133

7   Am Ball bleiben: Konsequenz statt Härte! 137
   7.1   Führung – Keine Kompromisse 138
   7.2   Wo nichts passiert, wenn nichts passiert, passiert nichts 146
   7.3   Weg vom Farbenwunder – Gutes Umsetzungsreporting 149

8   Noch einen Gang höher: Umsetzungsgravitation und Umsetzungsexzellenz . . 153
   8.1   Das Gravitationsprinzip in der Umsetzung 154
   8.2   Auswahl und Führung der Chief Gravitation Officers 161
   8.3   Der Wettbewerbsfaktor Umsetzungsperformance 165
   8.4   Managementprinzipien von Umsetzungskulturen 171
   8.5   Führung – Worauf es ankommt 174

9   Überblick – Schnelle Hilfe zur Umsetzungsbeschleunigung 177

Anhang 191

Sachverzeichnis 193

Über den Autor

 **Matthias Kolbusa** Diplom-Informatiker und Master of Business Administration (MBA), betreibt als Geschäftsführender Partner unter dem Dach der von ihm 2001 gegründeten EXECUTIVE Consulting GmbH von Hamburg aus ein internationales Netzwerk ausgewählter Topmanagement-Berater. Er berät seit über zehn Jahren internationale Konzerne, mittelständische Unternehmen und Non-Profit-Organisationen bei ihrer strategischen Ausrichtung wie auch bei der Umsetzung von Strategien und Veränderungsvorhaben. Zu seinen Klienten gehören u.a. AXA, Axel Springer, Bosch, Daimler, DAK, Deutsche Telekom, EnBW, E-Plus, EWE, MAN, (o2) Telefonica, Provinzial, Signal Iduna, Volkswagen.

Kennzeichnend für ihn und seine Arbeit ist eine „gnadenlose" Ergebnisorientierung. Methoden, ob strategischer, politischer oder dialektischer Natur, sind stets nur Mittel zum Zweck und so schlank wie möglich zu halten. Am Ende zählt nur eines: der menschlich und global verantwortungsvoll herbeigeführte unternehmerische Erfolg.

Klienten schätzen an Matthias Kolbusa, dass er sie wirklich voranbringt: für strategische Klarheit sorgt, Managementstrukturen schafft, hinter Strategien eint und ihnen eine wertvolle, aktiv helfende Hand dabei ist, diese Strategien und Veränderungen erfolgreich umzusetzen. Auf effiziente Art und Weise schafft und etabliert er mit der richtigen Politik Strukturen, die zu unternehmerischem Erfolg führen.

Als Mitglied des *Club of Rome* verbindet er seine Leidenschaft für vernetztes Denken und strategisches Management mit sozialer Verantwortung, indem er sich dort persönlich stark für Projekte, aktuell im Bildungsbereich, engagiert.

Auf der Basis seines eigenen Erfolges und seines Beratungsverständnisses coacht er seit mehreren Jahren auch Berater, um sie und ihre Klienten erfolgreicher zu machen.
Internet: www.executive.de

Der Unterschied zwischen Ziel, Strategie, Taktik und Ausführung

Zusammenfassung

Aus Strategien und Veränderungen echte Erfolge machen klingt gut und scheint auch plausibel. Strategien werden entwickelt, um Veränderungsprozesse einzuleiten, die dann zum Erfolg führen. Ganz einfach! Was aber, so könnte zu Recht gefragt werden, sind Strategien, was macht eine Veränderung aus? Sprechen wir hier von Zielen oder von Prozessen auf ein erwünschtes Ziel hin? Bewegen wir uns im Rahmen von Visionen und Missionen, die zunächst Raum für freie Entfaltung brauchen und dann erst allmählich in ein Begriffsraster überführt werden können? Es ist aus meiner Erfahrung heraus sehr sinnvoll, sich Gedanken über den Inhalt der zentral verwendeten Begriffe zu machen, bevor man in einen Veränderungsprozess einsteigt. Zu oft habe ich erlebt, welch konfuse Diskussionen in Unternehmen sich ergeben können, wenn es keine verbindliche Verständigungsgrundlage gibt. Und zu oft kommt es deswegen zu Fehlentscheidungen, falschen Weichenstellungen, die die Umsetzung von Strategien oder Veränderungsprogrammen unnötig erschweren, wenn nicht komplett unmöglich machen.

Folglich sollten wir hier, wie im Prinzip bei jeder Erörterung eines Sachthemas, als Erstes die begrifflichen Grundlagen klären. Dies jedoch nicht in der Form einer abstrakten Herleitung und Analyse, sondern vielmehr als genaue Bestimmung und Abgrenzung. Denn meine Erfahrungen aus der Begleitung zahlreicher Umsetzungen haben mich gelehrt, dass in der Unternehmenspraxis viel über Ziele, Strategie, Umsetzung etc. geredet wird, ohne dass ein einheitliches Verständnis davon erkennbar wäre. So kann man in Strategie-Workshops häufig ein fröhliches Hinundherspringen zwischen den Ebenen von Strategie, Taktik, Planung und Umsetzung beobachten und am Ende ist nichts wirklich konsequent durchdacht. Eine ineffiziente Umsetzung ist auf diese Weise praktisch vorprogrammiert. Voraussetzung für zielgerichtetes, durchdachtes strategisches Arbeiten und

M. Kolbusa, *Umsetzungsmanagement*,
DOI 10.1007/978-3-658-02237-2_1, © Springer Fachmedien Wiesbaden 2013

für das anschließende konsequente Umsetzungsmanagement ist absolute Klarheit und Trennschärfe der Begriffe.

Deswegen stelle ich Ihnen zunächst meine Begriffsdefinitionen vor, die Grundlage meiner Strategiekonzeption sind. Für Ihre eigene strategische Arbeit müssen Sie nicht zwingend exakt diesen Definitionen folgen, wohl aber dem Grundsatz, dass sämtliche Beteiligte mit Ihrer Auffassung, Bestimmung und Verwendung zentraler Begriffe immer und absolut konform sind. Denn nur unter dieser Voraussetzung ist gezieltes (effektives) und effizientes Arbeiten möglich.

Nicht selten treffe ich auf Aussagen wie: „Wir möchten unsere Strategie der Internationalisierung fortsetzen" oder „Wir müssen mehr Innovationen einführen". Was hier jedoch unter dem Begriff Strategie firmiert, ist maximal ein sinnvoller Meilenstein oder eine Maßnahme für eine Strategieumsetzung. In den sogenannten strategischen Diskussionen wird also tatsächlich in aller Regel über Maßnahmen gesprochen und damit, weil es so schön plastisch und „konkret" dabei zugeht, fast automatisch das „Wie" vor das „Was" der anstehenden Veränderung gerückt, also der zweite vor dem ersten Schritt getan. Auch hier hilft die frühzeitige Klärung und Abgrenzung der verwendeten Begriffe, trägt zur Vermeidung von Verwirrung und Missverständnissen und daraus resultierender unproduktiver Praxis bei. Auf der Grundlage dieser begrifflichen Prämissen wird zunächst ausschließlich darüber diskutiert, was aus welchem Grund erreicht werden soll. Wenn also während einer Strategiediskussion der COO darauf hinweist, dass das Vereinbarte bedeuten würde, dass er in der Folge Teile der Produktion verlagern müsse, wird er augenblicklich in seinen Ausführungen gestoppt, weil sein (durchaus legitimes) Anliegen in den Bereich der Maßnahmen gehört, also unter dem Aspekt des Wie besprochen werden muss. Oder wenn der Marketing-Chef klären möchte, ob nicht die Kompetenzen der Produktentwickler für die Innovationsvermarktung genutzt werden könnten, um die Innovationsführerschaft nach vorne zu bringen, muss auch er sich gedulden. Denn auch über diesen Punkt würde die Diskussion vom Was ins Wie abdriften und vor der Klärung der Strategie die der Maßnahmen durchgeführt werden. Wenn von Strategie gesprochen wird, ist Strategie im Sinne der vereinbarten Definition gemeint und alle wissen es und konzentrieren sich darauf. Wenn von Zielen die Rede ist, sind Ziele im Sinne der Definition gemeint etc.

Meine Ausführungen in diesem Buch werden bestätigen, was viele von Ihnen wahrscheinlich schon immer gespürt und implizit gewusst haben: Ein erheblicher Teil der Arbeiten im Rahmen der Umsetzung von Strategien oder Veränderungsprogrammen ist nicht selten unnütz oder unproduktiv. Der Anteil dürfte über den Daumen gepeilt bei immerhin einem Drittel des Gesamtaufwands liegen. Einer der Hauptgründe dafür ist, dass nicht konsequent vom (zu erzielenden) Ergebnis her gedacht und gearbeitet wird. Voraussetzung für eine klare Ergebnisorientierung ist allerdings ein fester Anker und der liegt nun mal in der Zielsetzung einerseits und der Strategie andererseits oder einem Gemisch aus beidem, ergänzt um ein wenig Umsetzungsplanung bzw. ein paar Umsetzungsmaßnahmen.

Die drei größten Fallstricke, die dafür verantwortlich sind, dass Umsetzungen zäh werden, ins Stocken geraten oder am Ende gar scheitern, sind:

- Unklarheit über das Wieso
  Die Ziele sind inhaltlich nicht genau formuliert und entsprechend nicht wirklich durchdacht. An Ergebnis-Kennzahlen wie EBIT oder Umsatz lässt sich zwar der unternehmerische Erfolg messen, nicht jedoch der Umsetzungsgrad der Gesamtperspektive einer Organisation, sprich ihrer Vision. (siehe Kap. 1.2).
- Kein wirkliches Zielbild
  Das Ziel ist nicht konkret vermittelt. Zu häufig geben lediglich ein paar abstrakte Kernaussagen die Orientierung vor, doch Zahlen, Daten und Fakten bringen die Leute zwar zum Nachdenken, nicht aber zum Handeln. Dazu bedarf es Emotionen, die mit dem Ziel in Verbindung gebracht werden können. (siehe Kap. 1.3).
- Verwirrung und Unsicherheit durch voreiliges Handeln
  Zu schnell wird dem Bedürfnis, rasch konkret etwas zu tun, nachgegeben. Der Preis dafür? Strategien und Veränderungen werden nicht gründlich genug durchdacht und das „Was heißt das denn jetzt genau-Phänomen" (WHDJG-Phänomen) greift um sich und sorgt für ineffiziente Umsetzungsarbeit (siehe Kap. 1.4).

Entlang dieser Fallstricke möchte ich Ihnen in Kap. 2 das „Umsetzungsdilemma" verdeutlichen, bevor ich in Kap. 3 bis 7 detailliert die für erfolgreiche Umsetzungen notwendigen Aspekte behandle und in Kap. 8 die Möglichkeiten des fortgeschrittenen Umsetzungsmanagements und die Etablierung einer unternehmensweiten High-Performance-Umsetzungskultur aufzeige. Schließlich werde ich Ihnen in Kap. 9 „Umsetzungsbeschleunigung im Überblick" einen Leitfaden an die Hand geben, mit dessen Hilfe Sie die laufende Umsetzung ihrer Strategie, Veränderung oder Reorganisation auf alle Fälle auf ein höheres Niveau bringen.

Um meine Erkenntnisse im Umsetzungsmanagement so konkret wie möglich zu machen, werde ich Ihnen regelmäßig Beispiele aus meiner eigenen Praxis bieten. Dabei ist es ganz gleich, ob es um einen Prozess in einer Versicherung, einer Bank, einem Telekommunikationsanbieter, einem Energieversorger etc. geht. Die Herausforderungen in der Umsetzung, die Erkenntnisse daraus, die Gespräche, die Methoden sind auf Unternehmen jeder Art, Größe und Branche übertragbar. Ich habe in den verschiedensten Ländern und Kulturen nach meiner Methode gearbeitet, in Weltkonzernen wie auch in mittelständischen Unternehmen der verschiedensten Branchen – das Prinzip bleibt immer dasselbe.

1.1 Strategische Planung – Ein Oxymoron

Obwohl im Management weit verbreitet und gerne genutzt birgt der Begriff der „strategischen Planung" aus meiner Sicht ein grundsätzliches Problem: Er bringt zusammen, was nicht zusammengehört, erweist sich so gesehen als Widerspruch in sich. Strategien beschreiben, ausgehend von einer definierten Position, die ein Unternehmen in Zukunft erreichen möchte, den grundsätzlichen Maßnahmen-, Entscheidungs- und Strukturrahmen, innerhalb dessen dieses Ziel erreicht werden soll, während sich die Planung mit der Fragestellung beschäftigt, was konkret und im Einzelnen zu tun ist, um zu dieser Position zu gelangen. Dies gleichzeitig zu tun, also Schritte zu planen und währenddessen zu überlegen, wohin sie eigentlich führen sollen, ist schlicht Unfug. Stellen Sie sich vor, Sie laufen los und haben den Anspruch ein Ziel zu erreichen, merken aber, dass Sie noch keinerlei Zielvorstellung haben. Während des Gehens versuchen Sie, Ihr Ziel wie auch den Weg dorthin gleichzeitig festzulegen – ob Sie dabei geradeaus gehen, links abbiegen oder kehrt machen, spielt noch gar keine Rolle, weil es ja noch nichts gibt, das die grundsätzliche Richtung vorgeben könnte. Diese Vermengung macht Ihr Vorhaben äußerst kompliziert und es spricht Einiges dafür, dass Sie es abbrechen werden.

Strategische Planung ist ein Oxymoron und sollte aus dem Vokabular des strategischen Managements verbannt werden: Entweder wird eine Strategie erarbeitet oder ein Plan entwickelt, der eine Strategie umsetzen hilft, beides gleichzeitig geht schlicht nicht. Sie diskutieren mit Ihrer Familie auch nicht darüber, ob sie mit dem Auto, Zug oder Flugzeug in den Urlaub fahren und was Sie alles mitnehmen müssen, ohne vorher das Ziel festgelegt zu haben. Es sei denn, Sie haben eine „Überraschungsreise" im Sinn. Auch wenn ich sehr dafür bin, dass das strategische Management häufiger abseits der heute üblichen Wege erfolgen sollte – denn der Erfolg kommt nicht daher „besser zu sein", sondern daher „anders zu sein" – plädiere ich doch immer und grundsätzlich für überlegtes Vorgehen, weil man nur so der unternehmerischen Verantwortung, die Sie alle tragen, gerecht werden kann. Zu planen, ohne vorher überhaupt eine ganz klare Vorstellung davon zu haben, wohin man möchte, läuft auf das zielstrebige Produzieren unsinniger Ergebnisse hinaus, was aber leider häufig den Managementalltag kennzeichnet.

Für erfolgreiches Umsetzungsmanagement ist es essenziell, zwischen Vision, Zielen, Strategie, Konzepten, Planung und Ausführung deutlich zu trennen. Dabei ist es gleichgültig um welche Art Ziele es geht, ob sie auf der persönlichen, der unternehmerischen oder der Bereichsebene liegen: Die beschriebene Denkrichtung und der damit einhergehende Prozess von der Vision zur Ausführung ist immer zu durchlaufen (Abb. 1.1).

▶ **Vision** Eine Vision beschreibt die Bestimmung des Unternehmens, das heißt den Unternehmenszweck. Wozu existiert es? Was macht seinen spezifischen Beitrag in der Gesellschaft aus, jenseits der Notwendigkeit Geld zu verdienen? Energieversorger wollen Strom erzeugen, die Daseinsberechtigung eines Telekommunikationsunternehmens besteht darin, dass es Menschen ermöglicht, miteinander in Verbindung zu treten und ein Farbpigmente-Hersteller sieht seinen Zweck darin, die Welt bunter zu machen. Oder nehmen wir als Beispiel das Erfolgsunternehmen Apple: Seine Vision ist es nicht, nur Technik, sondern „Lifestyle" zu verkaufen und damit das Lebensgefühl seiner Kunden zu verbessern. Apple agierte bisher nicht nur besser, sondern vor allem anders als seine Konkurrenten. Eine Vision bestimmt das grundsätzliche Selbstverständnis eines Unternehmens und damit die Art, wie auf die Dinge geschaut wird und mit welchem Fokus Wertschöpfung betrieben wird. Unterschätzen Sie das nicht! Eine Vision ist als grundsätzlich dauerhaft anzusehen. Wenn sie sich ändert, dann hat dies mit einer substanziellen Neuausrichtung und allumfas-

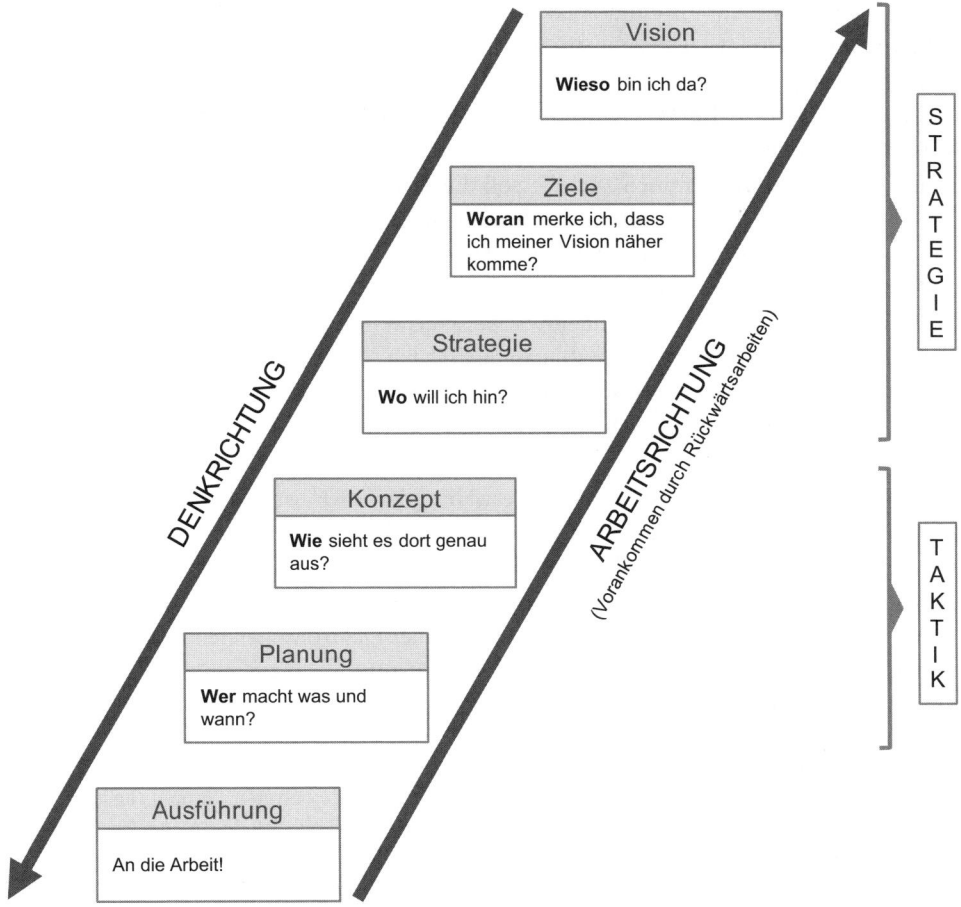

Abb. 1.1 Die Denkrichtung von der Vision zur Umsetzung

senden Änderung des Unternehmens zu tun. Ein gutes Beispiel für eine Visionsänderung liefert der heutige Telekommunikationskonzern und Mobiltelefonhersteller Nokia: Das Unternehmen startete im Jahr 1865 mit der Produktion von Papiererzeugnissen, erweiterte dann auf Gebrauchsgegenstände (unter anderem auch Gummistiefel) bevor es 1967 durch den Zusammenschluss mit einem Kabelproduzenten den Grundstein für das heutige Technologieunternehmen gelegt und sich, geleitet von der Vision „Connecting People", dem Mobil- bzw. Smartphone-Markt gestellt hat.

Visionen können entweder sehr markant und klar sein und sich beispielsweise ausdrücken im BMW-Motto „Freude am Fahren" oder dem von Audi „Vorsprung durch Technik". Oder sie sind eher solide-zurückhaltend ausgerichtet und bieten sich an als „Der Partner in der Energie-Erzeugung". Immer aber geht es darum, das grundlegende unternehmerische Selbstverständnis auf den Punkt zu bringen.

▶ **Ziele** Ziele sind ein Fix- und Ankerpunkt, an denen klar erkennbar sein soll, ob das Unternehmen seinem Unternehmenszweck, das heißt der Vision, näherkommt. Häufig finde ich in Unternehmen ein wie auch immer geartetes Arrangement aus Finanzzielen vor, die die Vision mehr oder weniger zur Farce werden lassen. Sicherlich geht es darum, Geld zu verdienen, doch mit EBIT, Umsatz & Co. lässt sich nicht erkennen, ob man seiner Vision nähergekommen ist. Wie soll die Annäherung an eine Vision wie „Werte schaffen – Werte leben" der Firma Bosch allein an den Umsatzzahlen abzulesen sein? An ihnen ist finanzieller Erfolg zu messen, nicht aber, ob das, was die Vision vorgibt, nämlich mit Werten die eigene Wettbewerbsfähigkeit nachhaltig zu steigern, sukzessive erreicht wird. Dies ist an Zielen zu erkennen wie beispielsweise einer elfprozentigen Steigerung der Geräteeffizienz oder des Recyclinganteils in den Bosch-Produkten, Zielen also, die jenseits der notwendigen Finanzziele liegen und die innerhalb überschaubarer Zeiträume die Vision immer wieder ein Stück weiter konkret werden lassen.

▶ **Strategie** Die Strategie ist, wie schon erwähnt, der Dreh- und Angelpunkt für echten Umsetzungserfolg. An ihr macht sich Effektivität, die bekanntlich mindestens ebenso wichtig ist wie Effizienz, das heißt die Umsetzungsproduktivität, grundsätzlich fest. Werfen wir einen Blick auf ein typisches Strategieverständnis, wie ich es häufig in Unternehmen erlebt habe. Im folgenden Fall erläutert der CEO eines Elektronikherstellers dem Leiter der Unternehmensentwicklung die seitens der Geschäftsführung erarbeitete Strategie für eine Unternehmenseinheit:

> Um unsere Vision zu erreichen („Unsere Produkte steigern die Wettbewerbsfähigkeit unserer Kunden, indem sie effizienter produzieren und Märkte betreten können, an die sie ohne unsere Produkte gar nicht gedacht hätten."), werden wir im Produktmanagement ein Markt-Kompetenzcenter einrichten, das zusammen mit dem Vertrieb über die Produkte hinaus unsere Kunden in einer engen partnerschaftlichen Zusammenarbeit erfolgreich macht. Gleichzeitig wird dort gezielt Innovationsmanagement betrieben. Wir sollten überlegen, das Innovationsmanagement nicht direkt bei mir aufzuhängen. Und zu guter Letzt werden wir den Servicebereich stärken, um hier zu einer intensiveren und besseren Kundenwahrnehmung und Unterstützung der neuen Produkte zu gelangen. Was die Organisation angeht, so werden wir den Service folglich aus dem Vertriebsressort herausziehen und einen eigenen Kopf draufsetzen, der direkt an mich reportet, so dass wir hier einen entsprechenden Schwerpunkt bekommen und auch das richtige Denken hineinkriegen.

Ist das eine Strategie? Nein! Dennoch werden solche Überlegungen häufig als Strategie begriffen und bezeichnet. Das, was seitens des CEO benannt wird, sind unter Umständen richtige Weichenstellungen, Maßnahmen und Aktivitäten, die ein Unternehmen ergreifen muss oder kann, um eine Strategie umzusetzen. Sie haben aber mit dem, was eine echte Strategie ausmacht, nichts zu tun.

Unter Strategie fasse ich die Beschreibung einer neuen, einzigartigen Position, die das Unternehmen anstrebt. Diese strategische Position gibt an, wo das Unternehmen in Zukunft stehen wird, benennt oder beschreibt den Standort, an den das Unternehmen ziehen wird (Kolbusa 2011). In einer Strategie zeigt sich die Kunst, die Zukunft zu antizipieren, sich daran auszurichten und sicherzustellen, dass die Manager ein einheitliches und stimmiges Gesamtbild von dieser angestrebten Zukunftsposition haben.

In diesem Sinne sind Strategien „nur" Mittel zum Zweck, um ein oder mehrere der gesetzten Ziele zu erreichen und so das Unternehmen oder den Bereich seiner Vision ein Stückchen näher zu bringen. Strategie bedeutet also immer Veränderung, heißt bereit zu sein, Veränderungen durchzuführen! Um die Annäherung an die Vision in Form der neuen Position zu erreichen, müssen Dinge geändert werden: Strukturen, Abläufe, Rollen und Verantwortlichkeiten. Je größer der Abstand zwischen alter und neuer Position, desto stärker werden die notwendigen Veränderungen. Bezogen auf das obige Beispiel würde eine gute Strategie beispielsweise so klingen:

> Wir sind klar innovationsgetrieben und konzentrieren uns bei unseren technologischen Innovationen an den Bedürfnissen unserer Kunden und nicht am technologisch Machbaren. Unsere Kunden sind primär im High-End-Bereich zu finden. Durch Standardisierung und Offenheit sorgen wir dafür, dass Kunden und Zulieferer uns in ihre Prozesse und Strukturen integrieren. Durch Ausbau unserer Service-Kompetenz sorgen wir für mehr Kundennähe und bieten mit entsprechenden Service-Partnern 24/7-Service an. Diese Service-Zuverlässigkeit gepaart mit Innovationen sorgt für Vertrauen und positives Feedback von unseren Kunden. Unsere ausgewählte Produktpalette bleibt bestehen.

▶ **Konzeption** Aufsetzend auf einer klaren, mit eindeutigen Eckpfeilern umrissenen Strategie kann im nächsten Schritt ein strategisches Konzept entwickelt werden, das im Detail konkret beschreibt, was sich der Strategie folgend innerhalb des Bereiches bzw. des Unternehmens ändert, neu hinzukommt und wegfällt. Denn nur so kann strategische Klarheit geschaffen werden, die für ein produktives Umsetzungsmanagement notwendig ist.

Hingegen hat der CEO des erwähnten Elektronikherstellers mit seiner vermeintlichen Strategie nicht nur etwas strategisch völlig Unbrauchbares geliefert, er hat auch gleich noch einen zentralen Schritt für erfolgreiches Umsetzungsmanagement übersprungen, indem er dem Leiter der Unternehmensentwicklung sofort mit auf den Weg gegeben hat, was genau zu tun sei, wo mehr Kompetenzen anzusammeln seien und wo sich die Organisation wie ändern solle. In vielen Unternehmen würden diese Aspekte nun mit den Beteiligten und Betroffenen der Umsetzung geklärt werden, um dann ein entsprechendes Veränderungsprogramm bestehend aus vielleicht sieben bis zehn einzelnen Projekten aufzusetzen und dafür zu sorgen, dass die Dinge genauso umgesetzt werden und auf diese Weise die „Nicht-Strategie" Realität werden lassen. Die Sehnsucht des Topmanagements, möglichst schnell mit sehr konkreten Maßnahmen vorwärtszukommen hat immer zur Folge, dass viele der Beteiligten nicht wirklich wissen, warum sie welche Dinge wo machen sollen und was bestimmte Aussagen bedeuten.

Selbst bezogen auf die dargestellte sinnvolle Strategie würde sich beispielsweise der Service-Bereich im Rahmen mehrerer Teilprojekte damit auseinandersetzen, welche Service-Leistungen angeboten werden könnten, um die Kundennähe zu steigern, wie der Bereich Service ausgebaut werden müsste und für welche möglichen Partner der 24/7-Service eingerichtet werden könnte. Die Projektleiter dieser drei Teilprojekte würden loslegen und sich seriös mit den Möglichkeiten beschäftigen: mögliche 24/7-Partner werden identifiziert, Service-Modelle erdacht und in erste Vertragskonstrukte gegossen. Bis an einer Stelle plötzlich klar wird, dass dieser 24/7-Sevice eigentlich nur für bestimmte Produkte und bei bestimmten Kunden sinnvoll ist. Unsicherheit macht sich breit, Abstimmungsschleifen mit dem Vertrieb starten, die sich aber mit anderen Themen, nämlich der Umsatzsteigerung beschäftigen, und Friktionen entstehen. Fragen über Fragen müssen geklärt werden, die zwar jede für sich kein großes Problem darstellen, aber im Ganzen unnötig Zeit kosten. Zeit, die man sich hätte sparen können, wenn in Sachen Strategie nicht hastig vom „Wo wollen wir hin?" zum „Jetzt machen wir" gewechselt worden wäre. „Grübeln vor Dübeln" ist hier das Motto! Denn wenn zuvor in einem Konzept klar geregelt worden wäre, an welchen Stellen mit dem Zielfokus der 24/7-Service wie viel Sinn macht und welche Service-Leistungen in konzeptioneller Abstimmung mit dem Produktmanagement und Vertrieb wirklich sinnvoll sind, dann hätte man sich viel Arbeit gespart, der Prozess wäre erheblich schneller gegangen und mit weniger Friktionen verbunden gewesen.

Gefährlich wird es, wenn aufkommende Fragen erst gar nicht geklärt werden und Teilprojekte ihre eigenen Entscheidungen treffen, infolgedessen immer weniger miteinander zu tun haben und immer weniger ineinander greifen. Wenn erst einmal jedes Teilprojekt versucht, sich auf seine eigenen Themen und die Zielvorgaben und Zeitpläne und deren Einhaltung zu konzentrieren, ist Abschottung die unausweichliche Folge. Solange Synchronisations- und Abstimmungsaufwand nicht eingeplant und angedacht wird, werden Einzelprojekte, Friktionen und Abschottungen die Situation beherrschen, Schuldzuweisungen die Runde machen, weil nichts mehr wirklich synchron läuft. Am Ende wird sich rein gar nichts geändert haben, außer dass man vielleicht effizienter geworden ist und einen neuen Bereich geschaffen hat. An der Art der Wertschöpfung hat sich dann nicht wirklich etwas verändert und zu einer wirklich deutlich besseren Wettbewerbspositionierung ist es auch nicht gekommen.

Demgegenüber verspricht das konzeptionelle Vorgehen den wirklichen Erfolg: Sobald die Strategie, das heißt das, „was" man erreichen möchte, bestimmt worden ist, muss genau durchdacht werden, wie das Unternehmen oder der Bereich an diesem neuen Standort aussehen und das Zusammenleben dort funktionieren wird. Mit Blick auf die Ziele muss gefragt werden, was man dafür braucht, was sich dafür ändern muss, was vielleicht wegfällt und was an Neuem hinzukommt – und zwar für jeden einzelnen Bereich.

Am Beispiel des Elektronikherstellers würde das bedeuten, dass das Produktmanagement, der Service und Vertrieb jeweils, bevor es zu konkreten Maßnahmen kommt, beschreiben, was zukünftig anders sein, hinzukommen oder auch wegfallen wird und diese Ergebnisse anschließend abgleichen. Beispielsweise könnten alle drei Bereiche ihre Einschätzung der Möglichkeiten zur Steigerung der Kundenbindung und Zufriedenheit abgeben und anschließend abgleichen, so dass der Service-Bereich für sich daraus den Schluss ziehen könnte, wo und wie der 24/7-Service tatsächlich sinnvoll ist. Oder Service und Vertrieb könnten nach einem einheitlichen Schema (einer vorab festgelegten konzeptionellen Vorgabe) die Kunden strukturieren und sich anschließend abgleichen, so dass der Service-Bereich auf dieser Grundlage für sich klären und herausarbeiten könnte, mit welchen Leistungen er zukünftig welche Art von Kunden begeistern soll.

Mit einem durchdachten Konzept ist man in der Lage, die Strategie zu konkretisieren, und zu detaillieren sowie die einzelnen Bereiche miteinander zu verzahnen und zu synchronisieren. Ohne eine „tiefgehende Konzeption", die die Basis für Hochgeschwindigkeitsumsetzungen ist, weil sie das notwendige Sicherheitsfundament liefert, scheitern die meisten Umsetzungen bzw. drehen mehr Schleifen als nötig.

▶ **Planung** Mit einem klaren Konzept fällt sofort die Planung leichter, weil es die ansonsten immer wieder aufkommenden Zweifel nimmt, ob man das Richtige tut, in der richtigen Reihenfolge und unter den entscheidenden Prioritäten. Denn mit einem strategisch sauberen Konzept ist das, was es genau zu erarbeiten gilt und die Abhängigkeit der einzelnen Elemente zueinander klar. Erst wenn in der Konzeption genau durchdacht wurde, wie das Unternehmen oder auch die einzelne zu verändernde Abteilung an dem neuen Standort aussieht, ist vernünftigerweise die Frage zu behandeln, was konkret getan werden muss, um die Strategie und die daraus abgeleiteten Konzepte (zum Beispiel Organisations-, Wertschöpfungs-, Führungs- und Steuerungskonzepte) umzusetzen. Es muss geklärt werden, wie sich die „strategische Lücke", das heißt die Lücke zwischen dem Ist-Zustand und dem in den Modellen der Konzeption beschriebenen Soll-Zustand des Unternehmens oder Bereiches, schließen lässt.

Hat das Produktmanagement aus dem Beispiel für sich sauber durchdacht, anhand welcher Kriterien mit Bezug zur Strategie es das bestehende Produkt-Portfolio bereinigen wird, mit Hilfe welchen Filters, sprich welcher Kriterien, zukünftig entschieden wird, welche Innovationen und Produkte entwickelt werden, und hat der Vertrieb sich ein Konzept zurecht gelegt, nach dem er Bestandskunden, Zielmärkte und Zielgruppen gemäß der Strategie strukturieren wird, wird es dem Service leicht fallen, die notwendigen Sicherheiten für sich zu gewinnen: Welche zusätzlichen Service-Leistungen gilt es für wen zu installieren? Wie genau sehen demnach die 24/7-Erfordernisse aus und auf wen müssen sie passen? Natürlich werden die Produkt-, Vertriebs- und Service-Konzepte (Puzzle-Stücke) beim ersten Abgleich noch nicht ineinanderpassen und es bedarf weiterer Synchronisation. Aber nach der dritten Runde wird jedem Manager klar sein, was er genau wie erreichen und umsetzen will, was genau die Strategie bedeutet und wieso was zu tun ist. Statt sich Konzepte für alle Produkte und alle möglichen Zielgruppen für den 24/7-Service zu überlegen, wird durch die Synchronisation sehr gezielt auf eine einheitliche Lösung zugearbeitet.

In der Planung werden Fragen zu notwendigen Methoden und Werkzeugen, externer Unterstützung, Umsetzungszeiten, Umsetzungsreihenfolge, Umsetzungsstruktur, Umsetzungsreporting etc. beantwortet. Eine der zentralsten Fragen für ein erfolgreiches Umsetzungsmanagement, die im Rahmen der Planung leider zu selten gestellt wird, ist: Woran merken wir, dass wir erfolgreich vorwärtskommen? Auch hier wird wieder deutlich, dass es wichtig ist, immer vom Ergebnis her zu denken und den Progress nicht an irgendwelchen Aktivitäten oder Meilensteinen festzumachen (siehe Kap. 2.2).

▶ **Ausführung**   Das, was in der Phase der Konzeption und Planung (Taktikphase) erarbeitet wurde, wird nun in Arbeitspaketen an alle Beteiligten delegiert und dient als Grundlage für die Ausführung. Der Weg von der Strategie zur Umsetzung ist also lang, weil – das besagt das Oxymoron der strategischen Planung – Strategie und Planung gleichzeitig nicht möglich sind. Jeder Versuch einer Abkürzung hat, wenn nicht ein Scheitern, so doch eine unnötig lange oder zähe Umsetzung zur Folge.

Erfolgreiche Umsetzungsvorhaben, High-Performance-Umsetzungen, zeichnen sich dadurch aus, dass nicht nach Standards oder Best Practices, sondern nach dem Prinzip „anders", also tiefer gearbeitet wird. Je ungenauer Sie in der Strategie- und Taktikphase bleiben, desto mehr Probleme werden sich während der Umsetzung ergeben. Die Ausführung wird diffus, weil aus Unsicherheit und Unklarheit heraus viele Dinge getan werden, die mit der Strategie nicht mehr wirklich etwas zu tun haben und dann entsprechend korrigiert werden müssen, was wiederum den Prozess verzögert und im schlimmsten Fall blockiert.

Um das Beispiel der Familienreise aufzugreifen: Je klarer Sie Ihre Vision haben, die überhaupt dazu führt, dass sie sich Gedanken um den Urlaub machen und je schärfer die Ziele formuliert sind, die sie gemeinsam mit dem Familienurlaub verfolgen, desto klarer wird, welche Orte (Strategien) überhaupt in Betracht kommen. So macht es einen Unterschied, ob ihre Vision darin besteht: *„Wir führen ein erfülltes Leben, indem wir von der Welt viel sehen, erfahren und lernen"* oder darin: *„Mit der notwendigen materiellen Sicherheit und Sparsamkeit ermögliche ich meiner Familie ohne Sorge zu leben."* Die beiden Visionen führen notwendigerweise zu völlig unterschiedlichen Zielsetzungen. Vision eins wird sich in der Anzahl der Reiseziele niederschlagen, während Vision zwei eher auf angehäuftes Vermögen und kontinuierlich reduzierte Lebenskosten abzielen wird. Es wird somit deutlich, dass das Thema Urlaub auf die daraus abgeleiteten Ziele unterschiedlich einwirken muss. Die Zielvorgaben grenzen die möglichen Strategieoptionen schon einmal deutlich ein: Kommt bei Vision zwei eigentlich nur „Balkonien" oder der Camping-Platz in Betracht, sind es bei Vision eins vielleicht Sri Lanka, Rom oder Japan. Sind die verschiedenen strategischen Optionen erst einmal klar, kann mit weiteren Kriterien die Auswahl der richtigen Strategie erfolgen: Wie viel Geld haben wir zur Verfügung? Welches Wetter wollen wir haben? Welche Reisezeit wollen wir in Kauf nehmen?

Merken Sie etwas? Es wurde in keiner Weise bisher darüber nachgedacht, was für den Urlaub gebraucht wird, wie man genau zum Reiseziel kommt, welche Impfungen unter Umständen notwendig sind, wie die Ausrüstung dafür aussehen muss etc. Ich habe bei meinen Klienten immer großen Erfolg mit dieser Metapher gehabt.

1.2   EBIT und Umsatz sind keine Ziele

Unverändert sind es häufig nur die Finanzziele, die – trotz der Balanced-Scorecard-Welle der vergangenen Jahre – vom Topmanagement wirklich ernsthaft im Blick gehalten werden. Aber EBIT und Umsatz sind an sich keine Ziele, sondern sie drücken lediglich das

Ergebnis, das heißt den finanziellen Erfolg oder Misserfolg, des unternehmerischen Handelns aus. Mit dieser zugegeben etwas überspitzten Aussage möchte ich Ihnen lediglich klar machen, dass Finanzzielvorgaben keine Hebel in Richtung Vision darstellen. Sie zeigen an, ob man Geld verdient hat und finanziell erfolgreich war. Ob man dem Unternehmenszweck, der Vision – was den eigentlichen Sinn von Unternehmenszielen ausmacht – näher gekommen ist und eine nachhaltig erfolgreiche Wettbewerbspositionierung vorangebracht hat, lassen sie nicht zwangsläufig erkennen. In einer Branche oder einem Umfeld, in dem der Unternehmenszweck sozusagen in der DNS des Unternehmens enthalten ist und zu den Markterfordernissen passt, können Finanzkennzahlen als einzige Zielgrößen durchaus ausreichend sein. Diese Art von Unternehmen oder Branchen sind allerdings im Zuge der Globalisierung und der immer mehr verschwimmenden Wettbewerbsgrenzen zunehmend seltener geworden. Nehmen wir als Beispiel nur die Kabelunternehmen, deren Unternehmenszweck bis in die 1990er Jahre die reine Versorgung der Haushalte mit Fernsehanschlüssen war – ein vergleichsweise überschaubarer Aufgabenbereich bei entsprechend damals übersichtlicher Wettbewerbssituation. Heute müssen diese Unternehmen die Haushalte mit Internet und Multimedia-Inhalten versorgen und damit ihre Vision in einen vollkommen neuen Rahmen einpassen. Für solch einen grundlegenden Wandel braucht es klare Zielgrößen, auf die sich das gesamte Unternehmen ausrichtet. Zentrale Ziele eines Kabelunternehmens könnten beispielsweise sein die Abwanderungsrate von Kunden so gering wie möglich zu halten und den Umsatzanteil zusätzlich bezahlter Multimedia-Inhalte am Gesamtumsatz auf 25 % zu bringen.

Lassen Sie uns beim Beispiel des bereits erwähnten Elektronikherstellers bleiben und schauen, wie sinnvolle Ziele aussehen können:

Basierend auf der Vision („Unsere Produkte steigern die Wettbewerbsfähigkeit unserer Kunden, indem sie effizienter produzieren und Märkte betreten können, an die sie ohne unsere Produkte gar nicht gedacht hätten."), werden seitens der Geschäftsführung mithilfe sogenannter Zielräder (siehe Abb. 1.2) folgende Zielsetzungen für die nächsten 18 Monate herausgearbeitet:

- 20 Prozent unserer Kunden erkennen uns nicht mehr nur als Lieferanten, sondern als Business-Enabler an.
- Von 30 Prozent unserer Kunden haben wir eine schriftliche Bestätigung (Referenz), die uns bescheinigt, dass sie durch unsere Produkte 20 Prozent effizienter in ihrer Produktion geworden sind.
- Wir haben vier Kunden durch das Überdenken der eigenen Wertschöpfung und deren Umgestaltung unter Nutzung unserer Produkte dazu befähigt, völlig neue Märkte zu betreten („Leuchtturm-Kunden").

Die Basis für erfolgreiches Umsetzungsmanagement sind gute Ziele. Gute Ziele zeichnen sich dadurch aus, dass sie klare Aussagen darüber liefern, was konkret in einem Zeitrahmen von ein bis zwei Jahren erreicht werden soll, um dem Bereichs- bzw. Unternehmenszweck näher zu kommen. Sie sind die Basis für erfolgreiches Umsetzungsmanagement. Geht es in der Vision beispielsweise ernsthaft um Nachhaltigkeit, sind Ziele wie CO_2-Ausstoß, soziale

	Relevanz			Erfüllung		
Ziele	2013	2014	2015	2013	2014	2015
1. 60% Erneuerbarer im Energiemix	10	5	3	54%	-	-
2. Vier Blockheizkraftwerke p.a.	3	5	10	50%	-	-
3. 30% Anstieg Erzeugerkunden	4	7	9	40%	-	-
4. EBIT-Steigerung um 4% p.a.	10	10	10	80%	-	-

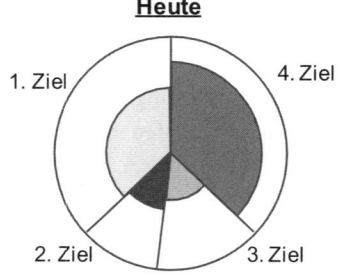

Heute

1. Ziel   4. Ziel
2. Ziel   3. Ziel

	Erfüllung
Ziele	Heute
1. 60% Erneuerbarer im Energiemix	54%
2. Vier Blockheizkraftwerke p.a.	50%
3. 30% Anstieg Erzeugerkunden	40%
4. EBIT-Steigerung um 4% p.a.	80%

Abb. 1.2 Die Zielsetzungen des regionalen Stadtwerks in ihrer Relevanz über drei Jahre

Gerechtigkeit oder internationale Verantwortung ein Ausdruck dafür, dass Nachhaltigkeit nicht nur eine Floskel bleibt. Existieren hingegen nur Finanzkennzahlen, oder andere reine Ergebnisgrößen wie Marktanteil oder relative Wettbewerbsstärke, die einfach nur Effekte sind, kann es zu keinem konzentrierten strategischen Management und folglich auch zu keiner High-Performance-Umsetzung innerhalb eines Unternehmens oder Bereiches kommen. Unternehmerische Ineffizienz im Hinblick auf die Vision ist die Konsequenz. Um genau dies zu vermeiden, ist es sehr wichtig, die Anzahl der in einem Prozess zu erreichenden Ziele zu begrenzen. Ich versuche mit meinen Klienten auf maximal fünf Ziele zu kommen, unter denen ich zusätzlich noch Prioritäten setze. Praktisch bedeutet dies: Innerhalb eines Jahres sollten maximal zwei Ziele verfolgt werden, denn die administrative „Blase" wird exponentiell größer, je weniger Sie priorisieren und je mehr Zielgrößen oder neudeutsch „KPIs" Sie verfolgen. Dies ist auch der Grund, warum eine Balanced Scorecard, obwohl ein wirklich gutes Konzept, nicht funktioniert. Zumindest kenne ich keine wirklich erfolgreiche und der Philosophie gemäß angewendete Balanced Scorecard. Die Hauptursache dafür liegt in der produzierten Komplexität und dem enormen administrativen und dem Managementaufwand, der die mit großer Begeisterung begonnenen Balanced-Scorecard-Projekte regelmäßig abflachen und aus ihnen letztes Endes nichts anderes als einen administrativen Kropf werden lässt.

Umsetzungserkenntnis #1
Gute Zielsetzungen sind klar mit der Vision verknüpft und haben einen zeitlichen Horizont von maximal ein bis zwei Jahren.

Betrachten wir die Vision eines regionalen Stadtwerks, die bis vor einigen Jahren „*Strom, Wasser und Telefon sind unsere Sache*" lautete:

Im Zuge der Energiewende und des gestiegenen ökologischen Anspruchs der Kunden muss das Stadtwerk vollkommen neue Herausforderungen bewältigen. Die Reduktion der Abhängigkeiten von großen Stromanbietern durch Eigenstromerzeugung und die Stromerzeugung mit dem Kunden werden innerhalb des regionalen Versorgungsauftrages immer wichtiger. Gleichzeitig ist im Energiemix ein Schwerpunkt auf erneuerbare Energien zu setzen. Daraufhin hat das Unternehmen den Unternehmenszweck verändert. Die bisherige Vision wurde geändert in: „Wir sorgen für Autarkie und regenerative Energien in der Stromversorgung, sauberes Wasser und etablierte Telekommunikationsleistungen."
Nun müssen auch die Ziele auf den Prüfstand kommen. Bisher standen die Ziele Umsatz und EBIT im Vordergrund. Zum einen sollte jetzt die sich verändernde Wertschöpfung, in der sowohl der Lieferant als auch der Konsument vermehrt zum Produzenten wird, in den Zielen mit berücksichtigt werden. Außerdem wird das Projekt, den Anteil an regenerativen Energien zu erhöhen, durch das Ziel „60 Prozent Anteil der erneuerbare Energien am Energiemix" forciert. Um die Autarkie voranzutreiben, gibt es das Ziel „Aufbau von vier Blockheizkraftwerken innerhalb eines Jahres". Die Abbildung der Entwicklung des Partnerschaftsverhältnisses mit dem Kunden in Bezug auf die Eigenstromversorgung erfolgt durch das Ziel „Anstieg der Erzeugerkunden um jährlich 30 Prozent". Dies gibt Auskunft darüber, ob man sich in den nächsten Jahren der Vision annähert. Die „EBIT-Steigerung" von 4 Prozent bleibt als Ziel unverändert bestehen. Die Relevanz der vier Ziele für die nächsten drei Jahre wird nun bestimmt. Während 2013 Ziel 1 „60 Prozent erneuerbarer im Energiemix" neben Ziel 4 „EBIT-Ziel" mit einer Relevanz von 10 gewichtet wird, nehmen in den Jahren 2014 und 2015 die Ziele 2 und 3 in ihrer Bedeutung zu. (siehe Abb. 1.2).

Generell gilt für die Festlegung der Ziele die Regel, dass diese messbar, terminierbar und realistisch sein sollen, ganz nach Einstein: „Nicht alles, was messbar ist, zählt, und nicht alles was zählt, ist messbar." Die Kernfrage ist: Erkenne ich an dem Ziel, ob ich der Vision näher komme? Ein Ziel wie „vom Kunden wahrgenommene Medienpräsenz" ist möglicherweise nicht so einfach messbar. Ist es aber für das Unternehmen ein entscheidender Schritt, um sich nachhaltig erfolgreich im Sinne der Vision zu entwickeln, wird es aufgenommen und es finden sich Wege, es zu bewerten. Schließlich sind Ziele nicht dazu da, irgendwelche Erbsenzähler zu befriedigen, sie dienen dazu, die richtige Strategie auszuwählen, diese zu justieren und das Unternehmen nachhaltig erfolgreich zu führen.

An Zielen lässt sich nicht nur überprüfen, ob das Unternehmen sich seiner Vision nähert, von ihnen ausgehend lassen sich vor allem konzentrierte Erfolgsstrategien entwickeln. Erfolgsstrategien, die nichts mit den Allerweltsstrategien zu tun haben, in die alles hineingepackt und damit nichts Konkretes verfolgt wird – nur um (scheinbar) allen

Beteiligten irgendwie gerecht zu werden. Ohne Klarheit und Transparenz bei den Zielen können strategische Optionen nicht optimal bewertet werden. Wenn, um noch einmal das Familienbeispiel zu nutzen, die Vision ist, „gemeinsam in einer warmen Umgebung Urlaub zu machen und aktiv zu sein", lassen sich anhand der unterschiedlichen Zielvorstellungen sprich Wünsche, was der Ort bieten soll (1. Ziel: Wärme; 2. Ziel: Möglichkeiten zur Aktivität), verschiedene Reiseziele (Strategieoptionen) diskutieren und bewerten. Wird hier Norwegen als Reiseziel vorgeschlagen, kann das Land sofort als nicht zielkompatibel, weil ohne ausreichende Wärme, gestrichen werden.

> **Umsetzungserkenntnis #2**
> Nur mit klaren Zielen kann überhaupt eine vernünftige Strategie ausgewählt werden! Denn wozu dient eine Strategie? Dem Erreichen von Zielen! Ansonsten bedeutet Strategie nichts anderes als eine Optimierung des Status quo und meist eine Verzettelung der Kräfte.

1.3 Strategie – Ein Ergebniserlebnis

Bei meinen Diskussionen mit Unternehmern und verantwortlichen Managern bekomme ich auf meine Frage nach ihrer Strategie nicht selten Power-Point-Präsentationen mit Zahlen, Marktanteilen und Wettbewerbsvorteilen gegenüber anderen Unternehmen vorgelegt. Es wundert mich daher nicht, wenn in vielen Unternehmen keiner so recht Lust hat, sich intensiv mit Strategiefragen und deren praktischer Umsetzung auseinanderzusetzen. So intelligent und fundiert diese Strategiepapiere meistens sind, sind sie doch viel zu abstrakt, um Menschen zu begeistern und zum Handeln zu motivieren. Das liegt nicht unbedingt an den Papieren selber, Strategie ist nun einmal eine abstrakte Sache und macht daher den meisten Menschen auch wenig Spaß. Hinzu kommt, dass wir Menschen nicht in Zahlen, Daten und Fakten und irgendwelchen Tabellen oder Tortengrafiken denken, sondern fast ausschließlich in Bildern. Jeder Manager hat also beim Anblick zahlenlastiger Strategiepapiere automatisch Assoziationen eigener Art und kommt zu eigenen Ableitungen und Interpretationen. Ob er will oder nicht. Daher ist es auch nicht verwunderlich, dass in der Regel die Ableitungen aus diesen intelligent, abstrakten Strategiebeschreibungen in den Managerköpfen sehr unterschiedliche Zukunftsfilme erzeugen. Die unweigerliche Konsequenz daraus sind Missverständnisse und verschiedenste Interpretationen, die wiederum dazu führen, dass aufgesetzte Programme und Maßnahmen in unterschiedliche Richtungen streben, es zu Friktionen ebenso wie zu Redundanzen und Blindleistungen in der Umsetzungsarbeit kommt.

So entstehen bei den Geschäftsführern des erwähnten Elektronikherstellers völlig unterschiedliche Strategiealternativen im Hinblick auf die Erreichung des Ziels, für die Kunden nicht mehr nur Lieferant, sondern Business-Enabler zu sein. (siehe Kap. 1.1).

Das Bild vom CFO:
In Kooperation mit zwei Universitäten und unter Nutzung von Beratungsexperten werden entsprechende Marktkompetenzen aufgebaut, um mit einer neu gegründeten Unit des Produktmanagements unseren Kunden Produkte anzubieten und als Erweiterung in deren Wertschöpfungskette zu integrieren. Auf diese Weise werden wir als Business Enabler auftreten. Die Expertise die wir dort aufbauen führt zu einem völlig neuen Geschäftsfeld, das ergänzend und auch losgelöst von unseren Produkten Kunden hilft, ihre Produktion effizienter zu gestalten. Diese Kompetenzcenter sind an diversen Standorten organisiert.

Das Bild vom COO:
Durch die völlige Umgestaltung des Produktmanagements, in dem nun die pfiffigsten Köpfe aus den verschiedensten Unternehmensbereichen (Vertrieb, Service, Betrieb) zusammengebracht sind und bei dem die komplette Verantwortung für den Geschäftserfolg der Produkte liegt, begegnen wir dem Kunden in doppelter Funktion: Produktmanager und Vertrieb mit gebündelter Kompetenz. Dem Kunden wird über den eigentlichen Produkteinsatz aufgezeigt, was er braucht, und wir können noch viel mehr Geschäft in anderen Bereichen generieren. So werden wir zum Business-Enabler. Dann versuchen wir, unsere eigene Produktion auszubauen, um weitere Produkte zu generieren.

Hier sind die Zukunftsbilder zweier Manager stellvertretend für viele dargestellt, die alles andere als synchron sind und jeweils eine andere Strategiealternative, darstellen. Die Kunst hierbei ist es nun, die strategische Komplexität dadurch beherrschbar zu machen, dass man die entscheidenden Schlüsselfaktoren in den Zukunftsbildern herausarbeitet und die möglichen Optionen dazu abbildet. Im Anschluss daran müssen die verschiedenen Strategieoptionen abgewogen werden, um eine davon auszuwählen und diese in Form eines Zukunftsbild bzw. eines Zukunftsfilmes zu beschreiben und so eine möglichst einheitliche Interpretation, ein identisches Verständnis der Strategie sicherzustellen. Zur Veranschaulichung zeigt die Abb. 1.3 den Strategieoptionsraum eines europäischen Internet-Providers mit den jeweils entwickelten Optionen für die elf aufgeführten Schlüsselfaktoren (Zielgruppen-Fokus, Expansionspolitik, Technologie-Strategie, usw.) sowie für die drei möglichen zukünftigen Strategieoptionen (Vorsichtig in den Con-Sumer-Markt bewegen, Technologie-Expertise siegt, Con-Sumer-Eroberung).

Eben weil Strategiepapiere in aller Regel für Mitarbeiter zu wenig greifbar sind, scheitert auch meist die Arbeit an der Umsetzung. Der Leiter eines Service-Centers, der Vertriebs- oder Produktionsleiter vermögen zwar rein intellektuell diese Papiere zu verstehen, fühlen sich aber alleine gelassen mit der Frage: „Was heißt das nun konkret?" Da außerdem die Papiere zum Großteil nur Zahlenkonstrukte sind, aus rein quantitativen Angaben bestehen, werden sie auch von Manager zu Manager unterschiedlich interpretiert. Solange aber Strategien nur an abstrakten Dingen festgemacht werden, entwickeln sie letztendlich auch keinerlei Zugkraft. Zugkraft ist aber wichtig, um ein Unternehmen von der jetzigen Position zur zukünftigen zu bewegen. Und um die zu entwickeln, muss eine Strategie für

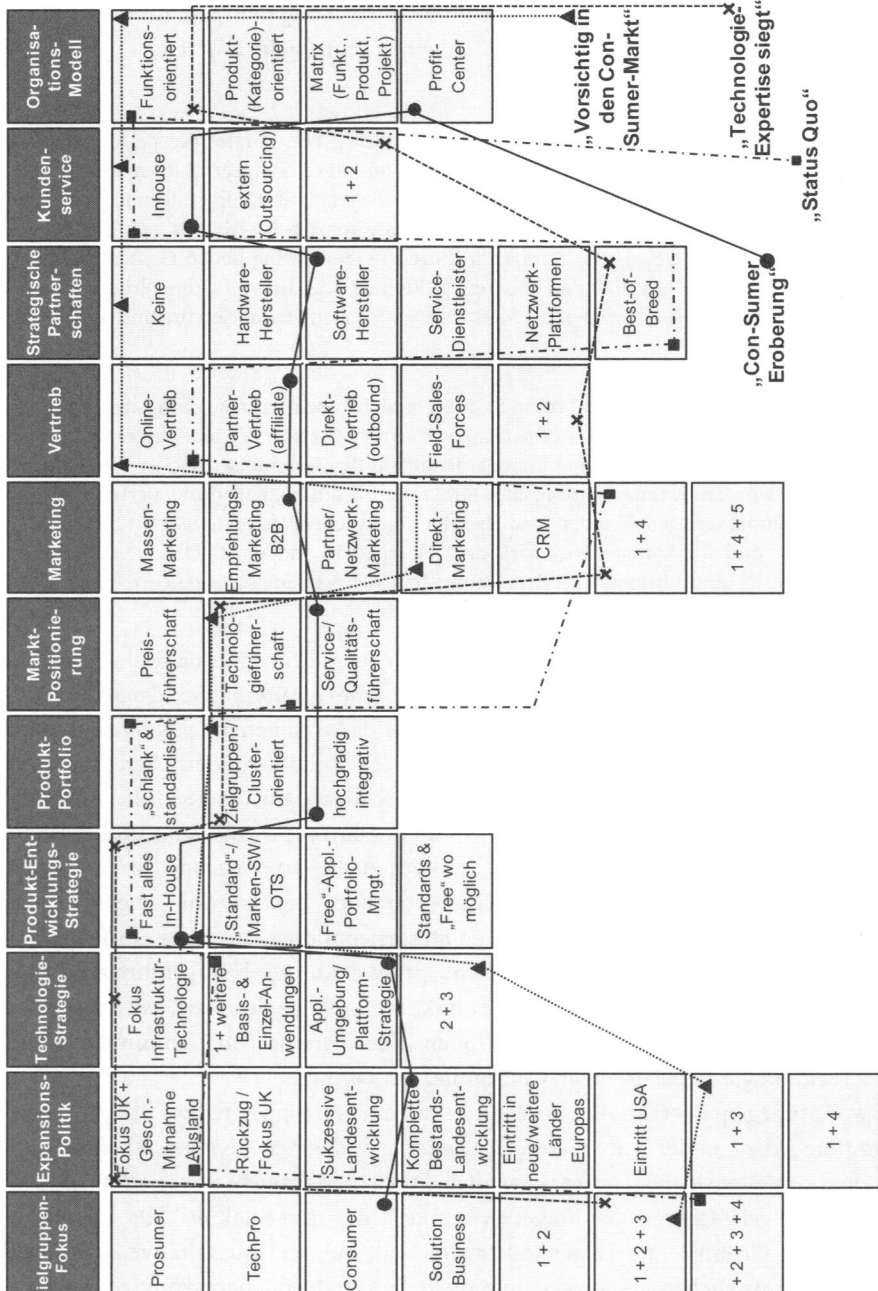

Abb. 1.3 Der Strategieoptionsraum eines europäischen Internet-Providers

Abb. 1.4 Logik und
Emotionen als
Strategietransport

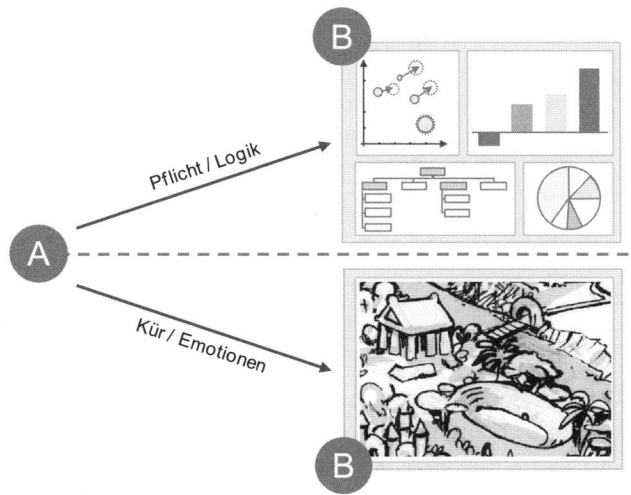

die Mitarbeiter Attraktivität ausstrahlen, sowohl auf der Ebene der Inhalte (Logik) als auch auf der der Emotionen.

Dann erst entsteht ein Pull-Effekt, wenn die Mitarbeiter eine konkrete Vorstellung und ein Gefühl dafür entwickeln können, was sie an der zu erreichenden Position erwartet, was ihre Attraktivität ausmacht. Daraus entwickelt sich Lust und Motivation, den Prozess mit allem, was er erfordert, zu unterstützen. Reines Zahlenwerk vermag das nicht zu leisten, infolgedessen muss die mangelnde Motivation mit einem Kunterbunt an Methoden kompensiert werden, die Organisation mit Projekten, Maßnahmen und Aktionen versorgt und deren Abarbeitung kontrolliert werden. Die Folge sind Push-Umsetzungen, die im Vergleich zu Pull-Umsetzungen immer unproduktiver sind. Dagegen wirkt eine gezielte Emotionalisierung der Strategie wie eine Initialzündung für eine Eigendynamik, die den anstehenden Prozess beschleunigt und nicht behindert. Der Geschäftsführer eines Automobilzulieferers könnte seinen Managern eine Strategie beispielsweise in Form seines daraus abgeleiteten Zukunftsfilms erläutern: „Wir werden mit neuen Partnern in einem eigens dafür eingerichteten Gebäude Technologien entwickeln, die es so noch nicht gegeben hat. Ich sehe, wie unsere Ingenieure diese Produkte höchstpersönlich den Geschäftsführern unserer Kunden vorstellen und diese begeistert unsere Technologie nicht nur in unseren aktuellen Zielprodukten, sondern auch in ganz anderen Märkten einsetzen werden." Diese Art Attraktivität zu vermitteln erzeugt einen Pull-Effekt (siehe Abb. 1.4), eine Zugkraft, die Mitarbeitern Lust macht, dabei zu sein und mitzumachen und die auch Sie als Manager in die Lage versetzt, die notwendige Schritte abzuleiten.

Stellen Sie sich vor, Sie befinden sich in einem schönen Tal und ihr neuer Standort (Strategie) befindet sich auf einem Berg. Wenn Ihnen nur die GPS-Daten des neuen Standorts übermittelt werden und Sie dazu noch die Ansage bekommen, dass Sie mit mindestens einem Puls von 170 hochmarschieren und dabei eine bestimmte Route einschlagen sollen, weckt das wenig Begeisterung. Sie werden Ihr Tal nur verlassen, wenn Sie dazu gezwungen werden, es sei denn, Sie sind ein leidenschaftlicher Bergsteiger. Wenn Ihnen jedoch ein Bild von dem neuen Standort auf dem Berg gezeichnet wird, die Umgebung attraktiv und anziehend wirkt – eine hervorragende Aussicht, frische und klare Bergluft etc. – werden Sie sich wie von selbst angetrieben fühlen, eine Lust verspüren, dorthin zu kommen. Niemand wird Sie mehr auffordern und Ihnen Ansagen machen müssen, was Sie genau wann wie zu tun haben. Sie werden intuitiv wissen, was Sie an welcher Stelle zu tun haben und mit welchem Tempo es vorangehen muss. Weil sie sich also selber gut einschätzen können, haben sie auch kein Problem, gegebenenfalls Hilfe in Anspruch zu nehmen. Sie wollen das Ergebnis, sprich den Bergstandort auf jeden Fall erreichen. So wird Strategie zum Ergebniserlebnis. Und deshalb entstehen während der Bergtour mit ihren Mitstreitern auch kaum Diskussionen darüber, in welche Richtung es gehen soll. Denn ihre Wanderkollegen haben das gleiche Zielbild im Kopf wie Sie.

Mit abstrakten Diagrammen, Modellen, Parametern, Zahlen und Wettbewerbsvergleichen werden Sie keine Strategie vermitteln, die bei irgendjemandem etwas „entzündet". Sie müssen im Gegenteil viel erklären, viel Überzeugungsarbeit leisten und viel korrigieren. Eben weil wir Menschen in Bildern denken, ist es für die Vermittlung einer Strategie sinnvoller, sie in Bilder und Filme zu fassen und diese Bilder und Filme in den Köpfen der Manager und Mitarbeiter zu verankern. Damit stellt sich eine verbindende Vorstellung, ein Bild für alle ein, das – gewissermaßen wie von selbst – die gesamte Organisation an den neuen Standort ziehen hilft.

> **Umsetzungserkenntnis #3**
> Zahlen, Daten und Fakten (Logik) bringen Menschen zum Nachdenken, aber nur Emotionen bringen sie zum Handeln.

Es gibt zwei Gründe, warum Sie sich von der einseitigen, zahlenlastigen Art von Strategiearbeit verabschieden sollten:

1. Die Umsetzung wird unnötig aufwändig und zäh
   Es ergeben sich ständig Missverständnisse, die geklärt werden müssen. Zur Sicherstellung der Strategieumsetzung muss viel Aufwand getrieben und viel Druck aufrechterhalten werden. Durch die erforderlichen Abstimmungs- und Controlling-Mechaniken wird unnötige interne Komplexität produziert, die die Umsetzung ausbremst.
   Insgesamt wird die intrinsische Motivation verhindert bzw. deutlich reduziert, was der Umsetzung die Chance auf echtes Momentum nimmt.
2. Nicht „besser", sondern „anders" führt zum Erfolg.
   Wenn Sie nur versuchen, Dinge besser zu machen als andere, werden Sie nie richtig gut. Die Orientierung an anderen und der Antrieb, es besser zu machen, führen zu keinem

langfristigen Erfolg. Sie werden immer damit beschäftigt sein, ihrer Konkurrenz und nicht ihrer Vision hinterherzukommen!

Um die Umsetzung echter Erfolgsstrategien zu erleben, brauchen Sie gute Ziele, eine Emotionalisierung der Strategie durch Bilder. So werden Sie einen hoch beschleunigten Pull-Effekt in der Umsetzung haben. Geringe Komplexität, Effizienz, geringer Stress und Lust an der Arbeit werden die Folge sein. Auf diese Weise werden zügige und zielgerichtete Umsetzungen an sich zu einem echten Wettbewerbsvorteil.

Umsetzungserkenntnis #4
Erfolgsstrategien, die die Basis für High-Performance-Umsetzungen sind, zeichnen sich durch einen „Pull-Effekt" aus und reduzieren von Anbeginn den „Push-Management-Aufwand".

Nach einem gemeinsamen Strategieprojekt fragte mich ein Vorstand aus dem Technologiesektor, wie die nun entwickelte Strategie an die Mitarbeiter weitergegeben werden könnte, um emotionale Zielbilder von der Strategie in den Köpfen zu verankern.
Wir nahmen uns daraufhin die monatlich erscheinende Mitarbeiterzeitschrift des Unternehmens vor und arbeiteten gemeinsam mit den Bereichsleitern eine Ausgabe aus, wie sie in genau zwei Jahren nach erfolgreicher Umsetzung der Strategie aussehen könnte. Und aus jedem von der Strategie betroffenen Bereich (Vertrieb, Produktmanagement, Produktion und Kundenservice) wurde ein Interview aus der Zukunft mit jeweils einem Mitarbeiter abgedruckt. Der Vertriebsmitarbeiter stellte beispielsweise dar, wie sich in den letzten zwei Jahren die Zusammenarbeit mit dem Produktmanagement verändert hat und wie stolz er darauf ist, bestimmte Produktmerkmale selber aufgrund seiner Kundengespräche geprägt zu haben. Etwas was zuvor wegen der reinen Technologieorientierung niemals der Fall gewesen wäre. Ein Mitarbeiter aus der Produktion erläutert hingegen, wie wesentlich effektiver die Produktion läuft, nachdem die Kostenverantwortung in das Produktmanagement verlagert wurde und wie sich seine Ängste, dass es damit zu viel mehr administrativen Aufwand kommen würde, in Luft aufgelöst haben.
Ein halbes Jahr später sagte mir der Vorstand, dass die Umsetzung gut gelaufen war. Alle Beteiligten standen hinter dem Thema und im Gegensatz zu anderen Umsetzungen wurde dieses Mal nicht so viel in Frage gestellt oder zum Problem erklärt, sondern konstruktiv im Sinne des Zielbildes gelöst.

Ich stelle immer wieder fest, dass es Unternehmen und Managern sehr schwerfällt, ihre Strategie zu emotionalisieren. Meist ernte ich Achselzucken und Verwunderung, wenn ich darum bitte, sich eine halbe Stunde Zeit zu nehmen und aufzuschreiben, wie es sich wohl anfühlen wird, wenn die Umsetzung der Strategie gelungen ist und was genau dabei anders sein wird als heute. Doch ohne sich über diese emotionalen Anteile an Strategiearbeit Gedanken zu machen – und die sind vorhanden, ob wir uns nun darüber auslassen oder

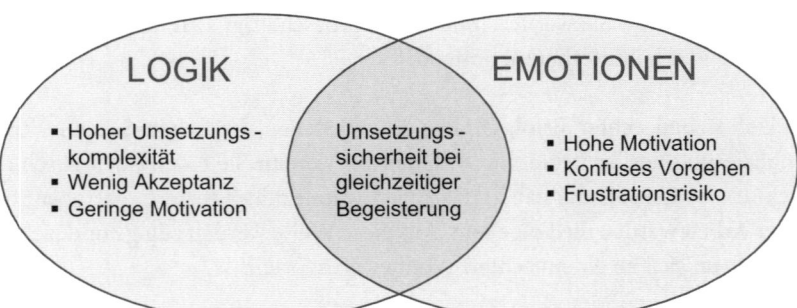

Abb. 1.5 Die Schnittmenge als Strategieerlebnis

nicht – wird es sehr schwer sein zu beurteilen, ob die vorgenommenen Maßnahmen wirklich die richtigen sind und Sinn ergeben. Und vor allem, ob die bildlichen Interpretationen und Ableitungen des Topmanagements wirklich identisch sind, das heißt, ob klar ist, dass alle immer und zu jeder Zeit begrifflich und inhaltlich übereinstimmen. Damit will ich nicht sagen, dass die analytische Ebene der Strategiedurchdringung überflüssig ist. Die Übersetzung der Strategie in Charts, die Marktanteile, Kernkompetenzen, Wettbewerbsportfolien etc. anzeigen, ist quasi die Pflichtübung, die auf jeden Fall erledigt werden muss. Die Kür ist die Übersetzung der Strategie in Bilder und Emotionen. Wird nur die Pflichtübung erledigt, muss in der Umsetzung mit einer hohen Umsetzungskomplexität, wenig Akzeptanz und geringer intrinsischer Motivation bei den Beteiligten gerechnet werden. Andererseits kommt es im wohl eher unwahrscheinlichen Fall, dass nur die Kür absolviert, also ausschließlich die Emotion angesprochen wird, zwar zu einer hohen Motivation bei den Beteiligten, aufgrund fehlender Leitplanken aber auch ziemlich sicher zu einem konfusen Vorgehen bei der Umsetzung. (siehe Abb. 1.5).

Es gilt also sowohl die Pflicht als auch die Kür möglichst mit Bravour zu erledigen, um zu einem echten Strategieerlebnis zu kommen und allen Beteiligten Sicherheit im Hinblick auf das Warum, das Wie und das Wohin der Strategie bei gleichzeitiger Begeisterung zu geben. Gute Strategen haben verstanden, dass Menschen zwar über Fakten nachdenken, aber nur aus Emotionen heraus handeln. Und für die Erzeugung dieses Strategieerlebnisses müssen Sie sich Zeit nehmen. So sehr ich in der Umsetzung an sich für Geschwindigkeit bin, rate ich Ihnen, sich bei der Emotionalisierung, der Ausgestaltung der „Zukunftsbilder" Zeit zu nehmen. Generell halte ich Effizienz in Prozessen, Abläufen und Managementstrukturen für das Wichtigste überhaupt und plädiere dafür, Dinge so schnell wie möglich zu Ende zu bringen. In das, was ich Emotionalisierung der Strategie nenne, sollten Sie jedoch wirklich Zeit investieren, was das Management im Großen und Ganzen bislang kaum oder gar nicht tut. Ein Grund dafür mag sein, dass es noch keinen Leitfaden für die Durchführung einer Strategieemotionalisierung gibt, ein Mangel, dem mit dem Folgenden abgeholfen werden soll.

Die fünf Strategie-Emotionalisierungsschritte nach Kolbusa

1. Selber

   Umsetzung hat mit Führen zu tun. Wollen Sie Strategien erfolgreich umsetzen, müssen Sie für ein Ziel brennen. Und brennen tut man nicht für ein abstraktes Ziel, sondern eine emotionale Vorstellung. Nehmen Sie sich daher zwei- bis dreimal eine Stunde Zeit und schreiben Sie, ohne den Stift abzusetzen oder die Finger von der Tastatur zu nehmen, wild herunter, was anders ist, wie sich das Erreichte anfühlt, worüber und wie die Leute miteinander reden, wie mit dem Kunden umgegangen wird, welche Lieferantenbeziehungen sich wie gestalten. Beschreiben Sie das Leben nach der Strategieumsetzung.

2. Breite

   Lassen Sie die gleiche Übung ihre Topmanagement-Kollegen oder konstruktiven Reibungspartner, die Sie mit in das Team ziehen wollen, durchführen. Maximal sieben Leute.

3. Abgleich

   Ziehen Sie sich mit diesem Team für einen Tag zurück. Arbeiten sie ohne Folien, dafür mit einem guten Moderator (denn entweder Sie moderieren oder Sie nehmen teil, beides auf einmal geht nicht) und diskutieren Sie über Ihre Bilder. Sorgen Sie so dafür, dass ein gemeinsamer Zukunftsfließtext von drei bis fünf DIN A4-Seiten entsteht.

4. Übersetzung

   Entweder selber oder delegiert: Schauen Sie sich Ihre etablierten Modelle an, mit denen sie sonst ihre Strategie beschreiben. Sind diese nicht vorhanden schnappen Sie sich die üblichen Strategietools und überlegen Sie, wie Sie diese nutzen können, um Ihren Zukunftstext von drei bis fünf Seiten in diesen Modellen abzubilden. Aus dieser analytischen Durchdringung werden sich Erkenntnisse ergeben, die wieder eine Rückkopplung auf Ihren Zukunftstext bzw. Zukunftsfilm bewirken und vice versa. Dieses Pingpongspiel werden Sie zwei- bis dreimal durchlaufen müssen, bis Sie sowohl auf der emotionalen Ebene wie auch auf der analytischen Ebene konstant sind.

5. Tiefe

   Jeder Manager stellt dieses Bild ohne Nutzung irgendwelcher Hilfsmittel seiner nächsten Führungsebene vor und diskutiert dort einen Tag lang – zunächst frei-spontan, dann strukturiert-methodisch.

Nach solch einem Durchlauf, der innerhalb von zwei Wochen abgeschlossen ist und einige wenige Workshop-Tage in Anspruch nimmt, haben Sie eine Emotionalisierung und eine echte Basis, mit der sie weiterarbeiten können. Ist ein Manager nicht in der Lage, diese Emotionalisierung einer Strategie durchzuführen, ist er fehl am Platz und muss ersetzt werden. Denn sonst wird höchstwahrscheinlich die Umsetzung zäh, da sie ausschließlich über Details und Maßnahmen im Push-Modus erfolgen wird. Es wird keine Zugkraft und kein Momentum entstehen.

1.4   Taktik – Konzeption ist wichtiger als Planung

Taktik besteht aus zwei Elementen: der Konzeption der Zielperspektive und dem Plan, wie auf sie zugearbeitet werden soll. Im Unterschied zur Strategie, die mir sagt, wohin ich will, muss mir das Konzept beschreiben, wie dieses Ziel, die Strukturen und Abläufe dort genau aussehen werden. Wie detailliert? So detailliert, dass damit die Unsicherheit der Beteiligten auf ein erträgliches Maß reduziert werden kann. Welches Maß, für das es keinen genauen Richtwert gibt, hier erreicht wird, hängt meiner Erfahrung nach von zwei Faktoren ab. Zum einen davon, wie geübt Unternehmen in der Umsetzung neuer Strategien sind und zum zweiten, wie routiniert sie infolgedessen mit Unsicherheit und Unschärfe umgehen können, ohne die ansonsten sehr typischen Effekte wie Rückzug, Schuldzuweisungen, negative Politik etc. zu produzieren.

Für eine echte Erfolgsumsetzung muss neben der Emotionalisierung der Strategie die möglichst detaillierte Abklärung ihrer Inhalte in Form eines Strategiekonzeptes gelingen. Es herrscht ansonsten zu viel Unsicherheit und Unterschiedlichkeit in der Interpretation der Details, also der Frage, was die Strategie für die einzelnen Bereiche, Abteilungen und Gruppen genau bedeutet.

In vielen Unternehmen möchte die Geschäfts- oder Bereichsführung nach der Entscheidung für eine Strategie direkt mit deren Umsetzung loslegen. Betrachten wir die Strategie „Con-Sumer-Eroberung" des europäischen Internet-Providers (siehe Abb. 1.3): Noch viel zu häufig herrscht die Auffassung vor, auf der Basis einer derart fokussierten und scharfen Strategie, die in diesem Fall über elf strategische Handlungsfelder klar beschreibt wohin man möchte, umstandslos mit der Planung und Umsetzung beginnen zu können. Tatsächlich jedoch liefert diese Strategie mit ihren Eckpfeilern noch keine klare Beschreibung dessen, was genau für die Umsetzung zu tun sei, dementsprechend kann man auch noch nicht mit Planungen, Maßnahmen, Projekten und entsprechenden Programmen ans „Machen" gehen. Erst einmal muss in Form entsprechender Modelle den für die Umsetzung verantwortlichen Managern eine Konkretisierung dessen geliefert werden, was sich in den einzelnen Bereichen Produktmanagement, Vertrieb, Service etc. bezogen auf Aufstellung, Kompetenzen und Zusammenarbeit genau ändern wird. Dazu gehören beispielsweise Fragen wie: „Wie stellen wir das Produktmanagement genau auf?", „Wie sieht die Zusammenarbeit zwischen dem Marketing und dem Vertrieb sowie der Produktentwicklung aus?", „Wie gestaltet sich die Wertschöpfung in der IT?", „Braucht es ein anderes Vertriebsmodell? Oder lässt sich das Ganze mit dem bestehenden verheiraten?" und „Können wir unsere Organisation und das Zusammenwirken mit dem bestehenden Führungs- und Steuerungsmodell weiterfahren oder müssen wir daran etwas ändern?"

Für diese Schärfung der Strategie darf unter keinen Umständen als Erstes nach Standards oder Best Practices im Sinne von Denk- oder Arbeitsvorlagen gesucht werden. Wenn Sie Geschwindigkeit in der Umsetzung haben wollen, müssen Sie für Fokus und Prioritäten sorgen. Und dies bedeutet, dass Sie mit Ihrem Team die Denkmodelle und Strukturen, die die Antworten auf all diese Fragen liefern, selber entwerfen. Denn wenn Sie sich an Vorlagen wie beispielsweise einem fremden Vertriebsmodell orientieren, werden Sie unvermeidlich in der Folge Dinge tun, die für Sie völlig unnütz sind und viele für Sie zentral wichtige Elemente nicht enthalten. Setzen Sie Ihren Verstand ein! Durchdringen Sie die Fragen und klären Sie, welches die entscheidenden Faktoren sind und was gelöst werden muss. Was ist im Vergleich zum Status quo das, was sich ändern wird? Müssen Sie sich mit den Strukturen beschäftigen, muss die Kundensegmentierung neu durchdacht werden oder reicht es, wenn Sie das Zusammenarbeitsmodell mit dem Produktmanagement in einer neuen Systematik überdenken? Dies ist der Teil der Strategiearbeit mit dem kritischsten Erfolgsfaktor, der deshalb die größte Anstrengung erfordert.

Leider beschäftigt sich das Gros der Berater und der Mitarbeiter in Unternehmen aus der Verunsicherung durch die zu bewältigende Veränderung heraus viel zu sehr mit der Suche nach Standards und Best Practices als Vorbilder. Diese Sehnsucht nach Orientierung durch außen verleitet zu Unschärfen, so dass entweder „schwarze Löcher" entstehen, also dringend zu klärende Dinge unbearbeitet bleiben. Oder aber es werden unnötige Arbeiten ausgeführt, weil beispielsweise in einem als Vorlage benutzten Führungs- und Steuerungsmodell Dinge abgefragt werden, die für die eigene Strategie völlig ohne Belang sind. Da jede gute Strategie einzigartig ist, muss sie auch ohne die Hilfe von Standards und Vorlagen konzeptionell durchdrungen werden können und der Mannschaft ausreichend Klarheit und Sicherheit vermitteln.

Diese Intensität der Beschäftigung mit Fragen der Strategie ist mit Blick auf den Erfolg unumgänglich, was es den meisten Organisationen auch so schwer macht, sich darauf einzulassen. Genau zu durchdenken und sich zu überlegen „Wie sieht es an meinem neuen Standort aus?" (Konzeption) und „Wie genau komme ich dort hin, um dann gut aufgestellt und mit den richtigen Kompetenzen die richtigen Dinge auf die richtige Art zu tun" (Planung) ist in der Tat keine Kleinigkeit. Doch je konkreter das gemacht wird, desto höher ist die Wahrscheinlichkeit, dass alle Beteiligten eine einheitliche, klare Vorstellung von dem haben, was zu tun und zu erreichen ist. Die gut ausgeklügelte Taktik ist dazu da, allen relevanten Beteiligten eine sichere Basis für ihr Agieren zu schaffen, ihnen ein festes Bild davon zu vermitteln, wie ihr Bereich zukünftig genau aussehen wird.

Um nun zu verstehen, weshalb die Umsetzungskonzeption von so entscheidender Bedeutung ist, möchte ich noch einmal kurz den formalen Ablauf eines Veränderungsprozesses rekapitulieren: Die Vision, das heißt der Unternehmenszweck, bildet den Horizont des Unternehmens, die grundsätzliche Ausrichtung. Die (wenigen!) Ziele beschreiben die konkreten Eckpfeiler, die auf dem Weg (ein bis maximal zwei Jahre) zu diesem Horizont erreicht werden sollen. Dieser Rahmen aus Vision und Zielen markiert den heutigen Standort A eines Bereiches oder Unternehmens. Auf dem Kurs, der sich aus dem Weg von A nach B, das heißt der anzustrebenden Position ergibt, strebt man den Zielen und der Vision nach. Das heißt eine Strategie beschreibt den Ort B, an den das Unternehmen oder der Bereich in Annäherung an die Ziele gelangen möchte, und dann folgen die nächsten Strategien C, D, E etc. Auf diese Weise kommt man der Vision immer näher, erreicht sie aber nie vollständig (siehe Abb. 1.6). Die Aufgabe der Taktik ist, B und später C, D, E etc. konzeptionell so weit zu durchdringen, dass klar ist, wie das Unternehmen oder der

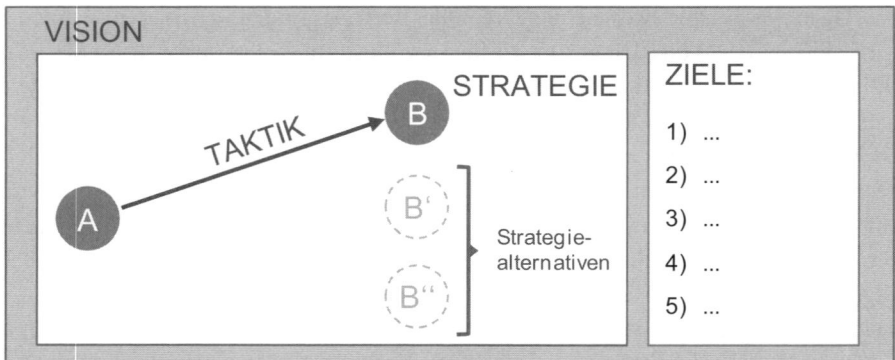

Abb. 1.6 Vision, Ziele, Strategie und Taktik

Bereich dort aufgestellt sein und funktionieren wird: Welches Gebäude, welche Straßen, Verbindungen, Regeln werden gebraucht, welche Kompetenzen, wie läuft die Zusammenarbeit, wie wird die Wertschöpfung betrieben etc.? Das ist der Konzeptionsteil der Taktik, in dem die Überlegungen darüber angestellt werden, wie man sich am neuen Standort aufstellen muss, um im Sinne der neuen Strategie erfolgreich zu sein. Der Planungsteil der Taktik beschreibt dann, wie Sie vom Zustand am Standort A in den Zustand B kommen, das heißt die Strategie B umsetzen. Er stellt dar, wie die strategische Lücke zwischen A und B geschlossen werden soll.

Nehmen wir zur Veranschaulichung das Beispiel eines Hausbaus. Stellen Sie sich vor, für Sie und ihre Familie gehört zu einem erfüllten Leben der Traum vom eigenen Haus auf dem Land (Vision). Sie haben sich vorgenommen (Ziele), in den kommenden drei Jahren 50.000 € beiseite zu legen, im Umkreis von maximal 100 Km vom jetzigen Arbeitsplatz ein Baugrundstück ohne die Hilfe eines Maklers zu suchen und zu kaufen. Bevor Sie sich nun auf Basis Ihrer Vision und Ihrer konkreten Ziele auf die Suche nach möglichen Orten und Baugrundstücken machen und sich mit Ihrer Familie in die Planung stürzen und festlegen, wer welche Orte besichtigt, an welchen Wochenenden herumfährt, um nach Hinweisschildern für angebotene Baugrundstücke zu suchen und die Kontaktanbahnung macht, muss erst noch geklärt werden, wer was wann macht, um die für den Hausbau gesteckten Ziele zu erreichen (Konzeption). Es geht also zunächst um die alles entscheidende Frage, wie es gelingt, das Geld anzusparen, und dann, was für die Suche organisiert und vorbereitet werden muss, nach welchem System sie im gewünschten Radius verlaufen soll.

Übersetzt: Je klarer das Konzept, desto trivialer die Planung, die manchmal dadurch sogar zum Selbstläufer wird. Aber die Entwicklung eines guten Konzeptes erfordert es, sich eigene Gedanken zu machen und die richtigen Fragen zu stellen.

1.5 Ausführung – kommt manchmal vor Strategie

Auch wenn die Überschrift paradox klingen mag, zumal in den vorherigen Kapiteln ausdrücklich betont wurde, dass es für den Erfolg eines Veränderungsprozesses immens wichtig ist, die Richtung von der Vision bis zur Ausführung einzuhalten, kann es manchmal sein, dass die Strategie auch aus der Umsetzung entstehen kann und im Zweifel daraus sogar ein Programm ableitbar ist. Hin und wieder habe ich in meiner Arbeit Situationen erlebt, in denen ich nicht nach dem beschriebenen Ablauf vorgehen konnte. Manche Klienten sind situationsbedingt nicht in der Lage, in einem kreativen Prozess auf gute Strategieoptionen und deren Umsetzung zu kommen. Gründe dafür sind:

- Im Unternehmen bzw. im Topmanagement existiert ein derart großes Klärungsbedürfnis bezüglich einer ganzen Reihe von Themen, zu denen es aus verschiedensten Motivationen heraus unterschiedlichste Meinungen gibt, dass es nie wirklich befriedigt werden kann. Oder sämtliche Strategieoptionen werden zerredet, da nur Risiken und Gründe, warum etwas nicht geht, gesehen werden, aber keine Chancen. Wenn alles im Vorfeld eruiert und jede noch so geringe Wahrscheinlichkeit berücksichtig werden soll, ist es schwer, in Aktion zu kommen.
- Der Organisation fehlen für Veränderung der notwendige Drive und die richtigen Ideen.
- Weil die Beteiligten keine Veränderung wollen, startet auch kein echter Strategieentwicklungsprozess.

Trifft einer der genannten Gründe auf das eigene Unternehmen oder den eigenen Bereich zu, muss die Reißleine gezogen und ohne viel analytisches Aufhebens entschieden werden, in welche Richtung es gehen soll. Aus einer Idee bzw. einem Bild im Kopf, was zu machen ist, werden Anweisungen und Arbeitsaufträge an die Mannschaft entwickelt und gegeben. Manchmal ist es besser, in Bewegung zu kommen und zu „machen", weil oft genau daraus die notwendige Kraft und die Lust an dem Entwicklungsprozess entstehen und den Beteiligten die richtigen Dinge beim Tun einfallen.

Stellen Sie sich vor, Sie diskutieren mit ihrer Familie über ihr nächstes Reiseziel. Ihr Sohn sagt auf jeden Vorschlag, dass er dazu keine Lust hätte und ihr Partner sieht bei jeder Idee Probleme – Krankheiten, anstrengende Anreise etc. Sie selber sind sich jedoch bei einem ihrer Vorschläge sehr sicher, dass es allen dort gefallen wird. Anstatt nun endlos weiterzudiskutieren, bitten Sie einfach ihren Sohn, eine Internetrecherche zu machen und aufzulisten, was Ihr vorgeschlagener Urlaubsort alles zu bieten hat, einschließlich schöner Hotels. Und ihr Partner soll beim Arzt nachfragen, welche gesundheitlichen Risiken bei der Reise bestehen und welche Impfungen eventuell dafür benötigt werden. Das Ergebnis ist plötzlich, dass ihr Sohn bei der Recherche festgestellt hat, dass es dort gar nicht so schlecht ist und er in einigen Hotels auch viele außergewöhnliche Sportmöglichkeiten hat und ihr Partner konnte vom Arzt in allen Bedenken beruhigt werden. Plötzlich stehen alle hinter diesem Urlaubsziel und sie können gemeinsam weiterplanen.

Die Geschäftsführerin eines Teilkonzerns aus der technischen Industrie rief mich eines Tages an und war ein wenig verzweifelt. Sie sagte: „Ich muss meinen Bereich strategisch neu ausrichten, aber ich stehe vor dem großen Problem, dass ich meine Organisation nicht so ausgerichtet bekomme, wie es sein müsste. Meine Versuche, in einen Strategieentwicklungsprozess einzusteigen, sind alle gescheitert, da es meiner Mannschaft an Fantasie fehlt. Was soll ich tun? In den Strategierunden höre ich nur „Wozu machen wir das?" oder „Das ist doch alles klar!".

Ich riet ihr, einfach loszulegen und ihre Mannschaft mit klaren und von ihr als attraktiv empfundenen Aufträgen zu versorgen, um sie so in eine Situation zu versetzen, in der sie merkt, dass tatsächlich über grundsätzliche Dinge nachgedacht werden muss. Ein Punkt war zum Beispiel, dass alle Manager übereinstimmend der Meinung waren, dass mit Neuprodukten im medizinischen Sektor richtig viel Geld verdient werden könne. Also gab die Geschäftsführerin aus, dass sie innerhalb der nächsten sechs Monate klare Produktkonzepte und Service-Modelle dafür sehen wolle, die dafür sorgen, dass kommendes Jahr 10 Prozent des Umsatzes mit Neuprodukten im medizinischen Bereich gemacht werden.

Die Ansage führte genau zu dem gewünschten Effekt: Die Manager gingen zunächst zögerlich an dieses Thema und stellten fest, dass die Produktentwicklungseinheiten nicht auf das Ziel ausgelegt waren, die falschen Partner dafür existierten und auch die Vertriebsstrukturen nicht funktionieren würden. Auch müssten neue Kunden frequentiert werden. Und schon war die Erkenntnis und der Bedarf vorhanden, sich mit der strategischen Ausrichtung grundsätzlich zu beschäftigen.

Wenig später rief meine Klientin mich an und erzählte mir, dass ihre Mannschaft gute Ideen geliefert hätte und sehr erfolgreich unterwegs sei. Mit dem richtigen Impuls hätte sie ihren Bereich regelrecht in Wallung und auf einen guten Weg gebracht.

Strategien sind letztlich so lange wertlos, wie sie nicht umgesetzt werden. Denn sie sind nur Mittel zum Zweck, um die Vision zu erreichen. Wenn Sie also merken, dass Sie mit ihrer Strategie nicht weiterkommen und Stillstand im Hinblick auf die Vision droht, hilft es, die Umsetzung ohne ausformulierte Strategie in Gang zu setzen. Denn das Wichtigste, sowohl im unternehmerischen wie auch persönlichen Bereich, bleibt natürlich, dass Dinge getan werden.

Das Umsetzungsdilemma

Zusammenfassung

Wäre Umsetzungsmanagement einfach, würden nicht so viele Umsetzungen scheitern. Wichtig für einen erfolgreichen Prozess ist, in einer klaren Denkarchitektur konzentriert und effektiv zu agieren, also genau zu wissen „Warum (Vision), will ich was (Ziele), wie (Strategie), auf welche Art (Konzept) und mit welchem Vorgehen (Plan) erreichen?" Hinzu kommt, wie in Kap. 1 gezeigt, zwischen den verschiedenen Komponenten in der Theorie und in der Praxis zu differenzieren.

Es sind im Wesentlichen drei Punkte, die Umsetzungen erschweren bzw. unmöglich machen:

1. Zeit und Ressourcen In der Regel stehen bei Umsetzungsvorhaben zu wenige Ressourcen (Mitarbeiter, Geld etc.) als benötigt zur Verfügung, gleichzeitig soll die Umsetzung so schnell wie möglich erreicht werden. Um diesem Dauerkonflikt zu begegnen, muss man ein echtes Umsetzungsmomentum erzeugen.

2. Aktivitäten statt Ergebnisse Da die meisten Menschen – insbesondere in Gruppenprozessen – mehr handlungs- als denkorientiert agieren, liegt in Umsetzungsvorhaben die Konzentration hauptsächlich auf der Seite des Inputs (Aktivitäten, Pläne etc.). Der Output, das anzustrebende Ergebnis, wird demgegenüber meist schnell aus den Augen verloren. Natürlich setzen Ergebnisse Handlung voraus. Die Handlungen (Pläne, Aktionen, Reports, Controlling-Mechaniken, Risikomanagement, Qualitätsmanagement-Systeme, Prozesse etc.) sind jedoch nichts als Mittel zum Zweck (Ergebnis), auf den hin sich alles und jedes jederzeit überprüfen lassen muss. Nur eine selbst auferlegte Struktur und Disziplin geben die Chance, das vereinbarte Ziel zu erreichen.

M. Kolbusa, *Umsetzungsmanagement*,
DOI 10.1007/978-3-658-02237-2_2, © Springer Fachmedien Wiesbaden 2013

27

3. Eigeninteressen versus Unternehmens- bzw. Projektziele Ziele, Strategien und deren Umsetzung haben immer etwas mit Veränderung zu tun. „Ja klar!" werden Sie sagen. Wieso aber tun wir dann manchmal so, als würde es ausschließlich um die Sache gehen und ignorieren die für diese Sache erforderlichen organisatorischen und damit ganz persönlichen Veränderungen? Denn je stärker die Veränderung in der Sache ist, desto weniger geht es paradoxerweise bei der Umsetzung um die Sache, sondern die Eigeninteressen und die damit verbundenen Emotionen. Dieses dritte Dilemma ist das schwierigste und wird fatalerweise am wenigsten gezielt adressiert und gemanagt, dabei kann ihm nur mit einer durchdachten und konsequent durchgesetzten Umsetzungspolitik begegnet werden.

Nachfolgend möchte ich mit Ihnen diese drei Dilemmata im Detail betrachten und Wege aufzeigen, wie man sie erfolgreich managen kann, wo sie schon, weil systemimmanent, nicht gänzlich zu umgehen sind.

2.1 Umsetzungsmomentum – Zwischen Frust und Flow

Strategien und Veränderungen müssen immer parallel zum operativen Geschäft umgesetzt und gemanagt werden. Grundsätzlich ist eine Organisation zunächst einmal darauf ausgerichtet, mit ihren Aktivitäten im operativen Geschäft wie eine gut geölte Maschine ihre Regelprozesse zu verrichten. Je geschmierter die Organisation läuft, desto professioneller und effizienter und in der Regel rentabler und erfolgreicher ist sie. Professionalität entsteht nur durch Übung und tief in die DNS eingeschriebene Abläufe und Auffassungen. Dies bedeutet zweierlei: Erstens haben die Mitarbeiter in der Regel keine Langeweile und sehnen keine zusätzlichen Projekte zur Umsetzung von Strategien oder Veränderungen herbei. Zweitens ist die Organisation nicht darin geübt, über ihre eingefahrenen Wege nachzudenken, geschweige denn neue zu bahnen oder gar die Verkehrsregeln dazu zu verändern. Das Ressourcen- und Zeitdilemma ist somit gleichzeitig ein Denk- und Haltungsproblem.

In einem veränderungsunerfahrenen Unternehmen trifft die Aufgabe einer Reorganisation auf extrem begrenzte, wenn nicht ausgeschöpfte Ressourcen. Da aber die Halbwertzeiten von Strategien und Veränderungen schon jetzt prinzipiell laufend kürzer werden, Letztere infolgedessen immer intensiver und auch schneller erfolgen müssen, werden solche Organisationen zunehmend in Schwierigkeiten geraten. Das alte Unternehmensmotto „Wenn's gut läuft, konzentriere ich mich auf das operative Geschäft, wenn's schlecht läuft, schnalle ich den Gürtel zwei Löcher enger und überlege langsam, wie's weitergeht" ist überholt und funktioniert so nicht mehr. Organisationen müssen sowohl das operative Geschäft als auch ihre Weiterentwicklung bzw. Veränderung parallel bewältigen. Hier gibt es keine Alternative. Klienten von mir, die diesen Prozess schon häufiger durchgeführt haben, sind mittlerweile auch darin routinierter, sprich schneller und erfolgreicher.

Weil es schwierig genug ist, operatives Geschäft und Umsetzung von Strategien zeitgleich zu bewerkstelligen, ist es umso wichtiger, dem Dilemma Zeit und Ressourcen klar zu begegnen, und zwar von Anbeginn. Um nicht unnötig viel Zeit und Ressourcen in Dinge zu stecken, die mit dem Ergebnis nichts zu tun haben, gilt es die Basis für ein echtes Umsetzungsmomentum zu schaffen. Was verbirgt sich hinter dem Umsetzungsmomentum? Auch Sie haben schon Umsetzungen erlebt, die einfach liefen. Alle Beteiligten arbeiteten viel und waren fokussiert, die erarbeiteten Dinge griffen ineinander, es gab wenig Reibungsverluste und trotz der enormen Anstrengungen, die unternommen wurden, wurde das Ganze von nahezu allen Beteiligten noch nicht einmal als anstrengend wahrgenommen. Das Resultat war ein richtig gutes Ergebnis und immer noch wird dazu auf den Fluren erzählt: „Das war ein tolles Projekt!"

Das, was diese Projekte trägt, bezeichne ich als Umsetzungsflow. „Flow" klingt nach Entspanntsein, Wohlfühlen und Spaß haben. Müssen Umsetzungen, um erfolgreich zu sein, Spaß machen? Nein, definitiv nicht. Worum es geht ist, den Umsetzungsprozess in einen Zustand zu bringen, den der Psychologe Mihaly Csikszentmihalyi (2007) als „Flow" bezeichnet hat. Ursprünglich auf den Risikosport bezogen wird damit inzwischen generell ein Zustand beschrieben, der die völlige Vertiefung in eine Aufgabe ermöglicht, eine Art Tätigkeitsrausch, aus dem heraus hochkonzentriert an der Erreichung eines vorgegebenen Ziels gearbeitet wird. Ob individuell oder im Team: Fühlen, Wollen und Denken sind auf ein Ziel gerichtet und das in so perfekter Übereinstimmung, dass „anstrengungsloses" und dabei absolut zielgerichtetes Handeln möglich wird. Es geht dabei nicht um die subjektive Freude an den Dingen, sondern um das selbstvergessene Versinken in ihnen bei höchster Konzentration und Aufmerksamkeit. Um diesen Zustand des „Fließens" zu erreichen, braucht es ein Vorgehen, das kontinuierlich positives Feedback gibt und jegliche Form von unnötigem Stress und „Anti-Flow" vermeidet. Neben dem eigentlichen Ergebnis muss dieser Flow im Fokus des Umsetzungsmanagements stehen. Meiner Erfahrung nach spart dies, und zwar egal ob es sich um Strategieumsetzungen, „Change" oder Projekte handelt, rund ein Drittel Aufwand und ein hohes Maß an unnötigem Stress.

Damit stellt sich die entscheidende Frage, was den Unterschied zwischen Frust und Flow ausmacht. Ist es das Ziel? Ist es das Team? Liegt es am Management? Hängt es von Zeit und Ressourcen ab? Ist der Druck entscheidend? Oder ist es einfach Glück oder Zufall? Was ich Ihnen sicher sagen kann, ist, dass es nicht Debatten und Verallgemeinerungen sind, die hier weiterführen. Auch sind keine Best Practices oder Standards im Angebot, die Ihnen den Umsetzungsflow garantieren. Vielmehr sind die eigene Kompetenz, das eigene Erfahrungswissen und die eigene Sicherheit an dieser Stelle gefragt. Neben der Voraussetzung, mehr Mut und Vertrauen in den eigenen Verstand und die Fähigkeiten des Teams zu legen, konnte ich anhand zahlreicher Erfahrungen zum Flow und auch zum häufigen Gegenteil, dem Anti-Flow, drei Prinzipien ausmachen, die für ein erfolgreiches Umsetzungsmomentum wichtig sind:

1. Konzeptionstiefe – die Dinge tief genug durchdenken
2. Zielbilder – mit attraktiven und klaren Vorstellungen das Ergebnis fokussieren
3. Umsetzungspolitik – Politik und Emotionen nicht dem Zufall überlassen

Die wenigsten Umsetzungen widmen sich diesen drei Prinzipien gezielt. Im Gegenteil: Die Mehrzahl, ich nenne sie „Alltagsumsetzungen" (siehe Abb. 2.1), beachtet keines dieser Prinzipien wirklich.

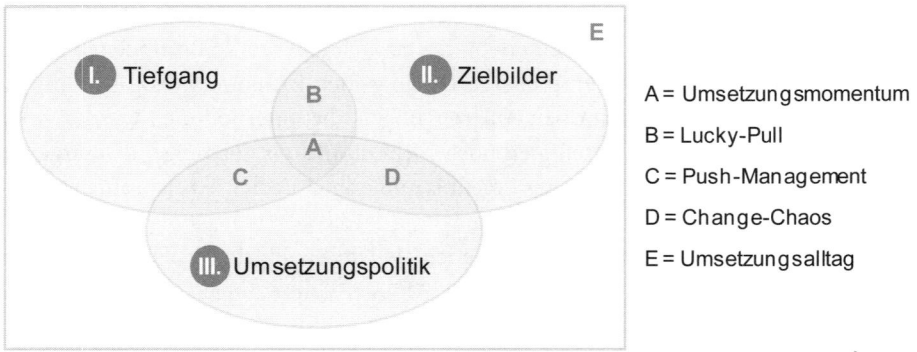

Abb. 2.1 Die drei Schlüsselfaktoren für ein Umsetzungsmomentum

Meist findet sich in der Praxis eine Mischung aus Tiefgang und Umsetzungspolitik, was zu einer Form des „Push-Managements" (Typ C) führt, bei der für eine mehr oder weniger gelungene, nicht wirklich nachhaltige Umsetzung durch entsprechende, konsequent eingesetzte Programm- bzw. Projektsteuerungs- und Controlling-Mechaniken (Druck) gesorgt wird. Mit am schwierigsten gestalten sich Umsetzungen, die im „Change-Chaos" (Typ D) stecken bleiben. Das bedeutet, man arbeitet mit einer relativ motivierten Mannschaft, die sogar auf der Basis einer durchdachten Umsetzungspolitik sehr aktiv ist, aber – weil ohne konzeptionellen Tiefgang – wenig leistet. Echtes Momentum erleben Sie nur, wenn Sie die genannten drei Prinzipien zueinander bringen.

1. Prinzip: Konzeptionstiefe – die Dinge durchdenken Vorherrschende Unsicherheit ist meist der Grund dafür, weshalb es nicht zu einem Umsetzungsflow kommt. Diese Unsicherheit kann aus zwei Gründen entstehen: Den Beteiligten ist nicht wirklich klar, was genau mit der Strategie oder der angestrebten Veränderung erreicht werden soll. Oder aber die Beteiligten haben zwar die Strategie verstanden, doch den Bereichsleitern, Teilprojektleitern, Abteilungsleitern etc. fehlt das Wissen, was sie im Detail wie zu machen haben, bzw. sie haben dieses Wissen zwar für ihren Bereich, es passt aber nicht zu dem der anderen, das heißt die Interpretationen sind zu unterschiedlich.

Bevor aus einer Zielsetzung bzw. einer Strategie heraus geplant und losgelegt werden kann, wird ein fundiertes Umsetzungskonzept benötigt. Dieses Umsetzungskonzept stellt schlüssig und komprimiert dar, wie die Organisation als Ganzes oder die jeweils von dem Umsetzungsvorhaben betroffenen Bereiche zukünftig funktionieren und miteinander verzahnt sein werden. Die Basis für ein echtes Umsetzungsmomentum ist somit eine kurze, jedoch sehr intensive Phase, in der genau durchdacht wird, was für die einzelnen Prozessstufen gemeint ist. Welche Interpretationen und Ableitungen sind die richtigen? Und woran merkt man, dass man einander wirklich richtig verstanden hat? Bei diesem Erarbeitungsprozess gilt es konsequent vom Ende, vom Ergebnis, her zu arbeiten. Meist hat eine Person ein sehr klares Bild davon, oder es entwickelt sich in der Diskussion einer sehr kleinen Gruppe, die aus nie mehr als fünf bis sieben Leuten besteht.

Das Vorgehen in Unternehmen sieht meist anders aus. Die Kommunikation der Strategie an das operative Management erfolgt im Rahmen eines Kick-Offs durch das

Topmanagement, um darauf basierend Business-Cases, Umsetzungs- und Mittelfristplanungen anzugehen, Umsetzungszwischenziele zu besprechen, die Programmsteuerung zu regeln und Meilensteine zu vereinbaren. Sobald die einzelnen Projekte stehen, geht es los. Jedes Teilprojekt hat seine Zielgrößen und Meilensteine und richtet guten Willens seine Aktivitäten daran aus. Alles wird an das Programm-Management reportet. Doch dabei passiert etwas, was ganz typisch für ein solches Projektvorgehen ist. Die Projekte haben im Laufe der Zeit immer weniger miteinander zu tun! Sie streben immer weiter auseinander, werden zunehmend isoliert behandelt, sind nicht mehr verzahnt und meist nicht einmal mehr synchronisiert. Das eigentliche Ziel, die Umsetzung der Strategie, gerät immer mehr aus dem Fokus. Das Programm verkommt zu einer reinen Effizienz-Steigerungsmaßnahme. Ursache hierfür ist, dass die Weichen schon beim Kick-Off falsch gestellt wurden, da dieser rein „wie"-orientiert war. Anstatt gleich nach der Strategie zu klären „Wie machen wir das?" und damit einen erheblich größeren Aufwand an Zeit und Ressourcen zu treiben als nötig, hätte das Umsetzungsteam vorab eine konsequente „Was"-Orientierung" gebraucht. Der Schlüsselfaktor für eine effiziente Umsetzung ist Tiefgang und der setzt voraus, dass Sie konsequent vom Ergebnis her denken und arbeiten. Und zwar im Detail.

2. Prinzip: Zielbilder – zügig und fokussiert auf das Ergebnis hinarbeiten Zwar sorgt die konzeptionelle Basis, der notwendige Tiefgang, für Sicherheit und Klarheit und schafft somit die Basis für eine produktive Umsetzung. Aber weil ein Umsetzungskonzept im wahrsten Sinne des Wortes logisch ist, lässt es auch kein Umsetzungsmomentum entstehen. Logik bringt Menschen zum Nachdenken, erst Emotionen geben die notwendigen Impulse für Handeln. Richtig gute Umsetzungsvorhaben besitzen immer ein zugkräftiges Element. Das heißt, es gibt eine klare Vorstellung von dem, was geschaffen werden soll. Und zwar nicht auf der Sach- bzw. Logikebene, sondern auf der emotionalen Ebene. Die Mannschaft brennt für das Projekt. Sie will das Ergebnis erreichen.

Eine High-Performance-Umsetzung wird nur erreicht, wenn emotionale Zugkraft auf die Logik „aufgepfropft" wird. Der konzeptionelle Unterbau muss aber auf jeden Fall vorhanden sein, denn sonst erzeugen Sie etwas, das ich wie oben „Change-Chaos" nenne. Sorgen Sie aktiv für emotional aufgeladene Zielvorstellungen, „Zukunftsfilme" – insgesamt, für jeden Bereich, jedes Teilprojekt oder jede Abteilung. Die entscheidenden Personen aus ihrer Mannschaft müssen erkennen können, wie das Ergebnis aussehen, wie es sich sozusagen anfühlen, was anders und was neu sein wird. Der Vertriebschef muss sehen und spüren können, was die abstrakte Beschreibung der neuen Kundenorientierung für ihn und seinen Bereich bedeutet. Synchronisiert mit der Vorstellung des Vertriebschefs sieht der IT-Manager, wie das, was in den Konzepten beschrieben ist, zukünftig (in zwei Jahren) gelebt wird, und der Zukunftsfilm des Leiters Kundenservice fügt sich schlüssig in dieses Gesamtbild. Das passiert nicht von selbst – Sie müssen sich aktiv um die Generierung dieser Bilder, dieser Zukunftsfilme kümmern. Wenn der Vertriebsleiter beispielsweise beschreibt, wie er zukünftig mit seinem iPad beim Kunden vor Ort die Maschinenausstattung konfiguriert und auch gleich die entsprechenden Servicepakete „dranhängt", um sofort eine Preiskalkulation machen zu können, gibt dies dem IT-Manager ein ganz anderes Bild, als wenn beide sich in einen theoretischen Abgleich der Vertriebs- und IT-Strategie begeben.

Zwei Herausforderungen gilt es bei der Entwicklung der Zukunftsfilme zu meistern:

* Jeder Verantwortliche braucht für seinen Bereich, sein Teilprojekt bei der Umsetzung einen klaren, eigens für ihn passenden, authentischen Zukunftsfilm. Das erfordert, dass die Eigeninteressen der Beteiligten mit der Umsetzung insgesamt gezielt in Einklang gebracht werden müssen.
* Der jeweilige Zukunftsfilm, das jeweilige Zukunftsbild muss in die Denkdistanz der Verantwortlichen passen. Die durchschnittliche Denkweite, mit der Menschen Zukunftsvorstellungen für intrinsische Motivation antizipieren können, beträgt meiner Erfahrung nach sechs bis neun Monate. Nur die wenigsten können mit zeitlich entfernteren Zukunftsbildern arbeiten. Die Schwierigkeit und damit auch die Kunst besteht darin, dass Sie Ihren Leuten dabei helfen müssen, die für sie passenden, sprich in einem angenehmen Vorstellungshorizont liegenden Zukunftsfilme zu erzeugen und zu implantieren. Besser noch, Sie unterstützen sie darin, diese Vorstellungen selbst zu generieren.

Ich habe zwei Arten von Managern erlebt, die erfolgreich Zielbilder bei ihren Umsetzungen nutzen: Diejenigen, die eine Begabung, ein natürliches Gespür dafür haben, ihren Managern und Teams die richtige Inspiration in der genau passenden Denkdistanz zu geben und so die notwendige Basis für das Umsetzungsmomentum erzeugen, und die Mehrheit, die dieses Prinzip systematisch und gezielt verfolgen muss. Steve Jobs hatte beispielsweise ein natürliches Talent bzw. ein Händchen dafür, seinen Managern und Teams die richtige Inspiration in genau der passenden Denkdistanz zu geben und so die notwendige Basis für das Umsetzungsmomentum zu erzeugen.

3. Prinzip: Umsetzungspolitik – Politik und Emotionen nicht dem Zufall überlassen
Kommen wir zum letzten der drei Aspekte, der Umsetzungspolitik. Selbst, wenn Sie mit guten Umsetzungskonzepten den notwendigen Tiefgang erzeugt haben und mit den passenden Zielbildern die sprichwörtlichen Möhren in der richtigen Distanz aufgehängt haben, erleben Sie im Zweifel doch nur eine Alltagsumsetzung. Denn die verschiedenen Interessenlagen der einzelnen Beteiligten, die Widersprüche, unterschwelligen Sticheleien und die teilweise destruktiven Strömungen innerhalb eines Projektes, können den Fortgang immer wieder ins Stocken bringen. Wenn Sie einen Umsetzungsflow gezielt herbeiführen wollen, ist, ob bewusst oder unbewusst betrieben, neben der Konzeptionstiefe und den Zielbildern zusätzlich eine systematische Umsetzungspolitik notwendig (siehe im Detail Kap. 6).

Lernen Sie, gezielte Umsetzungspolitik zu betreiben. Was ist damit gemeint? In der Kombination der Definition von Niccolò Macchiavelli (um 1515): „Politik ist die Summe der Mittel, die nötig sind, um zur Macht zu kommen und sich an der Macht zu halten und um von der Macht den nützlichsten Gebrauch zu machen" und der von Arnold Bergstraesser (1961): „Unter Politik verstehen wir den Begriff der Kunst, die Führung menschlicher Gruppen zu ordnen und zu vollziehen" ist genau das ausgedrückt, worum es bei guter Umsetzungspolitik geht. Ich möchte mich damit auch gleichzeitig bewusst gegen den inflationär verwendeten Begriff „Change-Management" abgrenzen, da er mir häufig eher als Selbstzweck denn als probates Mittel in der Umsetzung von Strategien und Veränderungen begegnet.

Menschen haben ihre eigenen Interessen und Ziele, und das ist auch gut so. Sie müssen diese nur kennen und verstehen. Neben diesen Zielen und Interessen sollte man sich auch über die Fähigkeiten und Schwächen der Beteiligten sowie deren Beziehungen untereinander systematisch Klarheit verschaffen. Denn Sie wollen das Orchester bewusst und nicht „by accident" dirigieren. Ob Ihnen das intuitiv gelingt oder Sie sich dafür bestimmter Denk- und Strukturierungswerkzeuge bedienen (Interessendiagramme, Politiklandkarten, Soziogramme etc.) und die Umsetzung wie ein Schachspiel durchdenken – das ist eine Frage des Stils und der eigenen Kompetenzen. Ich selber kann hier nicht intuitiv, sondern muss systematisch vorgehen, was es mir in großen Projekten leichter macht, die Umsetzungspolitik mit den entscheidenden Instanzen zu reflektieren und abzustimmen. Wichtig ist, dass Sie darüber nachdenken, für sich Entscheidungen treffen und Ihr Umsetzungsmanagement dementsprechend proaktiv gestalten. So könnte Ihnen im Rahmen ihrer Umsetzungspolitik beispielsweise klar werden, dass ein Player vom Spielfeld muss, weil die Umsetzung sonst niemals wirklich erfolgreich sein wird. Das durchzusetzen gelingt aber nur, wenn Sie zwei Vorstände im Abgleich mit den Aufsichtsratsinteressen von der Notwendigkeit der Maßnahme überzeugen. Oder Sie stellen fest, dass es klug wäre, den Regionalleiter Nord wegen seiner exzellenten Beziehungsstrukturen zum Programm-Manager zu machen, obwohl er nicht über die Fachkompetenzen des eigentlich dafür vorgesehenen Kandidaten verfügt. Dies kann bedeuten, dass Sie Ihre Umsetzungspolitik wie ein Steve Balmer (Microsoft) klar im Kopf haben und als konsequenter Leader entsprechend durchziehen. Oder Sie entscheiden sich dafür, die relevanten Aspekte gezielt zu durchdenken, aufzuschreiben und in kleinem Kreise zu beschließen. Oder aber Sie fühlen sich wohler damit, die Umsetzungspolitik wie ein Götz Werner (Gründer der dm-Drogeriekette) im Team gemeinschaftlich herauszuarbeiten und sich dabei selbst auch anzupassen. Es gibt hier nicht den einen richtigen Weg, es geht dabei um die Frage Ihres Stils und Ihres Wertesystems und darum, dass Sie dieses dritte, letzte Prinzip reflektieren und aktiv managen.

Umsetzungserkenntnis #5
Um den bestehenden Konflikt zwischen einerseits dem Mangel an Ressourcen und andererseits dem Druck schneller Durchführung zu bewältigen, muss ein echtes Umsetzungsmomentum erzeugt werden, indem ein fundiertes Umsetzungskonzept erstellt wird (Konzeptionstiefe), für emotional aufgeladene Zielvorstellungen in Hinblick auf das Ergebnis gesorgt wird (Zielbilder) und eine systematische Vorgehensweise verfolgt wird, damit die Politik und Emotionen nicht dem Zufall überlassen werden (Umsetzungspolitik).

Auf die genannten drei Schlüsselfaktoren zur Erreichung des Umsetzungsflow wird in den weiteren Kapiteln detailliert eingegangen. Doch auch wenn ein Großteil des Buches sich damit beschäftigt, wie genau dieser Umsetzungsflow herbeizuführen ist, gibt es keine Garantie, dass er sich einstellt. Pauschal würde ich sagen, dass 50 % des Erfolges von Umsetzungen und der Generierung eines Umsetzungsmomentums von der Passion und Führungsleidenschaft einiger weniger zentraler Figuren abhängen. Denn neben aller Methodik, Technik und Taktik erweist sich als von entscheidender Bedeutung die Leidenschaft und innere Überzeugung einiger weniger Manager. Sie müssen vom Ziel wirklich überzeugt sein und dafür brennen und eben nicht nur den Job darin sehen, der erledigt werden muss. Fehlen Ihnen diese echten Zugpferde, dann ändern Sie das Setting oder fangen Sie mit dem Prozess besser gar nicht erst an.

2.2 Von verfehltem Planungs- und Kontrollverständnis

Die feste Überzeugung, das geplante Umsetzungsergebnis durch besonders genaue Festlegung von Aktivitäten, Meilensteinen und Projektplänen zu erreichen, führt leicht ins zweite Umsetzungsdilemma: der Fokussierung auf Aktivitäten statt Ergebnissen. Auch ich gerate immer wieder in diesen Sog. Sie müssen stets auf der Hut vor dieser Input- bzw. Aktivitäten- und Planungsorientierung sein, da man ihr zu schnell verfällt. Am besten gelingt dies durch disziplinierte, systematische Ergebnisreflexion.

Werden Projekte zu Beginn sehr detailliert und sehr genau geplant, ist nicht selten die Folge, dass die Dinge komplizierter werden und der Prozess frustrierender verläuft als nötig. Unsere Angst, mit Unsicherheit und Ungewissheit umzugehen, erzeugt ein ausgeprägtes Planungsverhalten, wir versuchen die Themen so weit herunterzubrechen, bis wir bei einzelnen Aktivitäten angekommen sind und meinen, genau zu wissen, was wann wie kommen wird und wie wir genau vorgehen müssen. Diese vermeintliche Prozess-Sicherheit macht Umsetzungen wesentlich aufwändiger als notwendig und am Ende stellen wir fest, dass es a) doch anders gekommen ist und b) als gedacht. Chaos entsteht und wir sind nur noch damit beschäftigt, irgendwelche Pläne und Reports, die der Sache selbst nicht mehr dienen, zu verwalten. Vor lauter Planungs- und Kontrollaktionismus verlieren wir das Ergebnis aus den Augen.

Vier konkrete Gefahren sind mit dieser Input-Orientierung verbunden:

1. Unnötige Komplexität
   Wird viel geplant und kontrolliert, braucht es Zeit, Ressourcen und Prozesse und jede Menge Input, um die Planungen „belastbar" zu machen. Der damit nicht selten verbundene erhebliche Aufwand, der insbesondere auch durch die Abstimmungen zwischen den einzelnen Ressourcen und Verantwortlichen getrieben wird, erzeugt eine unnötige Komplexität.

2. Defokussierung

Mit dem skizzierten Aufwand steht die Planung im Fokus und nicht mehr das Ergebnis. Folglich richtet sich die Organisation an diesen Plänen aus, beschäftigt sich mit ihnen und stellt sie, so paradox es klingen mag, über das eigentliche Ziel.

3. Rechtfertigungspolitik

Das, was besprochen und geplant wurde, gilt allen als Richtlinie – konsequenterweise auch für die Kontrolle. Das heißt: Statt die Ressourcen auf das zu richten, was es zu erreichen gilt, wird viel Zeit investiert, um zu erläutern, warum man nicht im Plan ist. Dabei sollte der Blick nach vorne, in Richtung Ziel und Ergebniserwartung gerichtet sein.

4. Unnötige Aktivitäten

Die einmal durchdachten Pläne geben ohne weiteres Hinterfragen die Orientierung vor, was oft darauf hinausläuft, dass Aktivitäten und Meilensteine verfolgt werden, die nicht wirklich relevant sind. Aber weil man es nun mal so geplant hat, macht man es auch so, der Plan steht über allem – eine merkwürdige Entwicklung, die ich jedoch häufig erlebe.

Die Konsequenz aus den geschilderten Gefahren ist, dass Sie stets nur das Ergebnis im Blick haben und planungstechnisch immer auf Sicht fahren, das heißt nie zu weit nach vorne blickend agieren sollten. Der Unsicherheit, die Sie damit unter Umständen bei Stakeholdern erzeugen, können und müssen Sie wahrscheinlich mit Konsequenz und Methode begegnen (siehe Kap. 7.3).

Die jeweils aktuellen Aktivitäten und Projekte müssen regelmäßig in Bezug auf das zu erreichende Ergebnis reflektiert werden. Anders gesagt: Es muss geprüft werden, ob man sich damit dem Ergebnis nähert, also erfolgreich agiert oder eben nicht. Fragen Sie sich, woran Sie merken, dass und ob Sie mit Ihrer Umsetzung wirklich dem Ziel entgegenkommen. Das klären Sie sicherlich nicht dadurch, indem Sie irgendwelche Aktivitäten oder Meilensteine auf einer To-Do-Liste abhaken, sondern Ergebnisse beschließen, die es zu erfüllen gilt. (siehe Kap. 4).

> **Umsetzungserkenntnis #6**
> Verfallen Sie nicht dem Input-Teufel, indem Sie sich detailorientiert und aktivitäts-fixiert in ihr Umsetzungsvorhaben stürzen und das anzustrebende Ergebnis aus dem Auge verlieren. Geben Sie stattdessen dem Output-Engel mehr Raum und Macht und sorgen Sie so für hochproduktives Umsetzungsmanagement, indem Sie ihre Handlungen strikt vom Ende her denken und richtig entscheiden, wenn es um die Frage geht: „Was muss ich tun, um ein bestimmtes Ergebnis zu erreichen?"

In einem Maschinenbauunternehmen setzte man sich regelmäßig, manchmal auch unregelmäßig in großer Runde zusammen, um die nächsten Aktivitäten im Rahmen des Programms „Neuland" zu diskutieren. Diese Runden waren am Ende ausschließlich von Detaildiskussionen geprägt. Es ging zum Beispiel darum, ob die Art der Prozessmodellierung im Service den Prozess-Standards entspricht, wie das Partnermodell im Auslandsgeschäft (eine Randerscheinung!) entwickelt wird, welche Regelungen in der Governance zu berücksichtigen sind, wer die Verantwortlichkeiten einzelner Rollen innehat etc. Es wurde immer heiß debattiert und dabei völlig vergessen, wozu all das eigentlich gemacht wird!

Um dem zu begegnen, habe ich fünf Fragen etabliert, die von allen Projektleitern jede Woche konsequent durchgegangen werden mussten:

1. Gehe ich den einfachsten und schnellsten Weg zum Ergebnis?
2. Macht das, was ich gerade tue, wirklich Sinn oder ist das nur Input?
3. Welche Projekt-Meetings bringen mich meinem Umsetzungserfolg wirklich näher und welche kann ich streichen?
4. Ist der Aufwand, den ich in die Projektdokumente stecke, wirklich notwendig?
5. Hilft mir die Methode, die ich nutzen möchte, wirklich, um zum Ergebnis zu kommen?

So lernten alle Beteiligten, bei allen Ihren Handlungen strikt vom Ende her zu denken und richtig zu entscheiden, wenn es um die Frage ging: „Was muss ich tun, um ein bestimmtes Ergebnis zu erreichen?" Es etablierte sich sukzessive ein konsequentes „Output-Denken".

2.3   Die Change-Bremsen – Der Geist ist willig, aber . . .

Wir alle haben unsere eigenen, unterschiedlichen Interessen und Ziele, die selbstredend nicht immer mit den Interessen und Zielen der anderen übereinstimmen. Oft sind es solche gegenläufigen Interessen, die eine Umsetzung von Strategien und Veränderungen ausbremsen. Als Gegenmaßnahme wird dann häufig zur Change-Management-Keule gegriffen, ohne dass mit ihr jedoch wirklich Nennenswertes auszurichten wäre. Dem vorhandenen Widerstand mit Coaching, Teamentwicklungs- oder sonst wie gearteten Change-Maßnahmen zu begegnen, ändert wenig an den divergierenden Grundinteressen der Einzelnen.

Dieses Dilemma habe ich im Zuge einer Strategieumsetzung eines Mischkonzerns mit vielen Einzelgesellschaften erlebt, wo es unter anderem darum ging, gezielt Synergieeffekte zwischen den Konzerngesellschaften zu realisieren. Die Einzelgesellschaften wurden 20 Jahre lang so geführt, dass jeder der Geschäftsführer nur auf das Wohl seines eigenen Unternehmens bedacht war. Im Zuge der neuen Strategie sollten die Einzelgesellschaften nun näher an den Konzern und somit zueinander rücken. Doch die Umsetzung dieser Strategie kam nicht richtig voran.

Zunächst wunderte ich mich, warum das Vorhaben nicht akzeptiert wurde und Stillstand eingetreten war. Aus meinen Augen war die Strategie durchaus vorteilhaft für die Einzelgesellschaften, da tatsächlich reichlich Synergieeffekte abseits irgendwelcher Kosteneinsparungen seitens der Einzelgesellschaften genutzt werden konnten und zudem ein besserer Knowhow-Transfer stattfinden würde. Auch ein authentisches Managementbekenntnis seitens der Zentralvorstände war gegeben, was bedeutete, dass ein Großteil der Maßnahmen zentral finanziert werden sollte.

Dass dies, positiv gemeint, Misstrauen säte wurde mir erst später deutlich, als mir die Historie des Unternehmens und ihre bisherige Führung und Steuerung bewusst wurde. Ich habe erkannt, dass ich den wahrhaftigen Einzelinteressen, die auch durch das nicht geänderte Führungssystem weiter gestützt wurden, nicht die notwendige Aufmerksamkeit geschenkt hatte. Zu sehr waren die „Teilkonzern-Fürsten" darauf bedacht, ihren Regelbetrieb nicht zu stören, das eigene Ergebnis nicht zu gefährden und auch aus einer Macht der Gewohnheit heraus nicht davon abzulassen, selbst wenn logisch und argumentativ gestützt eine Verzahnung mit den anderen Bereichen einzig und allein im Eigeninteresse schon sinnvoll war und sie sich dazu bekannten, dies herbeizuführen. Es war also ganz natürlich, dass weiterhin versucht wurde, für die eigene Gesellschaft („Fürstentum") das Maximum herauszuholen und die eigene Macht nicht einfach aufzugeben. Diese Grundinteressen sind an sich nichts Schlechtes und bedeuten auch nicht, dass die Personen sich gegen das Unternehmen stellen oder dass die Veränderung bzw. die Umsetzung nicht durchgeführt werden könnte.

Nachdem mir dies klar wurde, habe ich mich den Interessen der einzelnen Geschäftsführer sowie deren Sorgen und Ängste wie auch Zielsetzungen gemeinsam mit zwei Zentralvorständen dezidiert gestellt und Wege gesucht und gefunden, die richtigen Interessensschnittmengen zu finden. Um die Umsetzung nachhaltig zum Erfolg führen zu können, mussten wir sie schließlich etwas langsamer angehen lassen und auch die Gremienstruktur im Gesamtkonzern für entscheidende Weichenstellungen ändern, so dass sich die Geschäftsführer der Einzelgesellschaften entsprechend repräsentiert und weiterhin mit den für sie und aus ihrer Sicht notwendigen Hebeln ausgestattet fühlten.

Wenn der Geist also, wie im Beispiel dargestellt, nicht wirklich will, helfen die diversen Methoden, den Widerstand zu brechen und Personen zueinander zu bringen, wenig. Denn auf diese Weise wird nur der Input therapiert, das heißt am „Wie" gearbeitet. Ich halte daher einen Großteil der Change-Bemühungen, um Mitarbeiter veränderungswillig und bereit zu machen, für vertane Zeit und Mühe. Oder um es überspitzt zu formulieren: Aktivitäten im Klettergarten können sicherlich Spaß machen, sie ändern aber nichts an den Interessen und der Motivation der involvierten Personen. Die noch unwilligen Geschäftsführer aus dem Beispiel werden nach solch einer Klettergarten-Nummer in der folgenden Arbeitswoche ein paar Worte mehr auf dem Flur wechseln, was aber nichts an ihrer grundsätzlichen Interessenausrichtung und Zielverfolgung ändern wird. Das soll nicht heißen, dass Change-Management-Methoden grundsätzlich nichts bringen. Es geht vielmehr darum, dass wir uns immer wieder genau fragen müssen, ob die gewählte Methode uns im Hinblick auf das Ziel wirklich weiterbringt. Denn wie alle anderen Methoden auch ist Change-Management nur Mittel zum Zweck, um eine Strategie umzusetzen. Und eine Strategie ist Mittel zum Zweck, um Ziele zu erreichen. Egal um welche Methoden es also geht, sie sollten nur dann eingesetzt werden, wenn sie uns bezogen auf dieses Ziel verlässlich nach vorne bringen.

Umsetzungserkenntnis #7
Menschen sind entweder motiviert oder sie sind es nicht. Man kann sie nicht motivieren, sondern höchstens ihre Interessen ermitteln und so in Übereinstimmung zu bringen versuchen, dass daraus etwas wie eine Interessengemeinschaft für ein bestimmtes, authentisches Ziel entsteht.

Um dem unwilligen Geist tatsächlich beizukommen, ist geschickte Umsetzungspolitik gefragt. Sie müssen sich mit den herrschenden machtpolitischen Strukturen, Eigeninteressen und Unternehmensinteressen auseinandersetzen. Sie tun gut daran, diese zu antizipieren, in Vernetzung zueinander zu bringen und dieses Wirknetz im Sinne der Zielsetzung zu manipulieren, indem Sie – siehe Beispiel Geschäftsführer – die Interessen der Beteiligten in Einklang und in Ausrichtung auf das zu erreichende Ziel bringen (siehe Kap. 6.3).

Allerdings sollte man sich davor hüten, jedes Hemmnis bei der Strategieumsetzung auf störende und vermeintlich kaum zu manipulierende Einzelinteressen der Beteiligten zurückzuführen. Vermeiden Sie den Impuls, in der Ursachenforschung schnell „die anderen" zum Sündenbock zu erklären, sich selbst dagegen auf der sicheren Seite zu wähnen, immer wissend, was wie zu erreichen ist. Die anderen sind aus dieser Perspektive:

- die „Gegner", mit denen das Ganze ohnehin nie umzusetzen ist,
- die „Dummen", die einfach nicht verstehen, worum es eigentlich geht oder
- die „Unfähigen", die nicht wissen, was zu tun ist.

So störend sie angeblich sind, kommen diese „anderen" uns andererseits sehr gelegen: als willkommene Ausrede für die eigene Unfähigkeit, die Mannschaft rechtzeitig abzuholen, zu überzeugen oder konsequent zu führen. Wir verstecken unsere eigene Unklarheit, Unsicherheit und politischen Interessen hinter ihnen und ihrem Störpotenzial. Diese „anderen" existieren aber nur in unserer abwehrbereiten Wahrnehmung, die sich für erfolgreiche Umsetzungen alles andere als eignet, ihnen im Gegenteil meist sogar schadet.

2.4 Der Panic Point – Wenn sich Angst breit macht

Panik ist eine riskante Hürde. Ihr Aufkommen sollte im Zuge einer Umsetzung tunlichst vermieden werden. Ansonsten droht man in die Falle des verfehlten Planungs- und Kontrollverständnisses oder der Change-Bremse zu geraten.

Wie entsteht Panik? Zu Beginn eines Veränderungsvorhabens geht der Großteil der Beteiligten in der Regel mit einem hohen Maß an Motivation an die Sache heran und man hört begeisterte Ausrufe wie: „Ja, das machen wir!" Spätestens jedoch in dem Moment, in dem erkannt wird, dass sich durch das Projekt vieles ändern wird und auch ändern muss, geraten die Beteiligten in Panik. Die Reaktion darauf ist entweder Kontrollwut, aus der heraus die Dinge bis ins letzte Detail geplant, geklärt und durchgeführt werden – der klassische Fall also eines verfehlten Planungs- und Kontrollverständnisses. In der Folge gerät die Umsetzung ins Stocken, weil man hauptsächlich mit der Suche nach Gründen beschäftigt ist, die erklären können, warum etwas nicht geht. Oder es entwickelt sich eine „Change-Fraktion", die die Beharrungskräfte als zu stark, den Widerstand als zu gefestigt und die Zahl der Veränderungen als zu groß erklärt, kurz die „anderen" als Ausrede und Rechtfertigung benutzt für das eigene mangelhaft durchdachte Arbeiten.

Je nach Projektkomplexität tritt der Panic Point früher oder später ein. Bei sehr großen, komplexen Umsetzungsvorhaben kann das bereits beim Start der Fall sein, bei überschaubareren Projekten dann, wenn die Dinge anfangen kompliziert zu werden und mit einem Mehr an Konzept, Planung und Kontrollwerkzeug zusätzlich verkompliziert werden. Sobald der Panic Point eintritt, macht sich Unsicherheit breit. Immer mehr Beteiligte wissen nicht mehr genau, was wozu gemacht wird, fangen an, sich einzuigeln und die Mauern des Teilprojekts bzw. des eigenen Bereiches zu sichern. Die Folge sind immer mehr Blindleistungen, immer größerer Absicherungsaufwand und wenig zielgerichtete Politik. In Summe nimmt die Projekteffizienz erheblich ab. Typische Anzeichen für den Panic Point sind:

1. Der Fortschritt wird an Aktivitäten und nicht Ergebnissen festgemacht
2. Zunehmende Unsicherheit
3. Verstärkte Forderungen und Fragen nach Plänen und Meilensteinen
4. Der rückläufige Austausch zwischen Bereichen/Teilprojekten nach ersten Kick-offs
5. Erste Schuldzuweisungen.

Wie Unsicherheit und damit auch die Entstehung des Panic Points vermieden werden kann, wird in Kap. 4 beschrieben.

Der Kern des Umsetzungserfolges: Die Konzeption 3

Zusammenfassung

Wie bereits in Kap. 1 erwähnt, ist es für eine Erfolgsumsetzung absolut notwendig, die Strategie vor der Umsetzung gründlich zu durchdenken. Unter Bezug auf die definierte strategische Position muss in einem Strategiekonzept zunächst herausgearbeitet werden, was sich genau warum wie ändern wird, und wie die Dinge ineinandergreifen werden. Nur so besteht Aussicht, in und mit der Umsetzung das abgesteckte Ziel auch zu erreichen. Denn je intensiver die Konzeptionsphase desto höher die Wahrscheinlichkeit, dass alle Beteiligten von einer einheitlichen, klaren Vorstellung in der Sache ausgehen und auf sicherer Basis agieren. So erfährt Ihr Umsetzungsvorhaben ein Momentum, ist geprägt von Geschwindigkeit und Effizienz. Im Folgenden möchte ich Ihnen, ohne damit Standards festlegen und formulieren zu wollen, eine mögliche Abfolge der Konzeptionsarbeit modellhaft aufzeigen und Ihnen Hinweise geben, woran Sie merken können, dass bei den Beteiligten ihres Umsetzungsvorhabens vielleicht noch Unsicherheit besteht und wie Sie die dafür verantwortlichen Unschärfen in den einzelnen Bereichen beseitigen, um anschließend die Synchronisation der „scharfgestellten" Bereiche behandeln.

3.1 Das Vorgehen in der Konzeption – Ein Leitfaden

Steht die Strategie, muss in einem nächsten Schritt mit Blick auf die Ziele gefragt werden, was man für die neue Zielposition genau braucht, was sich dafür ändern muss, was vielleicht wegfällt und was an Neuem hinzukommt – und zwar für jeden einzelnen Bereich. Für diese „Schärfung" der Strategie, diese notwendige konzeptionelle Detaillierung können Sie selten auf Standards und Best Practices zurückgreifen, denn jeder aktuelle Un-

M. Kolbusa, *Umsetzungsmanagement*,
DOI 10.1007/978-3-658-02237-2_3, © Springer Fachmedien Wiesbaden 2013

ternehmenszustand ist ebenso wie jede Strategie einzigartig. Konsequenterweise ist auch die „strategische Lücke", also die Wegstrecke, die Sie zurücklegen müssen, um an ihre strategische Zielposition zu gelangen, immer sehr spezifisch. Sinn und Zweck der Konzeption ist es, diese bestimmte strategische Lücke genau zu beschreiben. Folglich können Sie für diese konzeptionelle Ausarbeitung auch auf keinerlei Vorlagen zurückgreifen oder die Unterlagen der letzten Strategieumsetzung von vor drei Jahren dafür herauskramen. In der Konzeptionsphase sind Sie gefordert, sich intensiv ihre eigenen Gedanken darüber zu machen, wie es an der neuen Position aussieht. In meiner Beratungspraxis erlebe ich es immer wieder, wie schwer gerade dieser Schritt den meisten Organisationen fällt – sei es aufgrund von mangelndem Vertrauen in die eigenen Denkfähigkeiten oder aber von fehlender Erfahrung in der Entwicklung eines strategischen Konzeptes.

Genau zu durchdenken und sich zu überlegen „Wie sieht es an meinem neuen Standort aus?" (Konzeption) und „Wie genau komme ich dahin, um dann auch gut aufgestellt und mit den richtigen Kompetenzen die richtigen Dinge auf die richtige Art zu tun" (Planung) ist nicht mal so eben getan. In Form eines Leitfadens möchte ich Ihnen nachstehend aufzeigen, wie ich mich dieser Konzeptionsphase mit meinen Klienten stelle:

1. Konzeptionstiefe   Bevor Sie anfangen, müssen Sie sich überlegen, bis zu welcher Managementebene und in welchen Bereichen das Zielbild („Wie sieht es am neuen Standort aus?") heruntergebrochen bzw. konzeptionelle Klarheit geschaffen werden muss, um vernünftig planen und eine zügige Umsetzung erleben zu können. Manchmal höre ich die Aussage, jeder Mitarbeiter müsse wissen, was die Strategie für ihn bedeute. Abgesehen davon, dass diesem Anspruch in aller Regel spätestens auf der zweiten Führungsebene nicht mehr nachgekommen wird und er eher eine Management-Plattitüde darstellt, halte ich ihn auch für völlig absurd. In weniger komplexen Geschäftsmodellen wie beispielsweise dem Handel mit Stahl reicht es normalerweise völlig aus, wenn das Topmanagement mit der nächsten Führungsebene die strategischen Veränderungen durchspricht und klärt. Auch für die Umsetzung einer neuen Strategie eines Optikerherstellers mit Filialsystem reicht es konzeptionell völlig aus, mit einigen wenigen Schlüsselinstanzen in die Konzeption der notwendigen Veränderungen zu gehen, also beispielsweise die Umgestaltung des Partnervertriebs und der Beschaffungsstruktur mit nur zwei Bereichsleitern zu klären. In komplexeren Geschäftsmodellen wie einer Neuausrichtung eines Mischkonzerns, der zudem unter Synergieaspekten plant, Shared-Service-Strukturen zu etablieren, wird es notwendig sein, nahezu die komplette zweite und auch Teile der dritten Führungsebene mit einzubeziehen, so dass beispielsweise der Leiter des Servicestandortes in München weiß und versteht, was sich zukünftig bei ihm in Verflechtung mit den anderen Bereichen, wie beispielsweise der neuen zentralen Vertriebsinstanz in Berlin verändern wird. Völlig fehl am Platz wäre auch hier der Anspruch, dass jeder einzelne Mitarbeiter am Ende verstanden haben soll, wieso sich welche Dinge wie ändern werden. Auch hier gilt wieder: Das zu erreichende Ergebnis gibt vor, wo und wie viel Sicherheit nötig ist. Gefragt werden muss also, bis zu welcher Ebene in welchen Bereichen echte Managementsicherheit bezüglich der zu schaffenden Strukturen und Veränderungen existieren muss. Die Antwort darauf

Abb. 3.1 Die richtige
Konzepttiefe für das Zielbild

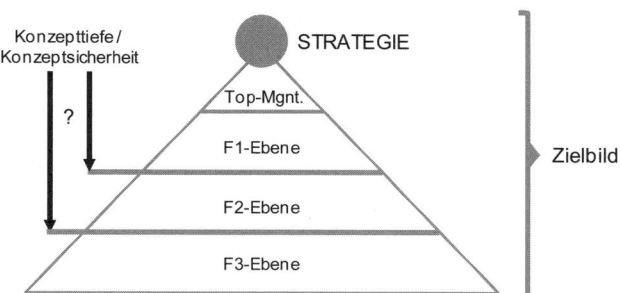

gibt an, wer eingebunden wird – keiner mehr, keiner weniger. Wichtig ist, dass Sie sicher sein können, dass auf allen mit der Umsetzung befassten Ebenen der weitere Prozess ein Selbstläufer ist (siehe Abb. 3.1).

Konzepttiefe bedeutet Konzeptsicherheit und es liegt in Ihrer Entscheidung, bis zu welcher Ebene Sie diese Sicherheit schaffen wollen. Je tiefer sie gehen, desto höher wird der Aufwand, und zwar exponentiell ansteigend. Sie sollten also so wenige Personen wie möglich und nur so viele wie nötig einbinden. Geht man von einer durchschnittlichen Führungsspanne von zehn Personen je Führungskraft aus, werden bei beispielsweise zwei bis drei Geschäftsführern bzw. Vorständen ca. 20 bis 25 Bereichsleiter in die Konzeptionsphase eingebunden sein. Beachten Sie auch, dass Teams am effizientesten arbeiten, wenn sie aus mindestens vier bis maximal sieben Leuten bestehen. In größeren Unternehmen oder in komplexeren Strukturen, die mehr Teammitglieder erfordern, sollte gegebenenfalls eine Arbeitsgruppen-Architektur unterhalb des ausgewählten Teams installiert werden, damit die optimale Gruppengröße erhalten bleibt.

Trotz allem wird ein gewisses Maß an Unschärfe immer bestehen. Manchmal kann die Frage „Was bedeutet das zukünftig?" auch nicht oder nicht genau beantwortet werden. Da Unschärfen dazugehören, muss man lernen, damit zu leben und umzugehen. Wichtig dabei ist, Unschärfe nicht mit Unsicherheit zu verwechseln und damit den Prozess zu irritieren.

2. Schlüsselfragen   Ein von mir entwickeltes Vorgehen ist das Prinzip der Kern- und Schlüsselfragen. Diese Fragen helfen herauszufinden, welche Themen und welche Bereiche in der Konzeption besonderer Aufmerksamkeit bedürfen. Die Kernfrage bringt im Grunde die gesamte Strategie aus Sicht eines einzelnen Bereiches auf den Punkt und steht im Mittelpunkt. Um diese Kernfrage ranken sich drei bis sieben weitere Schlüsselfragen je Bereich bzw. Teilprojekt, die es mithilfe entsprechender Modelle zu klären gilt. Statt also die Strategie vorzugeben und sodann die Verantwortung dafür, was im Sinne der konzeptionellen Sicherheit für eine erfolgreiche Umsetzung geklärt werden muss, einfach zu delegieren, geben Sie diesem Prozess eine klare Struktur, die vor allem auch sicherstellt, dass es rein ergebnisorientiert zugeht.

Das Topmanagement eines Touristikkonzerns hatte beschlossen, dass die Zukunft in der Kreuzfahrt, der Naherholung und dem Internethandel liegt und dies in Form einiger Strategieeckpfeiler deutlich beschrieben. Es war klar, dass bis zur kompletten zweiten Führungsebene alle Manager in die Konzeption mit einzubinden sind, da sich alle Bereiche deutlich verändern müssen, wenn die Strategie gelingen soll. Nach einer kurzen Vermittlung der Strategie war jeder Bereichsleiter aufgefordert, in Form einer einzigen Frage (Kernfrage) zu formulieren, was er mit einem durchdachten Konzept für seinen Bereich im Sinne der Strategie klären will bzw. muss. So formulierte der IT-Manager in diesem Zusammenhang seine Kernfrage wie folgt: „Mit welcher IT-Architektur ermöglichen wir die neuen Geschäftsmodelle?" Zu jeder Kernfrage sollte im Anschluss daran jeder vier bis maximal sieben Schlüsselfragen, die sich daraus ergeben und mit den Konzepten beantwortet werden müssen, formulieren. Der IT-Manager formulierte:

a. Welche Themen der IT-Wertschöpfung machen wir zukünftig noch selber bzw. was werden wir wie outsourcen?
b. Welche Kompetenzen müssen dafür vorgehalten und entwickelt werden?
c. Wie sehen die technologischen Schnittstellen mit unseren Partnern in den neuen Geschäftsmodellen aus?
d. Was müssen wir für die neuen Serviceprozesse technologisch zur Verfügung stellen?

Ähnliches wurde von den Bereichsleitern im Vertrieb, Service, Einkauf, Konditionenmanagement und Marketing vorgelegt. Auf diese Art wurde dafür gesorgt, dass jeder genau die Aspekte auf den Tisch bringen konnte und musste, die es zu klären gilt, um zu einem durchdachten Konzept zu kommen.

Die Kern-und Schlüsselfragen sind somit eine sehr gute Plattform, um konsequent vom Ende her kommend die entscheidenden Fragen zu stellen, abzugleichen und zu diskutieren. Nicht nur dass damit ein ausgeprägteres Strategieverständnis entsteht, wo der Prozess des Austausches meist mehr wert ist als das Ergebnis, es werden auch die richtigen Prioritäten und Ergebnisanker gesetzt, die mit den Konzepten geklärt werden sollen. Die Begrenzung auf die wenigen entscheidenden Fragen ist hierbei wichtig. Sorgen Sie hier für Disziplin.

3. Auswahl der notwendigen Modelle Die Schlüsselfragen geben Auskunft darüber, welche Antworten für das Umsetzungskonzept und die erfolgreiche Umsetzung wichtig sind. Die Modelle dienen dazu, schlüssig und komprimiert diese Antworten zu geben, darzustellen, wie die Organisation als Ganzes zukünftig funktioniert, wie es also an Ihrem neuen strategischen Standort zugehen wird. Sie sind gewissermaßen der neue „Ortskern", an dessen Peripherie sich anschließend sämtliche Unternehmensbereiche mit ihren Bereichskonzepten anordnen und verzahnen. Relevant können dabei folgende Modelle sein:

- Das *Unternehmensmodell*: Wie sieht das grundlegende Geschäftsverständnis aus, die Unternehmensmechanik oder -logik, nach der zukünftig gearbeitet wird, damit die angestrebte strategische Position erreicht wird? So zeigt das Geschäftsmodell eines Telekommunikationsunternehmens beispielsweise, wie momentan noch Infrastruktur und Netz- und Technologiemöglichkeiten die Richtung vorgeben und wie zukünftig von den Kundenbedürfnissen her gedacht werden soll und die Produkte eben nicht mehr an dem orientiert werden, was technologisch möglich ist, sondern an dem, was der heutige und der mögliche zukünftige Kundenbedarf ist.

- Das *Wertschöpfungsrad*: Welches sind die zukünftigen Kern- und Unterstützungsprozesse und wie sehen die Schnittstellen dazwischen aus? Bei der gravierenden Änderung des Geschäftsmodells des Telekommunikationsanbieters ist es völlig klar, dass auch die Wertschöpfung in einer veränderten Wertschöpfungsreihenfolge funktionieren muss. Wo bisher die Technik definierte, welche Gebiete als Nächstes erschlossen werden, durchdenkt fortan beispielsweise das Produktmanagement die Produkte und gibt sie an die Technik, die sie realisiert. Ressourcen- und Mittelverantwortung verlagern sich entsprechend.

- Das *Organisationsmodell*: Wie wird das Unternehmen nach der neuen Unternehmenslogik und der anders gestalteten Wertschöpfung organisiert? Um beim Beispiel des Telekommunikationsunternehmens zu bleiben: Einen Bereich Produktmanagement unterhalb der Geschäftsführung gibt es noch nicht, also muss das Organisationsmodell klären helfen, wo dieser Bereich installiert wird, wie die Verzahnung dieses neuen Bereiches mit den anderen Bereichen aussehen wird, welche Kompetenzen dieser Bereich in welcher Menge braucht usw.

- Das *Führungs- und Steuerungsmodell*: Wie werden die Organisationseinheiten, das heißt die zukünftigen Unternehmensbereiche, orchestriert und gesteuert, damit alles mit den richtigen Prioritäten ineinandergreift und das Unternehmensmodell wie auch das Wertschöpfungsrad Realität werden? Bei dem erwähnten Telekommunikationsunternehmen wurde beispielsweise in der Vergangenheit der Erfolg des Technikbereiches daran gemessen, wie viel Netzausbau und Erschließung von Gebieten pro Jahr erfolgt sind. Zukünftig wird er daran gemessen werden, wie gut die Vorgaben aus den Produkt- bzw. Vertriebsbereichen erfüllt werden können. Time-to-Market wird eine Rolle spielen und dafür wird auch das Budget verlagert werden müssen. Das Führungs- und Steuerungsmodell klärt somit, wer zukünftig im Sinne der Wertschöpfung woran gemessen wird und wie das Zielsystem aussieht.

- Das *Sourcing-Modell*: Wie muss sich die Fertigungstiefe strategisch verändern, ausgehend von den Kern- und Unterstützungsprozessen des Wertschöpfungsrades? Je nach Veränderung der Wertschöpfung wird es notwendig sein, zu klären, welche der Themen man mit eigenen Kernkompetenzen zukünftig selber besetzen möchte und was man sinnvollerweise dazukauft. War der Kundenservice bei dem Telekommunikationsanbieter beispielsweise bisher outgesourct, kann es sich nun als notwendig erweisen, diesen wieder ins Haus zu holen, da die komplexeren Produkte und die Kundenbindung als Wettbewerbsfaktor angesehen werden, den man mit einer eigenen Kernkompetenz bedienen muss. Anders vielleicht der Netzbetrieb, den man bisher als Kernkompetenz betrachtete und nun eher als Commodity einstuft und erkennt, dass es Dienstleister gibt, die diese Leistung wesentlich kostengünstiger anbieten können.

- Das *Kompetenzmodell*: Welche Kompetenzen werden, ausgehend vom Wertschöpfungsrad, in den einzelnen Bereichen benötigt? Über welche Rollen und Funktionen werden diese am geschicktesten vorgehalten? Und was sind die wesentlichen Wert-

und Aufwandstreiber, über die ein durchdachtes Mengengerüst zum Sizing der Organisationseinheiten vorgenommen werden kann?

- Das *Kooperations- und Wertemodell*: Muss sich die Art der Zusammenarbeit und das Miteinander ändern? Hier geht es um die ungeschriebenen Gesetze des Unternehmens, das heißt seine Kultur. War es zum Beispiel in der Netztechnik des Telekommunikationsanbieters bisher angesagt, als Mitarbeiter über die lästigen Fachbereiche zu meckern, wird im zukünftigen Kooperations- und Wertemodell festgehalten werden müssen, dass der Fachbereich als Partner und Kunde zu verstehen ist, der als Einziger weiß, was notwendig ist.

Die vier erstgenannten Modelle sind für ein Konzept unentbehrlich; ob Sie die darüber hinaus aufgeführten oder gegebenenfalls noch weitere Modelle benötigen (zum Beispiel ein Standort- und ein Partnermodell), hängt von Ihrer Strategie ab. So beschließt zum Beispiel der IT-Manager des Touristikkonzerns, nachdem er seine Kern- und Schlüsselfragen mit den anderen Mitgliedern des Konzeptionsteams diskutiert und auf ein gemeinsames Verständnis hin abgeglichen hat, seine erste Schlüsselfrage „Welche Themen der IT-Wertschöpfung übernehmen wir zukünftig noch und was werden wir wie outsourcen?" mithilfe eines Sourcing-Modells zu beantworten.

4. Konzeption der notwendigen Modelle Die für das jeweilige Umsetzungsvorhaben relevanten Modelle müssen nun erarbeitet werden. Dabei müssen Sie sich immer wieder vor Augen führen, wozu die Modelle erstellt werden und in welcher Reihenfolge. Die Modellerarbeitung soll nicht zum wissenschaftlichen Unterfangen werden, sondern im Gegenteil so schlank wie möglich gehalten werden. Zweck der Modellauswahl ist es, dem operativen Management Sicherheit in Bezug auf die herbeizuführenden Veränderungen zu geben. Die Modelle müssen bis zu der Ebene, für die Klarheit herrschen soll, heruntergebrochen werden. Diese Konzeptionstiefe ist bereits im ersten Schritt festgelegt worden.

> So beschließt zum Beispiel der IT-Manager des Touristikkonzerns, dass er das Sourcing-Modell lediglich in Zusammenarbeit mit zwei Kollegen aus der dritten Führungsebene klären wird, und die Bereiche Entwicklung und Betrieb, die von diesen Modellen mehrheitlich betroffen sein werden, bei der Erarbeitung zunächst nicht beteiligt und sie erst später einbindet. Anders im Architekturbereich, wo er ein größeres Team von allen zukünftig betroffenen Bereichen bzw. Systemen zusammenstellt. Es scheint ihm im Hinblick auf die emotionalen Aspekte am klügsten und im Hinblick auf bestehende Verflechtungen und die Komplexität der Themen notwendig, alle relevanten und betroffenen Personen von Anfang an zu beteiligen zu machen. Entsprechend aufwendig wird dieser Prozess, ein Preis, der sich am Ende für ihn auszahlen wird.

Hilfreich für diesen sogenannten *Drill-Down* ist unter anderem das „Promote-/Prevent-Modell" (siehe Abb. 3.2). Darin wird gefragt, was befähigt mich (promote), mein Zielbild zu erreichen, was kann es verhindern (prevent) und was kann dagegen unternommen werden. Auf diese Weise schaffen Sie es, all die Punkte aufzudecken, die für Unsicherheit im

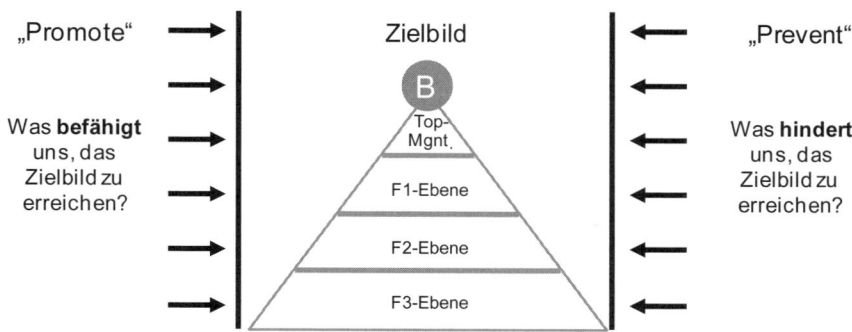

Abb. 3.2 Das Promote-/Prevent-Modell

operativen Management sorgen. Ein Promote-Faktor könnte zum Beispiel die bestehende Unternehmenskultur sein, während ein Prevent-Faktor im Führungssystem liegen könnte.

Für die zentrale Darstellung der Schlüsselfrage gilt, dass nicht Fließtext, sondern eine grafische Wiedergabe die jeweilige Frage beantwortet. Denken Sie sich ein Modell aus. Da die Interdependenzen sehr groß sind, werden Sie Ihre Modelle nicht sukzessive, sondern nur iterativ im Rahmen der Beantwortung Ihrer Kern- und Schlüsselfragen entwickeln können. So wird das Kompetenzmodell erheblich vom Sourcing-Modell beeinflusst und beide haben wiederum Auswirkungen auf das Organisations- sowie Führungs - und Steuerungsmodell. Das Einzige, mit dem Sie getrost starten und in einem Zug finalisieren können, ist das Wertschöpfungsrad.

5. Schleifen zur Modell-Synchronisation Sowohl innerhalb eines Bereiches als auch zwischen den Bereichen werden die Modelle und die Antworten auf die Kern- und Schlüsselfragen nicht sofort schlüssig ineinandergreifen. Deswegen müssen Sie die Modelle in mehreren Schleifen zueinander in Abgleich bringen. So kann es sein, dass in der ersten Abstimmungsrunde der Leiter Vertrieb und der Leiter Service eines Telekommunikationsanbieters feststellen, dass Ihre Auffassungen hinsichtlich der für die jeweiligen Zukunftsmodelle notwendigen Kundenklassifizierung nicht zueinanderpassen, weil sie die Strategie unterschiedlich interpretiert haben. Und innerhalb des IT-Bereiches wird festgestellt, dass durch die Art der Architekturplanung weitere Aufwandstreiber für das Kompetenzmodell entstehen.

In jedem Bereich muss absolut deutlich sein, wie der eigene strategische Beitrag zur Umsetzung der Unternehmensstrategie aussieht, wie man sich dafür aufstellt und wie der Masterplan für das Erreichen des jeweiligen Zustandes, wie er mit den Zukunftsmodellen beschrieben wurde, aussieht. Ist dies geklärt, ist auch der notwendige Reifegrad erreicht.

6. Iteration (bis Klarheit da ist) Ziel der Konzeption ist es, beim operativen, für die Umsetzung verantwortlichen Management eine klare Vorstellung davon zu erzeugen, was mit der neuen Strategie herbeigeführt werden soll. Das heißt das Zielbild, das zunächst nur in Form von Bildern und Vorstellungen in den Köpfen des Topmanagements existiert, muss nun in die Köpfe des operativen Managements transportiert werden und zwar in wesentlich detaillierterer Form. Der Drill-Down muss in der Konzeption so lange erfolgen, bis dieses Ziel wirklich erreicht ist. Ansonsten wird es in der Planung schwer werden zu klären, wer was bis wann zu tun hat und Unsicherheit würde sich breitmachen, die die Umsetzung ineffizient und zäh werden lassen würde.

3.2   Scharfstellen – Der Kampf gegen Unsicherheit

War ich in meinen ersten Jahren als Berater für Strategieentwicklungen und Begleitung von Umsetzungs- und Veränderungsprojekten der Auffassung, dass Veränderungen wegen zu großen Widerstands dagegen scheitern, habe ich aus der Vielzahl an Strategieumsetzungen gelernt, dass diese Einschätzung sich letztlich nur auf punktuelle Einzelwahrnehmungen stützte. In der gängigen Literatur zu Unternehmensveränderung und in den sogenannten Best Practices und Fallstudien werden diese Einzelwahrnehmungen jedoch unverändert verabsolutiert und als Grundlage für Vorgehensentscheidungen genommen. Aus meiner Sicht und Erfahrung scheitern Umsetzungen nicht regelhaft an Widerstand – die Veränderungsbereitschaft des operativen Managements und der Mitarbeiter ist häufig sogar höher als im Topmanagement – nein, Umsetzungen scheitern meist an unzureichender Konzeption und Planung seitens des Topmanagements.

Oft lässt sich ein Topmanagement oder eine Programmsteuerung dazu verleiten, die zugegebenermaßen anstrengenden Konzeptions- und Abstimmungsrunden zu umgehen und die Interpretation der Strategie und die notwendigen Ableitungen anderen Beteiligten zu überlassen. Die Annahme, dass nach der Erarbeitung der Strategie sofort Konsens und Klarheit darüber herrscht und die Umsetzung losgehen kann, liegt darin begründet, dass die Führungskräfte, wie übrigens die meisten von uns, unreflektiert davon ausgehen, dass ihr Verständnis von den Dingen dem von allen anderen entspricht. Das heißt, das Topmanagement betrachtet mit der knappen Vermittlung einer festgelegten und meist noch nicht einmal selbst, sondern durch Stäbe und Berater entwickelten Strategie seinen Auftrag als erledigt und nimmt das vermeintliche Verstehen aufseiten der Beteiligten als Klarheit und Sicherheit über die und in der Sache. Doch diese Klarheit und Sicherheit zu Projektbeginn löst sich meist sehr schnell auf, wenn es an entscheidende Detailfragen geht. Die Konsequenz: Das operative Management reagiert auf aufkommende Ausrichtungs- und Handlungsmöglichkeiten unsicher oder kann die gewünschten Ergebnisse nicht in die eigenen Strukturen übersetzen. Aus diesem Grund ist die Konzeption so wichtig, die den Verantwortlichen im Vorwege schon Sicherheit für die Phase der Ausarbeitung liefert.

Schlecht bzw. nicht ausreichend durchdachte Umsetzungen rufen bei den Beteiligten immer und ohne Ausnahme Unsicherheit hervor. Im Normalfall wird diese Unsicherheit geschluckt und mehr schlecht als recht weitergearbeitet. Nur in Ausnahmefällen trifft man auf einige wenige Mutige, die offen sagen, dass ihnen nicht wirklich klar ist, was zu tun ist, und noch seltener trifft solche Kritik auf Topmanager, die sie annehmen können und sagen: „Das stimmt! Lassen Sie uns noch einmal zusammen ans Reißbrett gehen." Denn

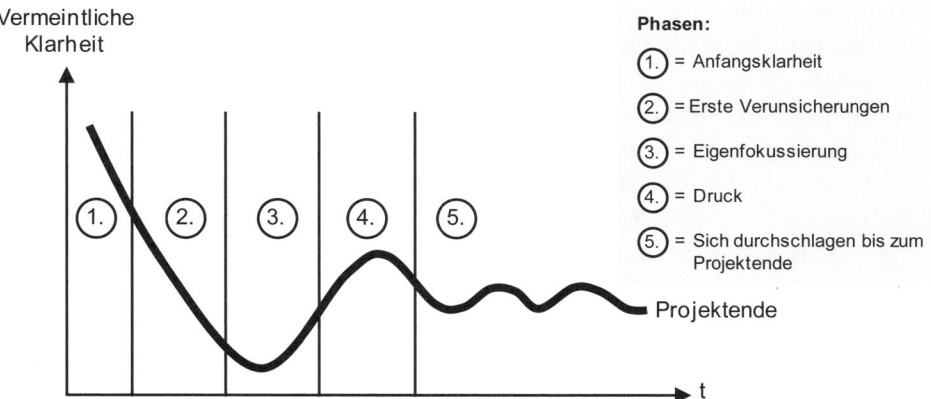

Abb. 3.3 Ein typischer WHDJG-Verlauf

dort wäre dann noch einmal mit etwas Disziplin und klarem Verstand zu ermitteln, wo welche Sicherheit und Klarheit zu schaffen ist und diese anschließend intellektuell und konzeptionell zu durchdringen und schriftlich festzuhalten.

> **Umsetzungserkenntnis #8**
> Menschen brauchen klare Denkstrukturen und schematische Vorgaben, nach denen sie anstehende Themen detaillieren können. Auch für ein Umsetzungsvorhaben gilt, dass nur so die notwendige Sicherheit erzeugt wird, die wiederum Voraussetzung für ein echtes Umsetzungsmomentum ist.

Umsetzungsvorhaben, die geprägt sind von Unsicherheit bei den Beteiligten, verlaufen generell nach folgendem Muster ab (siehe Abb. 3.3):

1. Anfangsklarheit
   Stehen Ziele und Strategie fest, erfolgt in der Initiierungsphase der Umsetzung ein Kick-off und es finden diverse Abstimmungen dazu statt, wie die Projektlandschaft strukturiert werden soll. Der Auftrag ist klar und wird verstanden, entsprechend hoch ist die Motivation.
2. Erste Verunsicherungen
   Sobald es an die Konkretisierung der Umsetzung, das heißt ans eigentliche Arbeiten geht, fängt das WHDJG-Phänomen (Was-heißt-das-jetzt-genau?) an, sich bemerkbar zu machen. Je größer die Unsicherheit wird, desto dramatischer wandelt sich das anfänglich hohe Maß an vermeintlicher Klarheit in spürbare Desorientierung innerhalb der einzelnen Teilprojekte.

3. Eigenfokussierung

Die häufigste Reaktion dieser ersten Verunsicherung ist, sich auf seinen spezifischen Teilprojektauftrag zu konzentrieren, diesen weiter ein- und sich von den anderen Projekten abzugrenzen. Die einzelnen Bestandteile der Gesamtumsetzung haben immer weniger miteinander zu tun, die Motivation nimmt im gleichen Verhältnis ab, wie das Gefühl der Unsicherheit zunimmt und sich die Frage stellt, wie viel Sinn das Ganze eigentlich noch macht. Ebenso wird das flaue Bauchgefühl, nicht wirklich miteinander abgestimmt zu sein, präsenter und bedrohlicher.

4. Druck

Der früher oder später aufkommende Zeitdruck erzwingt es, sich den entscheidenden Missverständnissen, fehlenden Abstimmungen und auch konzeptionellen Defiziten zu stellen. Je nach Umsetzung klappt dies noch im geplanten Zeitfenster oder aber der Prozess verschiebt sich immer weiter nach hinten. Gelingt es den Beteiligten dann – was meist der Fall ist –, die relevanten Fragestellungen zu klären und die entscheidenden Unklarheiten zu beseitigen, pendeln sich Sicherheit und Klarheit auf einem durchschnittlichen Niveau ein, das zwar praktikabel erscheint, auf dem aber nicht richtig Fahrt aufgenommen werden kann. Dabei ist zu diesem Zeitpunkt bereits erheblicher Aufwand, Zeit und Geld aufgewendet worden, viel mehr als es bei einem durchdachten und wiederholt abgeglichenen Konzept der Fall gewesen wäre.

5. Sich durchschlagen bis zum Projektende

Schafft man es, aus der Sackgasse gerade noch einmal herauszukommen, greifen in der Regel danach schnell wieder die üblichen Managementriten und die Verunsicherung nimmt erneut zu. Der Projektverlauf wird zum steten Auf und Ab. Zeit- und Managementdruck sowie eventuelle Hilfestellungen sorgen immer wieder für mehr oder weniger optimale Ergebnisse, nicht jedoch für eine richtig gute Umsetzungsperformance.

Ob ihr Projekt dem **WHDJG-Phänomen** zum Opfer gefallen ist oder die aufgetretenen Probleme und Schwierigkeiten im Normalbereich jedes Umsetzungsvorhabens liegen, erkennen Sie an folgenden fünf Symptomen:

1. Durchstartmüdigkeit Die anfängliche Begeisterung nimmt rapide ab. Brannten im Kick-off noch alle vor Begeisterung, weil sie die Neuausrichtung grundsätzlich für überzeugend hielten, und findet im Nachgang wenig Aktion im Sinne von proaktiven Abstimmungen und klaren Vereinbarungen zu nächsten Schritten statt, ist das ein unmissverständliches Zeichen für aufkommende Unsicherheit bei den Beteiligten, nicht aber für Unlust und Widerstand.

2. Igel-Syndrom Die Beteiligten halten sich an den Themen fest, für die sie verantwortlich sind, und beschäftigen sich ausschließlich mit dem, was sie konkret betrifft. Sie fangen an, sich in ihrem Teilprojekt einzuigeln, ein völlig natürliches Verhaltensmuster, wenn man auf der Suche nach Sicherheit und Halt ist. Wenn Fragen aufkommen wie beispielsweise „Was haben wir jetzt genau zu tun?" und Unklarheiten im eigenen (Teil-)Projektthema mit Hypothesen und Annahmen hinterlegt werden, die eigentlich mit anderen Teilprojekten oder Bereichen abzustimmen wären, wissen Sie, dass die Beteiligten sich in einen Igelbau zurückgezogen haben.

3. Das „Die-anderen"-Symptom (Der Mythos der „anderen") Kommen die Themen im Teilprojekt oder auch insgesamt nicht richtig voran, ist eine der am häufigsten zu hörenden Diagnosen: Es liegt an den anderen. Die Verantwortung für das Nicht-Vorwärtskommen wird stets in den anderen Teilprojekten gesucht, da man den Aufgaben im eigenen Bereich ja absolut gerecht wird (Igel-Symptom). Die Abgrenzung hat zwar zur Klarheit im eigenen Thema geführt – welche auch als solche wahrgenommen wird –, dem Gesamtthema hat sie aber wenig gebracht. Durch die ausgesprochenen und unausgesprochenen Schuldzuweisungen verhärten sich die Probleme und der Prozess gerät ins Stocken. Die positive Alternative ist eine gesunde Fehlerkultur, die Raum gibt, während des Prozesses ununterbrochen dazuzulernen und Fehler zu machen, um dann schließlich erfolgreich zu werden. Diese Haltung zeichnet High-Performance-Umsetzungen in der Zusammenarbeit der Teilprojekte aus.

4. Sinnkrise Speziell bei zeitlich oder in der Sache umfänglicheren Umsetzungsvorhaben kann es in den fortgeschrittenen Stadien passieren, dass in den einzelnen Teilprojekten der Zusammenhang zur Strategie oder angestrebten Veränderung völlig verloren geht oder auch bewusst verdrängt wird. Beispielsweise entwickelte sich bei einem Energieversorger, der sich im Rahmen der Energiewende eine neue Strategie verschrieben hatte, im Teilprojekt Vertrieb ein Eigenleben, das sich immer stärker von der Strategie löste. Nachdem die Verbindungen zu dem Teilprojekt „Energieerzeugung" (mit dem Fokus erneuerbare Energien), dem Kundenservice-Projekt und dem IT-Projekt sich immer mehr gelöst hatten, konzentrierte sich das Teilprojekt Vertrieb darauf, die angedachten Strukturen herbeizuführen, das Zielsystem neu auszurichten, das Trainingsprogramm für die Vertriebler zur Haltungsveränderung weiter auszuarbeiten usw. Die Aktivitäten rückten in den Vordergrund, das „Wozu" geriet immer mehr in Vergessenheit mit dem Ergebnis, dass die Unsicherheit bei den Beteiligten stetig zunahm. Denn es wurde immer unklarer, wie beispielsweise der Energiemix aus dem „Erneuerbaren-Teilprojekt" und die zu erwartenden Ergebnisse aus dem Kundenservice-Projekt sich in der Arbeit des Vertriebes sinnvollerweise niederschlagen sollten.

Trifft auch nur einer dieser vier Punkte für einen laufenden Veränderungsprozess zu, ist von einem virulenten WHDJG-Phänomen (Was-heißt-das-jetzt-genau?) auszugehen. Haben Sie festgestellt, dass sich in ihrem Umsetzungsvorhaben das WHDJG-Phänomen breit gemacht hat, müssen Sie entscheiden, an welchen Stellen Sie Klarheit in der Organisation schaffen müssen, damit die Umsetzung mit der notwendigen Sicherheit und Geschwindigkeit vorangetrieben werden kann. Zur Überwindung der Unsicherheit ist das folgende Fünf-Punkte-Programm in der dargestellten Reihenfolge zu durchlaufen (siehe Abb. 3.4).

1. Zukunftsdrehbuch

- Beschreibung der zukünftigen Veränderungen je Verantwortungsbereich
- Festhalten der organisatorischen Veränderungen
- Festlegung der zu erreichenden Ergebnisse

2. Strukturunterlegung

- Abbildung der Drehbücher in einheitlichen Modellen je Bereich
- Fokus auf Abläufe und Strukturen

3. Einnorden

- Ergebnis- anstatt Aktivitätenfokus
- Definition von drei bis sieben klaren Fortschrittskriterien

4. Absichern

- Ermittlung von Gründen für den Erfolg
- Überprüfung der Gewissheit
- Aufdecken möglicher Ursachen für Ungewissheit

5. Unsicherheit hinterfragen

- Adressierung potentieller Hindernisse und Schwierigkeiten
- Entwurf von Gegenmaßnahmen

Abb. 3.4 Die Überwindung des WHDJG-Phänomens

Kolbusas 5-Punkte-Programm zur Beseitigung des WHDJG-Phänomens

1. Zukunftsdrehbuch Bitten Sie alle aus Ihrer Mannschaft, die im Rahmen der Umsetzung einen Teil zu verantworten haben, ein zwei- bis dreiseitiges Drehbuch des Zukunftsfilms für Ihr Teilprojekt oder Ihren Bereich, alleine oder im Team, zu schreiben. Anhand dieses Zukunftsdrehbuchs soll jeder Verantwortungsbereich ableiten, was sich für ihn mit Bezug auf das Geschäft, die Wertschöpfung (alles andere interessiert nicht), verändern, was neu sein oder wegfallen wird. Dies kann auch in Form von gespielten Interviews, die in der Zukunft stattfinden, geschehen: Ein Mitarbeiter im Service, jemand aus dem Vertrieb etc. versetzt sich in die zukünftige Unternehmensposition und spricht „rückblickend" über die heutige Situation. Er schildert, wie das Leben in dem Bereich früher ablief, welche Schwierigkeiten es auf dem Weg gab, was sich verändert hat. Diese Retropolation nimmt das angestrebte Ergebnis vorweg, beschreibt die Situation, wie sie nach erfolgreich abgeschlossener Umsetzung sein könnte. Es kann nicht oft genug wiederholt werden: Denken Sie vorwiegend über das nach, was die Veränderung auszeichnet, wie sie sich darstellt und weniger darüber, was dafür getan werden muss – das ergibt sich meist von selbst. Generell neigen wir alle dazu, in nächsten Schritten, Plänen und Aktionen zu denken, wenn wir uns nach vorne bewegen wollen. Dabei ist der Weg viel leichter, wenn man zunächst in Gedanken von einem klaren Zukunftsbild, einen anzustrebenden Ergebnis, einem gewünschten Zielzustand aus zurückgeht.

Es ist wichtig, dass die Zukunftsfilme die richtige Denkweite und Schärfe haben. Es bringt erfahrungsgemäß wenig, wenn Sie einen zeitlichen Rahmen von fünf oder gar zehn Jahren veranschlagen, meist sind schon zwei oder drei Jahre zu viel, um wirklich überblickt werden zu können. Soll zu den Zukunftsentwürfen so etwas wie eine emotionale Bindung entstehen, ein echter Bezug, darf die Denkweite sechs bis neun Monate nicht übersteigen. So weit vermögen die meisten Menschen für sich – oder auch für ein Unternehmen – in die Zukunft vorauszuschauen, ohne dabei jegliche emotionale Bindung dazu zu verlieren, weil es zu „weit weg" ist und bestenfalls als theoretische Möglichkeit betrachtet wird. Sie tun gut daran, in diesem Zeitfenster zu agieren, da sie sonst Gefahr laufen, zu abstrakt und zu realitätsfern zu werden und infolgedessen keine echte Zugkraft in der Mannschaft entstehen zu lassen. Auch bleibt Ihr Bild, je weniger Sie in die Ferne blicken, detaillierter und schärfer. Sorgen Sie so dafür, dass der Film gute Kritiken bekommt.

Ziel dieser Übung ist, zunächst in den und für die einzelnen Bereiche Klarheit zu schaffen, ohne sie schon zu synchronisieren. Das wäre zu viel Komplexität auf einmal, die Sie nicht beherrschen könnten. Ich halte nicht viel von dem Prinzip „Put-the-whole-system-in-one-room" – zumindest nicht am Anfang; das sorgt mehr für Chaos und Verwirrung als für Klarheit. Die Ergebnisse der Klärung in den einzelnen Bereichen werden erst im Puzzle-Management weiter verarbeitet und zusammengebracht. Hierbei ist sicherer und einfacher, sich vom Detail zum Ganzen vorzuarbeiten.

2. Strukturunterlegung Von diesem „emotionalen Backbone" aus kann in die Sach- bzw. Fachebene gegangen werden. Hier wird sozusagen das Drehbuch eines Bereichszukunftsfilms mit Struktur unterlegt, das heißt, die schriftlich fixierten Vorstellungen müssen nun systematisiert und strukturiert werden. Dies geschieht unter Nutzung von Modellen, die genau an den nötigen Stellen und mit der nötigen Tiefe die erforderliche Klarheit und damit Sicherheit erzeugen. Selbstverständlich kann man sich an bestehenden Modellen orientieren und sich inspirieren lassen, aber überdenken Sie die Dinge auch: Was soll aus welchen Gründen wie detailliert erarbeitet werden? Was bringt das für das Ergebnis? Anhand der diversen Modelle, zum Beispiel Wertschöpfungsmodelle, Prozessmodelle, Produktportfoliodarstellungen, Wertbeiträge etc. beschreibt jeder Bereich systematisch für sich, wie sich die erarbeitete Zukunftsvorstellung nach Beendigung der Umsetzung konkret darstellt. Hier ist insbesondere die Programmleitung gefragt, nachzudenken und kreativ zu arbeiten. Der Versuch, dabei Best Practices oder Vorlagen aus anderen Projekten zu übertragen, hat statt positiver Effekte immer mehr

Aufwand und Verwirrung zur Folge. Wurde beispielsweise im Drehbuch des erwähnten Servicebereiches beschrieben, wie zukünftig bereits beim Erstkontakt 85 % der Anfragen gelöst werden können, ist nun zu klären: Welches sind die zentralen Fragen hierbei und wie sehen die Modelle aus, die zu Klarheit führen? Es würde nichts helfen, Servicemodelle anderer Unternehmen, Bereiche oder vergangener Projekte heranzuziehen, da die jeweiligen Voraussetzungen zu spezifisch, also zu unterschiedlich sind.

Der Bereichsleiter Service beispielsweise muss auf einem Blatt Papier zunächst einmal die groben Zusammenhänge skizzieren: Da gibt es die IT-Landschaft, die Rechts- und Vertraulichkeitsfragen insbesondere bei der Einbindung externer Dienstleister, dazwischen die Verschlüsselungsthemen, dann wäre da noch das Routing-Konzept für die Weiterleitung der Anrufe an die richtigen Stellen, die Schnittstellenthematik zur Vertrags- bzw. Rechtsabteilung und die Neuregelung des Posteingangs- und Ausgangsverkehrs. Pro Thema klärt er die bestehenden Abhängigkeiten und skizziert schematisch in einem Modell zum Beispiel die IT-Architektur, in einem weiteren das Zusammenarbeitsmodell mit den anderen Bereichen, wie diese sich im Verhältnis zu den anderen Bereichen zukünftig ändert usw. Weiterhin durchdenkt er mit einem Aufwandstreiber-Modell für sich, wie sich die Struktur gemäß den gesetzten Zielen und der neuen Strategie wohl ändern müsste. In einem ersten Kompetenz-Modell hält er fest, welche Rollen mit welchen Fähigkeiten er dafür brauchen wird. All diese Dinge durchdenkt er vom Ergebnis her kommend im Soll und bildet in diesem Modellen dann den Status quo ab: Wie groß ist die Kompetenz-Lücke, die es zu schließen gilt? Wie stark und welcher Art ist die Veränderung in der Zusammenarbeit mit den anderen Bereichen usw.? Auf einer Skala von 1 bis 10 (wenig bis sehr starke Veränderung) hält er intuitiv fest, wie hoch der Veränderungsgrad sein wird, was wegfallen, was neu hinzukommen wird, welche Kernkompetenzen notwendig sein werden, was die Zielmodelle eher unterstützt und was ihnen widerspricht. Mit dieser schematischen Beschreibung unterlegt er das, was in den Zukunftsdrehbüchern bereits skizziert wurde, mit einer Struktur. Er reduziert die Dinge auf die wesentlichen Aspekte, um herauszuarbeiten, welche die wirklich entscheidenden Faktoren sind, um die es sich zu kümmern gilt.

Es sollte klar sein, dass diese Modelle völlig anders aussehen, wenn der beschriebene Servicebereich bereits über einen mehrstufigen Service, also eine Erstkontaktbehandlung und entsprechende Spezialisten-Weiterleitungen verfügt oder bereits eine Portal-Lösung zur Integration der wesentlichen Informationen vorhanden ist. Geben Sie also nicht der spontanen Neigung nach, sofort nach Vorlagen und Möglichkeiten zu suchen, die Ihnen die Denkarbeit abnehmen können.

Gleiches gilt natürlich für alle anderen Unternehmensbereiche. Das neue Vertriebssteuerungsmodell muss vielleicht nur in Maßen geändert werden, wenn das Kundenstrukturverständnis für bestimmte Kriterien bereits vorhanden ist oder es muss völlig gewandelt werden, weil die Kundenstrukturierung bisher rein regional war. Durchdenken Sie also, welche Aspekte in ihrem Zukunftsmodell für Sie entscheidend sind, skizzieren Sie nur diese und überlegen Sie, wie die „konzeptionelle Lücke" aussieht, und beschreiben Sie diese pro Bereich möglichst klar und deutlich, indem Sie die folgenden drei Aspekte beleuchten:

a. Was wird morgen dazukommen,
b. was wird sich ändern und
c. was wird wegfallen?

Dies in Form eines skizzierten Schemas ohne Text. Nur so bekommen Sie – zusammen mit dem Zukunftsfilm – die notwendige Orientierung für sich und Ihr Team.

Für diese Strukturierung sind die Inhalte der einzelnen Drehbücher in Form einer von der Programmleitung fest vorgegebenen Template-Struktur abzubilden. Die Modelle erfassen primär Strukturen und Abläufe wie zum Beispiel Formen der Zusammenarbeit. Wichtig ist, dass allen Bereichen dieselben Strukturvorgaben, das heißt dieselben Templates, vorgeben werden. Dies ist Grundbedingung für das Puzzle-Management. Wie detailliert sie ihre Strukturvorgaben gestalten, ist abhängig von der Frage, wie viel Unsicherheit und Abstraktion ihre Organisation aushalten kann. Auch bei den Vorgaben gilt: so wenig wie möglich, so viel wie nötig. Beispielsweise müssen die Strukturvorgaben für ein Programm zum Launch eines neuen Produktes (einer Neuentwicklung) in einem Multimediaunternehmen nicht sehr weit in die Tiefe gehen, da die Organisation darin geübt ist, in regelmäßigen Abständen neue Produkte in neue Märkte zu bringen und routiniert im Umgang mit einem hohen Maß an Unschärfe ist. Anders sieht es in einem Energieunternehmen aus, das bisher keine großen Erfahrungen in der Einführung neuer Produkte oder der Entwicklung neuer Märkte gesammelt hat. Die angestrebte Veränderung muss sehr viel detaillierter in ihrer Struktur heruntergebrochen werden und die Templates beinhalten viele Facetten, um das Puzzlestücke genau zu beschreiben.

3. Einnorden Haben Sie es geschafft, mit dem Zukunftsfilm und der Strukturunterlegung die konzeptionelle Lücke zum heutigen Zustand zu beschreiben, sollten Sie nun einige wenige Kriterien festlegen, die anzeigen, ob sich der Umsetzungsprozess auch tatsächlich dem Zielzustand nähert. Sorgen Sie also dafür, dass in jedem Bereich bzw. Teilprojekt Klarheit herrscht, woran man merkt, dass man dem Ergebnis wirklich näher kommt. Dafür sollten drei bis vier Kriterien herausgearbeitet werden, aus denen bei regelmäßiger Abfrage klar erkenntlich wird, dass bzw. ob man sich auf das Ergebnis zubewegt.

Ein Energiedienstleister, der sich im Rahmen der Energiewende neu ausrichten möchte, hatte sich der Etablierung fester und vertrauensvoller Kunden- und Partnerbeziehungen als primäre strategisch treibende Kraft verschrieben. Als Fortschrittskriterien wurden festgehalten: 1) die Kunden sind nach Bedürfnissen und nicht mehr nach ihren Verbrauchsmengen segmentiert, 2) der Vertrieb ist branchenorientiert organisiert und es finden erste Branchen-Jours-fixes statt und 3) es gibt erste regionale Vertriebsverantwortlichkeiten. Sie merken an diesem Beispiel, dass hier fern von klassischen KPIs oder sonstigen hart zu bewertenden Faktoren sehr pragmatisch vorgegangen wurde. Ich kann diesen Aspekt in seiner Bedeutung nicht hoch genug bewerten. Diese Fortschrittskriterien sind ihr Erfolgsschlüssel für eine konzentrierte und schnelle Umsetzung, da sich alle weiteren Aktionen genau daran ausrichten werden. Wenn Sie sich unsicher sind, weil Ihnen zu viele Fortschrittskriterien einfallen, denn je Bereich sollten es auf keinen Fall mehr als fünf bis sieben sein (ich versuche mich sogar immer nur auf drei zu konzentrieren), nutzen Sie eine Wirknetzanalyse, um die entscheidenden Faktoren zu finden.

Für einen Servicebereich könnte zum Beispiel ein Fortschrittskriterium sein, dass Dienstleistergespräche anhand eines sehr konkreten Erstlösungsquotenmodells geführt werden. Denn diese Gespräche können nur geführt werden, wenn sie ihren eigenen Bereich konzeptionell strukturiert und eine eindeutige Vorstellung davon haben, wie mit den Erstlösungsthemen verfahren werden soll. Ebenso müssen die Schnittstellen nach außen entsprechend offengelegt und die Verschlüsselung bzw. Rechtsfragen geklärt sein. Das Kriterium zeigt Ihnen somit eindeutig, ob Sie vorwärtskommen. Ein weiteres Fortschrittskriterium des Servicebereichs könnte sein, dass sich die Anzahl der Anwendungen, die ein Servicemitarbeiter parallel öffnen muss, zunehmend reduziert. Sie merken also, worum es geht: Orientiert an dem angestrebten Zielzustand, den sie mit dem Zukunftsfilm beschrieben und mithilfe einiger Modelle strukturiert haben, fragen Sie sich, an welchen Stellen konkret festzustellen ist, dass Sie auf einem guten Weg sind.

4. Absichern Als Viertes gilt es zu klären und festzuhalten, was Ihr Team dauerhaft zuversichtlich macht, die skizzierten Ergebnisse zu erreichen und was gegebenenfalls Sorge bereitet. Gerade der letzte Aspekt ist sehr wichtig und zu klären, um dem Team die Gewissheit und die Sicherheit zu geben, das gewünschte Zielbild auch wirklich erreichen zu können. Geben Sie sich nicht mit den einfachen Antworten zufrieden, sondern fühlen Sie hinein, wer weshalb wirklich an den Erfolg glaubt. Ein Grund für die Zuversicht könnte im Beispiel des Servicebereiches sein, dass die meisten Mitarbeiter große Lust haben, den Bereich zu verändern. Sorgen könnten die Führungsdefizite bei den Servicegruppenleitern bereiten.

Auf die Frage, was Ihrem Team Sorgen bereitet, bekommen Sie zunächst häufig die neuralgischen Punkte zu hören, zum Beispiel die Zusammenarbeit mit der IT, die langen Umsetzungszeiten oder spezifisch auf das Beispiel des Servicebereiches bezogen die Eignung der TK-Anlage. Wenn Sie davon ausgehen müssen, dass weitere, nur ungern angesprochene Punkte die Zielerreichung erschweren werden, sollten Sie hier weiter vorzudringen versuchen. Wie üblich in solchen Situationen, werden zunächst nur verunsichernde Sach- bzw. Fachthemen genannt. Bei echter Offenheit, also der Bereitschaft auch über Dinge auf der persönlichen und Beziehungsebene zu sprechen, werden auch selbstkritische Äußerungen und Themen der Zusammenarbeit und Führung heraussprudeln. Diese Aspekte an dieser Stelle herauszuarbeiten ist erfolgsentscheidend!

Fordern Sie Ihre Mannschaft daher auf, sich eher eine Katastrophe vorzustellen, als schwierige Dinge zu verharmlosen oder zu ignorieren. Besser eine Katastrophe in der Vorstellung als später in der Realität. Fragen Sie penetrant nach, ob wirklich alles Schwierige auch zur Sprache gekommen ist.

In einigen Fällen ist es mir auch schon passiert, dass ich auf die Frage nach den Faktoren, die zuversichtlich bzw. skeptisch stimmen, das Ziel zu erreichen, keine Antworten bekommen habe. Dafür gibt es zwei mögliche Ursachen:

a. Nacharbeit ist notwendig

   Es ist noch nicht klar, was erreicht werden soll. Das können sie relativ schnell abklären, wenn sie konkreter nachfragen. In den Gesprächen macht sich das WHDJG-Phänomen breit, und sie hören wiederholt „Was heißt das denn jetzt genau?" oder „Ich kann mir das nicht vorstellen". Hier heißt es, wieder zurück zum Zukunftsdrehbuch zu gehen und an dem Zielbild zu arbeiten.

b. Motivations-oder Kompetenzproblem

   Der zweite Grund ist weniger erbaulich, denn dann haben Sie entweder ein massives Motivations- oder Kompetenzproblem. Wobei Ersteres meist eine Konsequenz des zweiten ist, das heißt, es fehlt Ihrer Mannschaft am fachlichen Verständnis für die Thematik, um die richtigen Fragen zu stellen, oder eng verknüpft damit, am Vorstellungsvermögen dafür. In diesem Fall müssen Sie zusehen, dass Sie ihr Team neu besetzen. Und machen Sie nicht den Fehler, den ich hin und wieder gemacht habe, und arbeiten mit „den besten Alternativen". Das führt zu nichts!

5. Unsicherheit hinterfragen Sollte sich die Verunsicherung der Beteiligten nicht wirklich auflösen, müssen Sie den Sorgen und Schwierigkeiten Ihrer Mannschaft nachgehen und sie detailliert auflisten. Bedienen Sie sich dazu auch des Promote-Prevent-Bildes (Abb. 3.2). Praktizieren Sie unbedingt eine offene Kultur beim Versuch, die Probleme zu überwinden, fragen Sie, welche Aspekte an wen zu adressieren sind, um den Verhinderungsfaktoren auf die Spur zu kommen.

Das Team des Bereichsleiters Service hatte beispielsweise drei Sorgen in Bezug auf eine erfolgreiche Umsetzung. Zum einen sah es Führungsdefizite bei den Gruppenleitern, dann hatte es nur unzureichende Vertragskenntnisse und schließlich gab es ein Motivationsproblem in einzelnen Servicegruppen. Nun wurde anhand von zwei weiteren Modellen überlegt, wie diesen Punkten zu begegnen ist. Mithilfe eines Überbrückungs-Betriebsmodells widmete sich ein kleines Team der Fragestellung, wie verhindert werden kann, dass die operative Tagesleistung während der Umstellung deutlich schlechter wird und mithilfe eines Führungs- bzw. Kompetenzmodells wurde skizziert, welche Erfordernisse das zukünftige Zielbild an die Mitarbeiter stellt, welche Kompetenzen dafür in welcher Menge notwendig sind und welche Möglichkeiten es gibt, die bestehende Kompetenzlücke zu schließen. Stück für Stück begann sich das Team sicherer zu fühlen, weil alle kritischen Aspekte mit entsprechenden Strukturen und teilweise auch sehr einfachen Skizzen, aber dennoch klar adressiert und durchdacht wurden. Die Managementbasis für ein echtes Umsetzungsmomentum war gegeben.

Innerhalb dieses Fünf-Punkte-Programms sind mindestens zwei, meistens drei Feedbackiterationen nötig, bis die einzelnen Zukunftsdrehbücher sitzen. Hier muss Support gegeben werden, denn die Umsetzung mit allen Beteiligten wirklich zu durchdringen, gehört nicht zum Tagesgeschäft der Umsetzungsverantwortlichen.

Sobald Sie diesen Prozess durchlaufen und allen beteiligten Bereichen einheitliche Modelle zur Ausarbeitung und Strukturierung der Zukunft vorgegeben haben, besteht die Möglichkeit, aus den vorhandenen Drehbüchern einen kohärenten Zukunftsfilm zu schneiden. Wird bei der Scharfstellung allerdings auf unterschiedliche Art und mit verschiedenen Modellen gearbeitet, dann erhalten Sie am Ende nicht kompatibles Filmmaterial. Die Drehbücher haben unterschiedliche Formate, sind teilweise in Farbe oder Schwarz-Weiß gehalten und manche haben Ton während andere als Stummfilm angelegt sind.

3.3   Puzzle-Management – Filme synchronisieren

Da ein Unternehmen nicht aus parallel existierenden „Inseln der Glückseligkeit" besteht, wird nach dem Scharfstellen des Zukunftsbildes für die einzelnen Bereiche ein Abgleich notwendig. Jedes der Bereichs- oder Abteilungsdrehbücher stellt ein einzelnes Puzzlestück dar, das Auskunft gibt über einen Umsetzungsbereich und jedes dieser Puzzlestücke hat Aus- und Einbuchtungen, die beim Abgleich sauber ineinandergreifen müssen. Hier wird noch einmal deutlich, wie wichtig die Vorgabe einheitlicher Modelle und Strukturierungs-Templates beim Scharfstellen ist. Ansonsten erhalten Sie Puzzlestücke, die bildlich gesprochen dreidimensional sind, andere sind aus Gummi und wiederum andere aus Pappe. Aus diesen völlig unterschiedlichen Puzzlestücken werden Sie niemals ein kongruentes Gesamtbild machen können. Die Puzzlestücke müssen, um im Bild zu bleiben, aus ein und demselben Material sein. Es würde also wenig helfen, wenn der Servicebereich ein anderes Modell zur Beschreibung seiner Kompetenzlücke oder seines Sourcings nutzen würde als der Produktions- oder Produktentwicklungsbereich. Der Abgleich und das Management der Umsetzung insgesamt würden dadurch erheblich erschwert und Missverständnisse wären vorprogrammiert. Somit ist es seitens des Programm-Managements bzw. des Umsetzungsmanagers ein wichtiger Schritt, den Prozess des Scharfstellens zu begleiten und die Teams mit den richtigen Modellen auszustatten sowie dafür zu sorgen, dass an den Stellen, wo es zu Modellüberschneidungen kommt, auch dieselben Modelle verwendet werden.

Kolbusas fünf Schritte für erfolgreiches Puzzle-Management

1. Organigramm und Puzzlestücke verbinden Auch wenn sie immer wieder verdammt und als nicht notwendig erachtet werden: Organigramme sind wichtig! Sie vermitteln jedem Mitarbeiter Klarheit darüber, wo seine Heimat ist, wofür er verantwortlich ist, an wen er zu berichten hat und mit wem er seine Arbeit abstimmen muss. Wertschöpfung geschieht natürlich nicht in Organigrammen, sondern in der Zusammenarbeit der einzelnen Mitarbeiter. Wertschöpfung geschieht somit nicht von oben nach unten (hierarchisch), sondern von links nach rechts (prozessual), und auch dies ist noch idealisiert: Sie geschieht meist in einer positiv gemeinten, nicht mehr zu durchdringenden Interaktion in einem sehr komplexen Wirkgeflecht der einzelnen Mitarbeiter. Daher werden die Puzzlestücke (Zukunftsdrehbücher) im Rahmen eines Umsetzungsprozesses zunächst am besten sowohl aus Sicht der Beteiligten wie auch basierend auf den zu treffenden Überlegungen losgelöst von den Organigrammen erarbeitet. Im Rahmen des Puzzle-Managements dient das Organigramm nun dazu, die einzelnen Puzzlestücke (Zukunftsdrehbücher) in der Organisationsstruktur einzuordnen. Das Organigramm wird sozusagen in die Puzzlestücke gekippt. Grundsätzlich gilt, dass mit jeder Organisationsstruktur jede Art von Wertschöpfung betrieben werden kann – nur dass es mit der einen komplizierter und aufwendiger sein kann als mit der anderen. Daher sind Organisationen idealerweise so zu schneiden, dass möglichst wenig unnötige Komplexität, das heißt Abstimmungsaufwand und Schnittstellen, generiert werden.

Bezogen auf den bereits genannten Servicebereich des Telekommunikationsanbieters bedeutet dies beispielsweise, dass die bisherige Organisationsstruktur, die sich nach einzelnen Regionen orientiert, nicht weiter tragfähig sein wird, und stattdessen nach Erst- und Zweitlösungsteams ausgerichtet werden muss. Ähnliches gilt für den Vertriebsbereich. Auch hier erfordert das neue Sourcing-Modell andere Kompetenzen und Strukturen als bisher. Die noch an den existierenden Bereichen orientierten Zukunftsbilder nutzt er, um sie in neue, der zukünftigen Organisationsstruktur entsprechende Puzzlestücke zu sortieren.

2. Ein- und Ausbuchtungen der Puzzleteile klären Liegen die einzelnen Puzzleteile vor, muss zum einen geklärt werden, welche Leistungen die Verantwortungsbereiche von anderen Bereichen benötigen, um die eigene Umsetzung erfolgreicher zu machen. Werden Leistungen von anderen Bereichen beansprucht, entstehen Einbuchtungen im eigenen Puzzleteil, umgekehrt kennzeichnen die Ausbuchtungen, die in andere Bereiche ragen, die Leistungen, die zu liefern sind. Dies grafisch zu veranschaulichen liefert den an der Umsetzung Beteiligten ein klares Bild der zukünftig zu lebenden Struktur.

Beispielsweise hält der Leiter des Servicebereiches für sich fest, dass er zukünftig keine regionenspezifischen Kundenberichte mehr vom Vertrieb braucht, sondern eine an Bedürfniskriterien ausgerichtete Datenstruktur notwendig ist. Bezogen auf die Vertrags- und Rechtsabteilung erarbeitet er, welche Vertragsbestandteile für die Arbeit im Service wirklich notwendig sein werden. Und bezüglich der IT fasst er die Anwendungen zusammen, die aus Sicht eines Erstkontaktes am häufigsten gebraucht werden, und prüft, welche Teile der Informationen aus der einzelnen Anwendung notwendig werden. So beschreibt er Stück für Stück die Nuten seiner Puzzlestücke in die anderen Bereiche.

3. Beziehungswirknetz der Puzzleteile Sobald sich jeder Bereich Gedanken über die Input- und Output-Beziehungen (die Ein- und Ausbuchtungen) gemacht hat, kommt es zum Puzzle-Abgleich. Mit ihm wird festgestellt, welcher Bereich an wen welche Erwartungen hat und mit welchen Hypothesen er in seinen eigenen Bereichskonzepten unterwegs ist. An dieser Stelle macht sich bezahlt, wenn Sie, wie oben bereits erwähnt, als Umsetzungsmanager dafür gesorgt haben, dass die einzelnen Bereiche zumindest bei den zentralen Modellen (häufig: Wertschöpfungsmodell, Sourcing-Modell, Kompetenzmodell, Führungs - und Steuerungsmodell) mit ähnlichen Vorgaben bzw. Vorlagen arbeiten. Während dieses Abgleichs ist es hilfreich, die einzelnen Beziehungen in Form eines Wirknetzes festzuhalten, um zu erkennen, wie die Wertschöpfung eventuell vereinfacht werden könnte. Zudem ist dieses Wirknetz ein wichtiges Instrument für den nächsten Schritt. Es zeigt nämlich sehr deutlich, welche Bereiche notwendige Beziehungen – welcher Art auch immer – zueinander haben und im Rahmen bilateraler Abgleichssitzungen sich weiter abstimmen müssen.

4. Bilateraler Puzzle-Abgleich – Zuschnitt Nachdem das Wirknetz die Beziehungen der Puzzleteile untereinander offengelegt hat, ist nun festzulegen, welcher Bereich was mit wem klärt und in welcher Reihenfolge. Dazu nutzt man die Modelle, die beim Scharfstellen erarbeitet wurden.

5. Puzzle-Progress Anhand des skizzierten Puzzle-Bildes sind die Kriterien festzulegen, die anzeigen, dass man dem Ergebnis näher kommt. Diese Progresskriterien dienen dem Umsetzungsvorhaben insgesamt immer wieder dazu, den Projektfortschritt ergebnisorientiert zu überwachen. Auch diese Fortschrittskriterien sind bereits beim Scharfstellen erarbeitet worden und können hier genutzt werden.

Abbildung 3.5 zeigt das Vorgehen zur Erstellung eines Gesamtbildes, also der Synchronisation der einzelnen Puzzlestücke (Drehbücher) und ihre Zusammenführung (Zukunftsfilm) im Überblick.

Als Umsetzungsmanager halten Sie somit stets das Gesamte im Auge und tragen damit der Tatsache Rechnung, dass die Bereichsleiter selbstverständlich ihren eigenen Bereich fokussieren und mit höchster Priorität behandeln und eben nicht das Gesamtbild. Und Sie sorgen mit einer entsprechenden Systematik und Struktur dafür, dass in Abgleichs- und Abstimmungsrunden dieselbe Sprache gesprochen und gegenseitiges Verstehen auf Basis der gleichen Logik und Modellstruktur gegeben ist.

Auch sollten Sie darauf achten, dass Sie die Beteiligten sowohl durch den Prozess des Scharfstellens ihres Bereiches wie auch durch den Synchronisationsprozess der einzelnen Puzzlestücke sehr zügig führen. Dies aus zwei Gründen:

1. Wenn Menschen komplexe Sachverhalte durchdringen und klären sollen, müssen Sie dies in hoher Geschwindigkeit tun, da die Zusammenhänge sonst nicht klar werden.
2. Je mehr Zeit Sie damit verbringen, die Abgleiche zu führen, desto mehr Nebensächlichkeiten werden besprochen. Und wie Sie inzwischen wissen, hat erfolgreiches Umsetzungsmanagement mit der Konzentration auf die wenigen entscheidenden Faktoren zu tun. Der Rest ergibt sich von selbst.

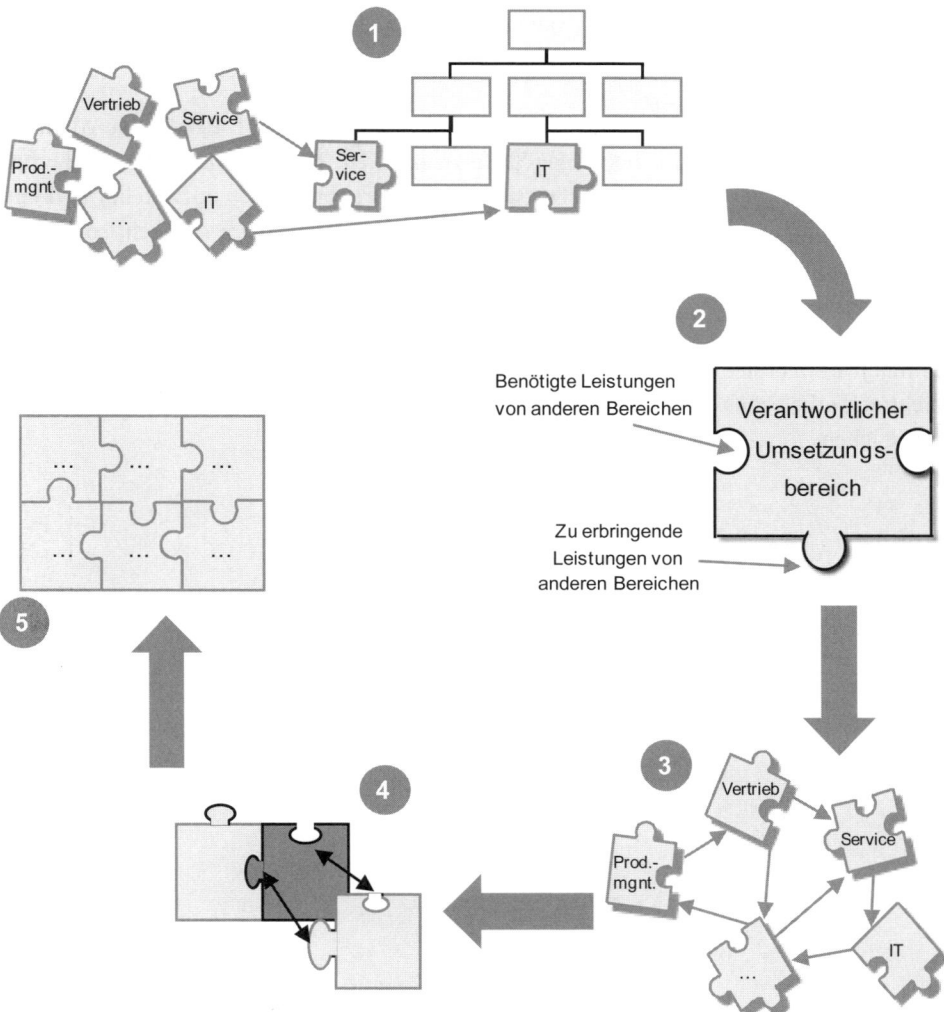

Abb. 3.5 Das Vorgehen im Puzzle-Management

Umsetzungserkenntnis #9
Gute Konzepte entstehen in einem iterativen Gegenstromverfahren. Die Ergebnis-
und Strukturvorgaben erfolgen top-down, die Bearbeitung und Konkretisierung dieser Konzepte erfolgen bottom-up. Die daraus gewonnenen Erkenntnisse fließen in
veränderte oder zusätzliche Modelle top-down ein. Das Ganze braucht drei bis vier
Durchläufe.

Sind die fünf Schritte des Puzzle-Managements durchlaufen, ist ihr Umsetzungsvorhaben wieder in der Lage, Fahrt aufzunehmen, da Unsicherheit und Unklarheiten beseitigt worden sind.

Je weniger Puzzleteile vorhanden sind, desto schneller verläuft der Puzzle-Abgleich. Aber es sind Abstriche an die Puzzle-Tiefe zu machen. Besteht sehr viel Unsicherheit und Unklarheit, entstehen beim Scharfstellen viele Drehbücher (= Puzzleteile) und entsprechend hoch ist der Aufwand beim Puzzle-Management. Wenn möglich, sollte man zunächst mutig großteiliger vorgehen und dann schauen, ob es Bereiche gibt, die trotz des durchgeführten Puzzle-Abgleichs immer noch unsicher sind. Ist dies der Fall, muss hier noch einmal etwas mehr in die Tiefe gegangen werden. Dazu wird das Puzzlestück noch einmal je nach bestehender Unsicherheit in kleinere Teile zerlegt, das heißt, das Zukunftsdrehbuch erhält mehr Schärfe und wird anschließend erneut mit den anderen Bereichen abgeglichen.

Methodenkrebs – Diagnose, Beseitigung und Vermeidung

4

Zusammenfassung

Im Folgenden möchte ich zunächst auf die Ursachen und Effekte des Methodenkrebses eingehen, bevor ich Ihnen aufzeige, wie Sie ihm rechtzeitig auf die Spur kommen. Denn in der Regel bleibt der Methodenkrebs zu Beginn einer Umsetzung unerkannt, raubt aber schon viel Energie. Wenn er offen zutage tritt, weil das Projekt kaum noch vorankommt, ist zwar die Beseitigung der Ursachen immer noch möglich, aber nur unter Einsatz radikaler Entscheidungen, zu denen oft der Mut fehlt. Denn Ursache für den Methodenkrebs ist letztendlich Unsicherheit, die nur mit den richtigen Methoden überwunden werden kann – und mit ihr folglich der Methodenkrebs. Am Ende dieses Kapitels schließlich geht es um die Hebel, Geschwindigkeit zu erzeugen, wenn – was nicht selten der Fall ist – ein Prozess nur schleppend vorangeht.

Methoden sind fabelhaft. Sie helfen uns, Dinge zu strukturieren, Klarheit zu gewinnen, das Richtige und Wichtige herauszufiltern und sachgerecht darüber zu kommunizieren. Dafür werden sie zu Recht geschätzt und auch ich selbst bin ein großer Methodenfan. Gerade für die Strategieentwicklung, für die Umsetzung und das Managen von Veränderungsprozessen gibt es eine Vielzahl wirklich hilfreicher Methoden. So hilfreich sie jedoch sein können, so sehr muss man aufpassen, sie nicht gewohnheitsmäßig anzuwenden – nach der zweifelhaften Maxime: „Was einmal gut war, ist immer gut." Oder „Viel hilft viel". Denn eine zum Allheilmittel erklärte Methode, die ungeachtet der genaueren Umstände immer und immer wieder eingesetzt wird, kann ihren eigentlichen Zweck gar nicht erfüllen. Denn spezielle Zusammenhänge erfordern logischerweise auch spezielle Methoden, Verfahren, Denk- und Entscheidungsmodelle das heißt: anderer Zusammenhang, andere Methode. Auch die Fixiertheit auf exakte Methodenbefolgung ist einer Lösungsfindung nicht förderlich. Denn wenn die Methode erst einmal zum Selbstzweck geworden ist, verliert sich der eigentliche Lösungsauftrag im Zweifel zu lange im Genauigkeitswahn, als dass er noch

M. Kolbusa, *Umsetzungsmanagement*,
DOI 10.1007/978-3-658-02237-2_4, © Springer Fachmedien Wiesbaden 2013

gerettet werden könnte. Und schließlich kann auch durch die Anwendung nicht verstandener Methoden viel Unheil angerichtet werden. Die Tatsache, dass selbst in Fachbüchern und Best Practices Methoden und ihre Anwendung zum Teil falsch dargestellt werden, deutet schon darauf hin, dass es sich hier um kein seltenes Phänomen handelt. So wird in der Literatur beispielsweise häufig die SWOT-Analyse als Instrument für die Strategieentwicklung vorgestellt, was absurd ist. Eine SWOT ist eine Momentaufnahme einer spezifischen Situation. Entscheidend sind Stärken, Schwächen, Chancen und Risiken aber nur mit Bezug auf eine exakte Strategieoption, da ansonsten die Bewertung eines Faktors als Stärke oder Schwäche völlig fehlinterpretiert oder aussagelos sein kann. Der Kontext ist entscheidend. Oder man bekommt allen Ernstes als Methode zur Erreichung höchstmöglicher Akzeptanz vorgeschlagen, möglichst viele Betroffene in den Planungsprozess einer Umsetzung mit einzubinden, obwohl dies den Prozess in vielen Situationen faktisch zum Erliegen bringt.

Methoden verlangen also ein erhebliches Maß an Kompetenz und Kenntnis und sollten niemals zum Automatismus oder Selbstzweck werden, will man ein Projekt erfolgreich zu Ende führen.

Ich möchte Sie deswegen dazu anzuregen, Ihren Methodeneinsatz und Anspruch zu reflektieren, indem Sie sich fragen:

- Wo bringt die Methode wirklich die gewünschten Ergebnisse?
- Gibt es einen kürzeren Weg dorthin?
- Wo steht die Methodik über den durch die Ziele vorgegebenen Erfordernissen?

Dort, wo sich die Methodenauswahl schwierig gestaltet, die Methodenanwendung mehr experimentell denn souverän geschieht und die entsprechenden Komplikationen sich unvermeidbar einstellen und ihrerseits immer mehr Hilfsmittel erfordern, spreche ich von Methodenkrebs: Geschwüre in der Umsetzung, die viel Energie kosten, die Dinge lähmen und ein echtes Umsetzungsmomentum verhindern.

4.1 Ursachen und Effekte des Methodenkrebses

Methoden werden in einem Strategie-, Veränderungs- oder Umsetzungsvorhaben im Grunde immer nach demselben Muster eingesetzt: Die verantwortlichen Manager greifen auf Methoden zurück, die sie entweder kennen und/oder schon einmal benutzt haben (1. Wahl) oder von denen sie gehört haben und die ihnen empfohlen worden sind (2. Wahl). Sollte in der verantwortlichen Runde eine Entscheidungsfindung aus welchen Gründen auch immer nicht möglich sein, wird ein Berater zu Hilfe gerufen, der die 1. und 2. Wahl meist nach demselben Prinzip trifft. So oder so greift man also auf einen entweder mit (tatsächlichen) Standards versehenen Werkzeugkasten zurück oder nutzt Best Practices aus ähnlichen Projekten. Ob die gewählten Modelle wirklich tauglich sind, das

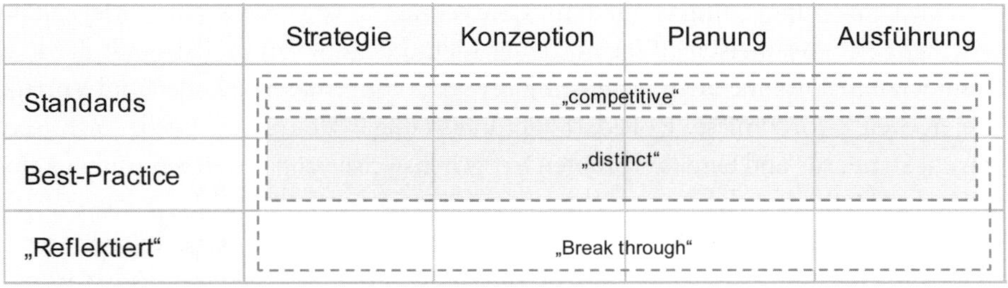

	Strategie	Konzeption	Planung	Ausführung
Standards		„competitive"		
Best-Practice		„distinct"		
„Reflektiert"		„Break through"		

Abb. 4.1 Methoden-Denkwerkstatt in verschiedenen Phasen

heißt zu den Ergebnisvorstellungen passen und zügiges Arbeiten unterstützen, wird leider viel zu selten geprüft. Stattdessen begnügt man sich mit der schlichten Gewissheit, dass sie an anderer Stelle schon einmal funktioniert haben und muss zudem noch die Palette an Unternehmensvorgaben berücksichtigen, die – egal ob sinnvoll oder nicht – Richtlinien für die Strukturierung und das Managen eines Projektes setzen.

Auf diese Weise ergibt sich ein Patchwork an Methoden und Vorgehensweisen, die sich eher im Bereich von „competetive" oder „distinct" bewegen (siehe Abb. 4.1) und sich im Projektverlauf iterativ erweitern (selten reduzieren). Die Methoden sind an Standards und Wettbewerbsniveaus, kurz am Durchschnitt orientiert mit dem Effekt, dass auch nur eine durchschnittliche Umsetzungsperformance zu erwarten ist.

Echte High-Performance-Leistungen erleben Sie dagegen nur, wenn Sie in Ihrer Umsetzung abseits der Standards und Best Practices agieren und mit Ihrem Team die für Sie und Ihr Vorhaben passenden Methoden und Modelle gut überlegt auswählen bzw. sogar selbst designen und festlegen. So gelangen Sie in den „Break-Through"-Bereich. Da jedes Projekt samt den Herausforderungen und Möglichkeiten des Teams, des Unternehmen und Marktes besonders ist und eben nicht umstandslos vergleichbar mit anderen, erfordert es auch eigens angepasste Verfahrensweisen.

Aus meiner Sicht spricht denn auch die Vielzahl der Best Practices nicht für die Vergleichbarkeit von Projekten, aus der wiederum die Verallgemeinerbarkeit bestimmter Methoden abgeleitet wird. Sie stellt eher eine Reaktion auf die Trägheit und Bequemlichkeit des menschlichen Geistes dar, der sich so gern in Sicherheit wiegen lässt und deswegen „gültige" Standards oder „richtige" Vorgehensweisen präferiert. Immerhin bieten sie eine gute Möglichkeit, Unsicherheiten und Ängste zu kompensieren und verhelfen sogar zu einem Ergebnis. Das heißt, man ist mit der unreflektierten Nutzung von Methodenstandards zwar wettbewerbsfähig („competitive") und mit zusätzlichen Best Practices gelingt es unter Umständen, sich von anderen Unternehmen zu unterscheiden („distinct"). Mit einer erfolgreichen Umsetzung, die ihren Namen verdient hat, hat das allerdings nichts zu zu tun.

Von einer High-Performance-Umsetzung („break-through") kann erst dann die Rede sein, wenn in allen Phasen eines Strategie- und Umsetzungsvorhabens reflektierte und den eigenen Bedürfnissen angepasste Methoden oder Best Practices zur Anwendung kommen.

Wenn eine Umsetzung richtig vorankommt, sie geprägt ist von ungewohnter Klarheit und Begeisterung, ist dies meistens Ergebnis einer Methodeninnovation, das heißt der kombinierenden und abwandelnden Anpassung bereits existierender Methoden und Vorlagen an die eigenen Erfordernisse. Es bedarf allerdings einiger Übung, die Suche nach festen Vorlagen, Standards und bereits erprobten Vorgehensweisen zugunsten des Aufbaus eines passgenauen Methodenwerks aufzugeben.

In **Strategievorhaben** genügt es, mit wenigen Modellen – in der Regel reichen vier bis sechs – zu arbeiten, die logisch ineinandergreifen und die strategischen Herausforderungen adressieren. Das erspart Wettbewerbsbetrachtungen, Geschäftsfeldanalysen, Szenarien, Wertkettenanalysen und was die Welt sonst noch alles an Modellen zu bieten hat. Ich selber verzichte beispielsweise in meinen Strategieprojekten grundsätzlich auf jegliche Wettbewerbsbetrachtungen, da sie ohnehin nur zu einer Optimierung des Status quo führen und rückwärtsgerichtet sind.

Auch bzw. gerade in der **Konzeption** sollte die Methodenauswahl gut durchdacht sein.

> Ein Klient von mir hatte für die Konzeption auf Modelle aus einem sehr erfolgreichen Umsetzungsprojekt einer Gesellschaft, in der er zuvor beschäftigt war, zurückgegriffen. Mithilfe eines sehr aufwändigen Gesamtmodells wurden die einzelnen Bereiche aufgefordert, ihre Wertschöpfung zu durchdenken, das Führungs- und Steuerungssystem dazu zu reflektieren und zu konzipieren, das Sourcingmodell zu hinterfragen und modellhaft festzuhalten, in einem Modell Kompetenzlücken zu beschreiben und zu guter Letzt ein Organisationsmodell zu nutzen, um die Neugestaltung der Organisation abzubilden. Eine Herkulesaufgabe für alle Beteiligten. Etliche Modelle waren für das Vorhaben vollkommen überflüssig, dafür fehlte ein sehr wichtiges Modell. Denn bei genauerer Betrachtung stellte sich heraus, dass die strategische Herausforderung es eigentlich verlangte, sich mit den technologischen Veränderungen und den Konsequenzen in den einzelnen Bereichen zu beschäftigen und darauf bezogen nur die Kernkompetenzen und das Sourcingmodell zu durchdenken. Also ruderten wir ein Stück zurück und skizzierten ein Modell und stellten darin die sieben entscheidenden technologischen Treiber in Form von Pfeilen auf die einzelnen Organisationseinheiten dar. Daran andockend sollten die Einzelbereiche die daraus resultierenden Effekte für sich und die zu ergreifenden Konsequenzen ableiten. Ein einfaches Modell, aber es brachte auf den Punkt, was es zu durchdringen galt.

Soll sagen: Konzepte und Modelle sind nicht gleichbedeutend mit kompliziert und aufwändig. Viel wichtiger ist die Frage, welche (wenigen) Elemente wirklich durchdrungen und geklärt werden müssen. Sobald das klar ist, bereiten Sie das Ergebnis in Form einer einfachen grafischen, modellhaften Darstellung auf, niemals aber als ausformulierten Text. In Textform kann Stoff gesammelt werden, Sichtweisen und Meinung aufgenommen und strukturiert werden. Dann gilt es die Dinge zu sortieren und in Felder-Matrixen, Profilen oder Kreuzgrafiken die relevanten Dimensionen und Aspekte modellhaft diskutierbar zu gestalten, so dass immer die wesentlichen Zusammenhänge sowie auch Ist- und Soll-Zustände schnell und klar greifbar sind.

Gleiches gilt für die **Planung**. Was habe ich nicht schon alles an Werkzeugen für die Planung von Projekten gesehen, angefangen bei irgendwelchen Excel-Planungszetteln über Projektplanungssoftware bis hin zu kompliziert verteilten, datenbankbasierten Ma-

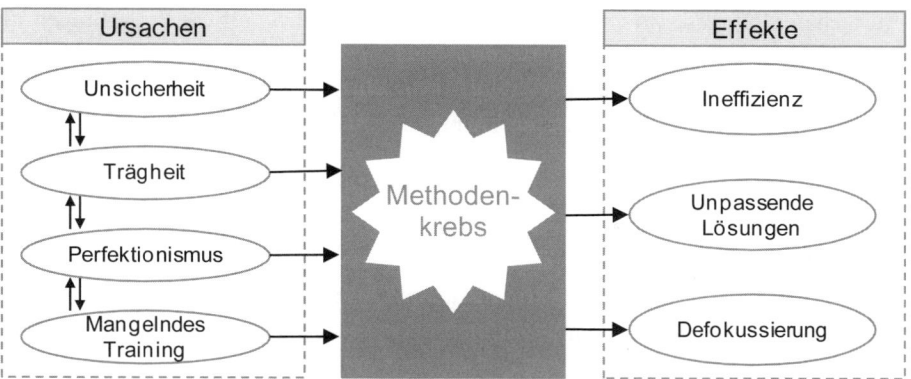

Abb. 4.2 Ursachen und Effekte des Methodenkrebses

nagementsystemen. Auf die Gefahr hin zu verallgemeinern, aber meiner Erfahrung nach erzeugen diese Werkzeuge mehr Aufwand als sie Nutzen stiften, da sie enorm viel Zeit für reine Input-Aktivitäten erfordern und daher nicht zu der an sich notwendigen Planungs-philosophie für High-Performance-Umsetzungen passen (siehe Kap. 5.3). Hinzu kommt, dass ihre technische Implementierung, Erläuterung und Vermittlung ebenso viel Energie kostet wie das Kontrollieren, Einhalten und der Gebrauch der Instrumente. Fragen Sie sich bei allen Planungs- und Managementwerkzeugen: Was und wie bringt uns das im Sinne von Erkenntnisgewinn oder Geschwindigkeit in der Umsetzung wirklich dem angestrebten Ergebnis näher?

In der **Ausführung** sollten Sie grundsätzlich nach dem Prinzip maximale Verantwor-tung, Dezentralisierung in Form kleiner Teams und extremer Pragmatismus verfahren. Verabschieden Sie sich vom Perfektionismus! Es geht um Erfolg und nicht um perfekte Darstellung. Wozu müssen noch einmal Folien erstellt werden? Wozu dient Ihnen die Präsentation? Genügt nicht auch das Flip-Chart? Konzentrieren Sie sich auf Ergebnisse und Inhalte mit ihren Methoden. Achten Sie also weniger auf die Art der Ausführung, sondern immer auf das angestrebte Ergebnis. Betrachten Sie von dort aus den Prozess und Sie werden erkennen, dass viele Aktivitäten, Meetings, Workshops, Präsentationen komplett gestrichen oder deutlich verkürzt werden können.

Erfolg in einer Umsetzung gründet also immer auf der richtigen Art und Weise mit Methoden zu arbeiten. Abbildung 4.1 liefert Ihnen ein Schema, das Ihnen hilft festzuhalten, in welcher Phase Ihrer Umsetzung Sie welche Methoden einsetzen.

Ineffizienz, unpassende Lösungen und Defokussierung sind in der Regel ein Zeichen für das Vorhandensein von Methodenkrebs, also der Verselbständigung der Methoden und ihrer Entfernung vom Ziel (siehe Abb. 4.2). Im fortgeschrittenen Stadium sorgt dieser Methodenkrebs für Demotivation bei den Beteiligten, die sich bei den Aktivitäten nur noch fragen „Wozu machen wir das eigentlich?" So geschehen bei dem erwähnten Klienten, der Umsetzungskonzepte eingefordert hatte, die sich fast sämtlich als ineffizient im Sinne des Ziels erwiesen. Auch hier fragten alle involvierten Bereichsleiter nach Sinn und Zweck der übertragenen Übungen, verspürten Unsicherheit im Hinblick auf die Erwartungen und die genaue Ausführung.

Ein gutes Umsetzungsmanagement stellt sicher, dass zu jedem Meeting, Workshop, Lenkungsausschuss etc. allen Beteiligten immer klar ist, wozu der jeweilige Methodenaufwand getrieben wird.

Umsetzungserkenntnis #10

In den meisten Fällen blähen Methoden die Umsetzung unnötig auf, machen sie kompliziert und träge. Zudem verunsichern sie die Beteiligten und kosten Energie und Motivation. Für eine High-Performance-Umsetzung ist es entscheidend, Methoden nur reflektiert und ergebnisorientiert zu verwenden und dabei stets bescheiden in der Auswahl zu bleiben.

Die Ursachen für den Methodenkrebs lassen sich auf vier elementare Faktoren zurückführen, denen Sie sich stellen müssen, wenn sie eine High-Performance-Umsetzung haben wollen:

1. Unsicherheit
   Hauptursache für den Methodenkrebs ist die uns Menschen innewohnende Unsicherheit, genauer, die Unfähigkeit, sie einzugestehen und mitzureflektieren. Nach wie vor gehört es zu den ungeschriebenen Gesetzen in den meisten Unternehmenskulturen, nicht offen zu benennen, was man nicht verstanden hat, was unklar ist oder unsicher macht. Es wird irgendwie weitergearbeitet und eben kein konstruktiver Ungehorsam geübt, der helfen könnte, Unsicherheiten auszuräumen und auch Unnützes zu beseitigen. Also versucht man, Unsicherheit mit Planung zu überdecken, die suggeriert, dass man alles vorbereitet hat und weiß, was kommen wird und wie es kommen wird. Da aber keiner wirklich weiß, was wie kommen wird, ist Ineffizienz die zwangsläufige Folge, weil auf die herrschende Problem-, Lösungs- oder Umsetzungsunsicherheit nicht mit den passenden Methoden reagiert wird. Die Folge: Es wird viel gearbeitet und wenig geleistet.

2. Trägheit
   Trägheit ist sowohl ein Symptom für Methodenkrebs und, so paradox es klingen mag, gleichzeitig eine Ursache. Wenn in einer Umsetzung viel nachgefragt werden muss, die Aufgaben unvollständig abgeliefert, vereinbarte Zeiten nicht eingehalten werden, insgesamt die Motivation sinkt und die Umsetzung an Geschwindigkeit zu verlieren beginnt, ist das ein untrügliches Symptom für Methodenkrebs.
   Wenn hingegen der notwendige Umsetzungsgeist oder -wille fehlt und ausgiebige methodische Analyse, Planung und Bewertung aller möglichen Aspekte die faktische Umsetzung ständig hinauszögert, wird Trägheit zur Ursache von Methodenkrebs. Es wird viel getan, aber wenig erreicht. Die Kundenstruktur wird beispielsweise noch

einmal rauf und runter analysiert, der Markt noch einmal bewertet, die Attraktivität der Geschäftsfelder noch aus einer weiteren Perspektive errechnet. Diese Art der Umsetzungsträgheit ist meist sehr eng mit einem fehlenden Glauben an einen Umsetzungserfolg verbunden.

3. Perfektionismus

Perfektionismus ist der Feind des Erfolges. Es geht nicht um Perfektionismus, es geht um Erfolg. Es geht darum dem Ergebnis zügig näher zu kommen Das heißt, wenn Sie das Gefühl haben, 80 % der richtigen, wenigen entscheidenden Dinge sind durchdacht und in Ihren Modellen nachvollziehbar skizziert und auf den Punkt gebracht, dann heißt es Go! Und zwar zügig. Sie erinnern sich: Geschwindigkeit ist so wichtig wie Inhalt. Was sich hier wie ein Widerspruch anhört zu meiner Aussage, dass die meisten Strategien und Veränderungen scheitern, weil sie nicht richtig durchdacht sind, ist in gewisser Weise auch ein Widerspruch, den letztlich nur Sie lösen können: Was gilt es für die Veränderung zu durchdenken (eine Überlegung, die in den meisten Veränderungen gar keine Rolle spielt)? Dies so intensiv und weit wie nötig (80 %!) reflektieren und dann geht es los. Wo diese 80-%-Marke liegt? Seien Sie ehrlich: Sie ist meist früher erreicht als allgemein behauptet wird. Wenn alles bis ins letzte Detail durchgeplant sein und genau analysiert werden muss, verlangsamt sich das Vorgehen. Doch nur weil eine Methode beispielsweise eine Abhängigkeitsanalyse vorgibt, muss nicht zwangsläufig genau eruiert werden, welche Aktivität zu welchem Ergebniseffekt führt. Auch muss nicht alles reportet werden, was auf einer Reporting-Chartvorlage aufgelistet ist. Wenn Methoden dazu genutzt werden, alles bis ins letzte Detail durchzuplanen, nehmen sie der Umsetzung den notwendigen Schwung. Der Methodenkrebs äußert sich durch Langsamkeit und Planungswut. 80 % Klarheit genügen, um loszumarschieren. Auch hier erweist sich Perfektionismus nicht unbedingt als Tugend.

4. Mangelndes Training

Prinzipiell gibt es keinen anderen Weg: Nur durch Fehler lernen wir. Wie lange habe ich selber gebraucht, um zu verstehen wie SWOT-Werkzeuge wirklich eingesetzt werden können, wie man mit Szenarien wirklich die Attraktivität einer Strategie bewertet, was die Fallstricke einer Wertkettenanalyse sind oder wie unsinnig es an bestimmten Stellen ist, nach dem kritischen Pfad zu suchen. Für die Praxis bedeutet dies: Wenn Ihnen Methoden attraktiv erscheinen, um Ihr Ergebnis zu erreichen, beschaffen Sie sich Leute, die mit diesen Methoden wirklich umgehen können. Verkürzen Sie so Ihre eigene Lernkurve und bleiben Sie effizient und schnell. Delegieren Sie die Aufgaben aber unter keinen Umständen an externe Berater, sondern sorgen Sie für gezielten Methoden- und Know-how-Transfer, indem Sie die Verantwortung für das Ergebnis stets bei einem internen Mitarbeiter belassen. Und nur Ihr interner Mitarbeiter präsentiert Ergebnisse und führt entsprechende Meetings. Sorgen Sie dafür, dass ihr Team trainiert wird.

Phase Ursachen	Strategie	Taktik	Umsetzung
Unsicherheit	Problem-/ Zielunsicherheit	Lösungs- unsicherheit	Über- Einbindung
Trägheit	Denkträgheit	Langsamkeit	Planungswut
Perfektionismus	Verantwortungs- unklarheit	Detailliebe	Kontrollwahn
Mangelndes Training	Unzureichende Denkwerkzeuge	Kreativitäts- defizite	Erfahrungs- mangel

Abb. 4.3 Hauptursachen des Methodenkrebses in den verschiedenen Umsetzungsphasen

4.2 Die Diagnose des Methodenkrebses

Das Schwierige am Methodenkrebs ist, dass er zu Beginn meist gar nicht wahrgenommen und erst dann bekämpft wird, wenn das Strategie- oder Umsetzungsvorhaben bereits ins Stocken geraten ist oder gänzlich zu scheitern droht. Zudem wird dann bei der Bekämpfung noch der Fehler gemacht, nur auf die Effekte (Ineffizienz, unpassende Lösungen, Defokussierung), anstatt auf die eigentlichen Ursachen, nämlich Unsicherheit, Trägheit, Perfektionismus und mangelndes Training, einzugehen.

Kaum ein Umsetzungsvorhaben bleibt vom Methodenkrebs verschont, umso wichtiger ist es, sich eingehend mit der Diagnose zu beschäftigen, sich klar zu machen, in welcher Form die genannten Ursachen auf die Phasen Strategie, Taktik (Konzeption und Planung) und Umsetzung einwirken (siehe Abb. 4.3.).

1. Unsicherheit
   In der **Strategiephase** tritt die Unsicherheit in der Regel als Problemunsicherheit oder Zielunsicherheit auf. Es ist nicht klar, was das eigentliche Problem ist bzw. was eigentlich genau erreicht werden soll. Beispielsweise bat mich ein Leiter der Unternehmensentwicklung um ein Kurz-Assessment der Strategieentwicklung, die bereits in vollem Gange war. Mit vier Geschäftsführern und Vertretern der Unternehmensentwicklung betrachteten wir gemeinsam die Ausarbeitungen der Unternehmensentwickler: Die Einordnung der Geschäftsfelder in entsprechende Wettbewerbsportfolien und dazu passende Darstellungen von Chancen und Risiken, die sich in entsprechenden Entwicklungspfaden der Geschäftsfelder niederschlugen. Es entzündete sich eine lebhafte Diskussion über die Möglichkeiten, Herausforderungen und Schwierigkeiten, die bei diesen Entwicklungen auftreten würden. Kurz bevor es daran ging, die weitere Ausarbeitung und methodische Durchdringung zu beschließen, ließ ich die Bremsbacken

greifen: „Was genau wollen Sie mit Ihrer Strategie eigentlich erreichen?" „Welche Ziele wollen Sie mit ihrer Strategie bis wann erreichen?" „Was hat Priorität?" Die weitere Diskussion machte schnell deutlich, dass es sich hier um Strategie-Opportunismus handelte, der viel Arbeit und Mühe bedeutete und alles andere als zu einer gezielten und einzigartigen Strategie führen würde. Wir diskutierten anschließend über einige Treiber und kamen zu dem Schluss, dass die Strategie weniger auf innovative Produkte und Qualitätsführerschaft getrimmt werden sollte, sondern zu einer Kundenserviceführerschaft führen muss, wenn das Unternehmern nachhaltig im Wettbewerb bestehen will. Unter dieser klaren Zielausrichtung konnte auch geklärt werden, mit welchen Methoden was dafür herbeizuführen ist.

Problemunsicherheit oder Zielunsicherheit in der Strategiephase ist insofern von fataler Wirkung, als sie im Prozessverlauf enorme Ineffizienz erzeugt. Das Nichterkennen des Problems, das man mit der Strategie eigentlich lösen will, bzw. des Ziels, das man erreichen möchte, kann zur Folge haben, dass man sich opportunistisch mit allen möglichen Dingen beschäftigt, ohne wirklich vorwärtszukommen. Um nicht missverstanden zu werden: Strategischer Opportunismus, das heißt sich auf die Lauer zu legen und vorbereitet zu sein für gute Gelegenheiten, ist durchaus sinnvoll. Wenn man aber ein Strategieprojekt aufsetzt, sollte sehr klar sein, was man damit erreichen möchte.

Bestehende Problemunsicherheit verstärkt zudem die Unsicherheit in den nachfolgenden Phasen. Glaubt ein Unternehmen beispielsweise, dass die Ursachen für die aktuellen Absatzschwierigkeiten eines Produktes in dessen technischer Ausstattung liegen, wird eine neue Strategie hier nicht viel weiterhelfen, wenn das wahre Problem der unstrukturierte und wenig zielführende Service ist. Die Umsetzung wird ein Frusterlebnis, weil man es nicht schafft, das Problem zu lösen und die Absatzschwierigkeiten nach wie vor bestehen bleiben.

Eine Ursache für Methodenkrebs in der **Phase der Taktik** kann in der Unsicherheit über die konzeptionelle Lösung eines Problems liegen: Keiner weiß genau, wie die Strategie aussehen soll und was dafür getan werden muss. Um dies zu beheben bedarf es neben Methodenwissen auch Fantasie und Kreativität. Wären die Geschäftsführer des in Kap. 1 beschriebenen europäischen Internet-Providers mit ihrer neuen Strategie „Con-Sumer-Eroberung" (siehe Abb. 1.3) von der Strategie ohne ein Konzept zu erstellen direkt zur Planung übergegangen, wäre relativ schnell Lösungsunsicherheit entstanden. Denn trotz der sehr fokussierten und scharfen Strategie, die über ihre elf strategischen Handlungsfelder klar beschreibt, wohin man möchte, wären plötzlich Fragen über die genaue Aufstellung des Produktmanagements oder die Zusammenarbeit zwischen Marketing und Vertrieb sowie Produktentwicklung etc. aufgetaucht. Die fehlende methodische Ausarbeitung hätte eine ineffiziente Umsetzung bewirkt oder zu unpassenden Ergebnissen geführt.

In der faktischen **Umsetzung** können Sie die Unsicherheit an etwas festmachen, das ich „Über-Einbindung" nenne und das sich in zu vielen Meetings, Jours fixes und Workshops mit viel zu vielen Teilnehmern äußert. Dieser Effekt entsteht aus der Unsicherheit der Beteiligten heraus, während der Umsetzung nicht alles, was sie wissen müssten, mitzubekommen oder daraus, dass ihnen das Vertrauen in die Methodik des Umsetzungsmanagements fehlt. So saugt der Methodenkrebs in der Umsetzung die Energie und Zeit der Beteiligten auf.

2. Trägheit

Innerhalb der **Strategieentwicklung** wird es immer dann träge, wenn Strategie eben nicht zu einem Ergebniserlebnis wird (siehe Kap. 1.3), sondern das Strategieteam durch eine Unmenge an Modellen gelangweilt und nicht selten verwirrt wird, weil sie in die anstrengende Denkarbeit nicht eingebunden sind. Strategieprojekte würden meiner Erfahrung nach erheblich schneller und in wesentlich kürzerer Zeit erfolgen können, wenn die Beteiligten sich die wenigen entscheidenden Fragen, die es zu klären gilt, klarmachten und sie mit einfachen Modellen wirklich zu durchdringen versuchten. Strategie hat wesentlich mehr mit Intuition als Analytik und Modellen zu tun.

Im Rahmen der **Taktik**, das heißt der Ausarbeitung der Konzepte und Erstellung der Umsetzungspläne, entsteht der Methodenkrebs meist durch Langsamkeit. Man lässt sich viel zu viel Zeit! Aber gerade in diesen Phasen gilt das Prinzip: Arbeit dauert so lange, wie man ihr Zeit gibt! Als ich ein Industrieunternehmen bei der Umsetzung eines Querschnitts-Synergieprojekts über mehrere Geschäftsbereiche begleiten durfte, forderte ich, dass unter wesentlicher Verantwortung interner Mitarbeiter innerhalb von zwei Monaten ein komplettes Konzept dazu ausgearbeitet werde, wie sich die einzelnen Bereiche zukünftig aufstellen und die Verantwortlichkeiten neu zu verteilen wären. Kritik und Widerstand regte sich: Man müsse erst genau planen, um sagen zu können, wie viel Zeit erforderlich ist, überhaupt seien zunächst präzise Analysen notwendig etc. Alles in allem Reaktionen, die zeigen, dass eine Organisation nicht gewohnt ist, vom Ergebnis her zu arbeiten, sondern sich stattdessen vom Status quo nach vorne bewegt – eine Haltung, die gerade in der Konzeptphase tödlich ist. Glücklicherweise war der Auftraggeber ganz meiner Meinung und wir setzten meine Vorgabe durch. Machen Sie sich darauf gefasst, dass Sie in solch einem Fall eine Menge an Widerstand und Gegenwind aushalten müssen. Dafür ernten Sie aber auch das, was ich hier geerntet habe. Nach zwei Monaten lagen die Konzepte auf dem Tisch, aufgrund des Drucks beschäftigten sich alle sehr effektiv mit dem wirklich Relevanten und das auch nur so intensiv, wie es nötig war. Das ganze Team war am Ende sehr stolz auf sich selber. Nur durch die Vorgabe eines entsprechenden Tempos entsteht Geschwindigkeit und damit auch die notwendige Fokussierung.

Die Trägheit in der eigentlichen **Umsetzung** entsteht immer dann, wenn die Abstände der Reflexion zu groß, die zu bewältigenden „Scheiben" zu dick geschnitten werden. Ich verfahre in Umsetzungsvorhaben üblicherweise so, dass mindestens in zweiwöchentlichem Abstand Ergebnislisten zusammengestellt werden, die im Turnus abgearbeitet werden sollen, um so konzentriert und effektiv Stück für Stück voranzukommen. Meiner Erfahrung nach ist alles, was an zeitlichen Planungen darüber hinausgeht ein Grund für Trägheit in der Umsetzung. Denn ein Übermaß an Planungs-, Reporting- und Controlling-Methoden führt dazu, dass die Umsetzung nur schwerfällig vorangeht und ihr den Schwung nimmt.

3. Perfektionismus

In der **Strategiephase** eines Projektes macht sich regelmäßig Perfektionismus und damit Methodenkrebs aufgrund von Verantwortungsunklarheit breit. Je unklarer die Verantwortlichkeiten sind, desto mehr Methoden, Analysen und Bewertungen finde ich regelmäßig in Unternehmen vor. Ist vorher genau geklärt worden, was mit der Strategie erreicht werden soll, was die wesentlichen Treiber dahinter sind und welche kritischen Fragestellungen sich dadurch ergeben werden, gibt es auch klare Verantwortlichkeiten, wer für welche Inhalte zuständig ist und das verhilft letztendlich auch zu echter Methodeneffizienz. Anstatt mit allen möglichen Methoden zu versuchen, alles was irgendwie im Rahmen des Geschäftes interessant oder relevant sein könnte, zu betrachten, zu untermauern und in einer Vielzahl von Ableitungen darzulegen, hätte der Leiter der Unternehmensentwicklung aus dem Beispiel oben erst einmal ein klares Ziel ins Auge fassen müssen. Unter der Zielsetzung, die Kundenserviceführerschaft zu erreichen, hätte die klare Verantwortung beim Marketing-Geschäftsführer gelegen, anzugeben, wo das Unternehmen mit dem Kundenservice heute genau steht, welches die Ursachen und Hebel dafür sind, wie die strategische Zielposition in diesem Gerüst zukünftig aussehen wird und welche notwendigen Ableitungen zu machen sind. Perfektionismus im Strategieprozess ist tödlich, da die Vielfalt an Themen und möglichen Methoden schier unendlich ist. Nicht selten werden Verantwortungsunklarheiten innerhalb der Organisation – und Strategie ist Topmanagement-Verantwortung – von Beratern und Stäben durch deren falsch gelebte Ergebnisverantwortung und durch Perfektionismus überdeckt.

Im Rahmen der **Taktik** ist meist die Detailverliebtheit – schön anzuschauende Pläne und auf ausgefeilten Präsentationen oder Übersichtsplakaten aufbereitete Konzepte – für Methodenkrebs verantwortlich. Hüten Sie sich vor übermäßiger Liebe fürs Detail und erziehen Sie Ihr Umsetzungsteam dazu, immer im Sinne des Ergebnisses zu denken. Was verschafft uns Klarheit, Abkürzungen oder neue Erkenntnisse und Ideen für unsere Umsetzung? Alles, was nicht dazu beiträgt, wird auch nicht ausgeführt: sei es das Projektmanagement-Tool, das Sie einstampfen müssen, sei es das detaillierte und arbeitsintensive Kostentreiber-Modell, das absehbar nur einen maßvollen Beitrag zur Erreichung der Kundenserviceführerschaft liefern wird. Verzichten Sie auf ausgefeilte Präsentationen und Aufbereitungen, konzentrieren Sie sich auf die Inhalte. Besonders putzig: Bereits mehrfach habe ich Klienten erlebt, die jedes Meeting mehr oder weniger Wort für Wort protokollieren ließen! Wozu? Stellen Sie sich den Aufwand vor und was soll das für einen Beitrag leisten, um Ergebnisse zu erreichen? Ich lernte schnell, dass das nur einen Zweck hat: im Zweifel den Schuldigen für etwas zu finden oder jemanden „bei seinem Wort" zu nehmen. Selten habe ich mehr ineffiziente Input-Orientierung erlebt. Am Ende fasst man bei einem Meeting zusammen, wer was übernimmt und hakt das nächste Mal nach – alles andere ist nur Prozess. Und im Zweifel gilt sogar im Sinne der Ergebniserreichung die Haltung von Konrad Adenauer: Was interessiert mich mein Geschwätz von gestern. Erfolg braucht Offenheit, Vertrauen und eine gesunde Fehlerkultur.

Um in der **Umsetzung** keinen unnötigen Methodenkrebs zu erleben, sollten Sie erstens einschätzen können, was Ihre Mannschaft wirklich in der Lage ist zu leisten und Sie müssen zweitens eine echte Vertrauenskultur etablieren. Beides zusammen führt zu klaren, einlösbaren Zielvorgaben und befreit Sie von jeglichem Kontrollwahn. Das bedeutet im Umkehrschluss, dass Umsetzungen ohne ein echtes Umsetzungsmomentum Formen von Kontrollwahn aufweisen: Mitarbeiter müssen Projektberichte abliefern, in irgendwelchen Tools Ihre Zeiten erfassen, sich in Status-Meetings anhören, wer in welchen Plänen warum wie hinterherhinkt etc.

4. Mangelndes Training

Wenn Sie viele Methoden kennen und sie nie benutzen, ist das die beste Voraussetzung, dem Methodenkrebs zu entkommen! Was ich damit meine? Es hilft methodenbewandert zu sein, weil sich dadurch Denk- und Strukturierungsfähigkeiten entwickeln. Diese Fähigkeiten wiederum wirken synergetisch-innovativ bei der Lösung des eigentlichen Problems und seiner Strukturierung in Vorgehens- und Ergebnistypen. Das heißt, die beste Methode ist das leere Blatt am Flip Chart oder auf dem Schreibtisch, auf dem skizziert wird, wie das Problem methodisch adressiert, strukturiert, gelöst und angegangen werden soll. Aber eben nur unter indirekter Nutzung all dessen, was man einmal gelesen, studiert oder vielleicht auch angewendet hat. Als erfolgreicher Umsetzungsmanager müssen Sie sich folgende Grundsätze klarmachen: Erstens entstehen gute Lösungen nur, indem man sie wirklich durchdenkt. Zweitens ist Denken anstrengend und erfordert Zeit. Drittens darf Denken, nur weil es anstrengend ist, nicht einfach delegiert werden. Und beim Denken gilt ausnahmsweise wirklich: viel hilft viel. Also trainieren Sie es alleine, um sich im Team die Ergebnisse gegenseitig vorzustellen. Denken funktioniert zusammen nicht. Vorstellung, Feedback und Anregungen in der Gruppe sind wertvoll. Ein gemeinsamer Denkprozess führt meiner Erfahrung nach immer zu suboptimalen Lösungen und nicht selten komischen Kompromissen.

In der **Strategie** gilt es sich Denkwerkzeuge anzueignen, mit denen komplexe Sachverhalte aus verschiedenen Perspektiven durchdrungen werden können. Ob Sie Wirknetze, Szenarien oder auch elektronische Werkzeuge verwenden, ist dabei unerheblich. Wichtig ist nur, dass Sie routiniert darin sind, mit der optimalen kognitiven Distanz vor allem auf komplexe Probleme zu schauen, ohne den Zusammenhang zu verlieren.

In der **Konzeption** ist es entscheidend, die relevanten Konzeptinhalte zu durchdringen und anschließend möglichst kreativ zu Papier zu bringen. Schnappen Sie sich eines der Bücher, in denen gut beschrieben wird, wie man Informationen grafisch aufbereitet und trainieren Sie dies. Mit einem Set von 20 bis 30 Grundmodellen lassen sich sehr viele konzeptionelle Herausforderungen so einfach und klar modellieren, dass sie danach wunderbare Modelle für die gemeinsame Diskussion der wirklich entscheidenden Faktoren haben. So geben Sie sich das Rüstzeug für die notwendige Kreativität.

Mit dem Training im Denken wird der Problemunsicherheit begegnet und es kann mit richtigem Know-how und Methodenerfahrung letzten Endes die Lösungsunsicherheit beseitigt werden. In der Umsetzung spielen hingegen primär Erfahrung bzw. Managementkompetenz eine Rolle, also im Grunde eigenes Denken.

Mit einem Service-Manager stellte ich im Rahmen der Entwicklung und Einrichtung eines neuen Call Centers eine „Kur" aus den genannten Aspekten zusammen.

Wir riefen alle Teilprojektleiter zusammen, um in einem offenen und noch wenig strukturierten Gespräch in lockerer und entspannter Atmosphäre zu klären, wo sie sich unsicher fühlten bzw. ein ungutes Gefühl hatten. Nur durch diese offene, ehrliche Gesprächsatmosphäre trat zutage, dass einige in bestimmten Bereichen den Konzepten nicht wirklich trauten und der Meinung waren, sie seien nicht zu realisieren. Die Unsicherheiten wurden mit klaren Maßnahmen adressiert und Verantwortlichkeiten geregelt, so dass mit der Beseitigung der Unsicherheit die Produktivität deutlich anzog. Der Langsamkeit begegneten wir durch eine ganz klare Priorisierung der Themen. Viele Themen sollten parallel vorangetrieben werden, dafür mussten andere Aspekte zunächst zurückgestellt werden. Zielsetzung war, die fünf wichtigsten Aufgaben bis Ende des Monats erledigt zu haben. Die Geschwindigkeit zog deutlich an. Der Punkt Detailliebe stellte kein größeres Problem dar und bei den Kreativitätsdefiziten wurde deutlich, dass bestimmte Konzepte wesentlich einfacher gehalten und auch im Rahmen der Subunternehmersteuerung klarer ausgearbeitet werden konnten.

Methodenkrebs entwickelt sich schleichend, die Symptome tauchen nach und nach auf. Deswegen sollte man als Umsetzungsmanager besonders auf seine Intuition achten. Da die einzelnen Ursachen in einem Beziehungsgeflecht zueinander stehen, lassen sie sich nicht ohne weiteres klar identifizieren. Beispielsweise wird die Unsicherheit meist erst offenkundig in der faktischen Umsetzung, weil in der Strategie- oder Taktikphase entsprechende Signale überhört bzw. beschwichtigt wurden. Aber bestehende Unsicherheit löst sich ohne aktives Eingreifen nicht einfach auf, sondern verstärkt sich eher. Auch entstehen Unsicherheiten durch mangelndes Training im Umgang mit Methoden. Denn dann kommt es oft zum Einsatz falscher Methoden, auf den hin in der Strategiephase prompt Problem- oder Zielunklarheit sich bemerkbar machen. Oder die mangelnde Erfahrung verhindert, zu einer selbst entwickelten Arbeitsweise bzw. den passenden Methoden zu finden, die erst die für Lösungsklarheit und zielorientierte Umsetzung notwendige Geschwindigkeit entstehen lassen.

Es gelten vier Grundprinzipien, um den Ursachen des Methodenkrebses zu begegnen:

1. Zuallererst und immer wieder müssen Sie sich mit Offenheit und Verständnis der Unsicherheit – egal wo, egal bei wem – widmen und sie mit den richtigen Methoden überwinden. Ein unsicheres Team wird nie das für eine High-Performance-Umsetzung unersetzliche Momentum aufbauen. Mit Ihrer Unsicherheit als Umsetzungsmanager müssen Sie sich selbst auseinanderzusetzen, Ihrem Team müssen Sie zu dieser Auseinandersetzung verhelfen.

2. Die gewonnene Sicherheit ist die Basis für ein stärkeres Selbstbewusstsein in der Umsetzung, mit der es Ihnen gelingen wird, aus Trägheit Geschwindigkeit zu machen. Denn wenn verstanden worden ist, was genau erreicht werden soll, kann es auch sportlich angegangen werden. Vorausgesetzt Sie sorgen dabei auch für echte Prioritäten.

Denken Sie daran: wenn alles einen Priorität ist, ist nichts eine Priorität. Ich versuche für die einzelnen Phasen den Fokus ausschließlich auf drei Themen zu halten.

3. Die Geschwindigkeit führt zu zügigen Erfolgen und entzieht dem Perfektionismus als Ursache für Methodenkrebs die Grundlage. Dort, wo keine Zeit für Unnötiges und Unnützes ist, kann sich auch kein Perfektionismus entwickeln.

4. Haben Sie an diesen Hebeln angesetzt, ergibt sich das notwendige Training nahezu von selbst und kann tatsächlich als „Training on the Job" gelebt werden. An den jeweiligen Stellen sorgen Sie mit der Vorgabe bestimmter Modelle oder Methoden dafür, sich damit auseinanderzusetzen, diese dann zur Seite zu legen und bezogen auf die definierten Fortschrittskriterien sich zu überlegen und auf einem Blatt Papier zu skizzieren, wie die anstehenden Themen konzeptionell durchdrungen werden können.

Die „Über-Einbindung" ist ein typisches Reaktionsmuster, mit dem vorhandene Unsicherheit kompensiert werden soll. Tatsächlich aber werden damit die Effekte des Methodenkrebses nur verstärkt. Erst wenn die Ursachen dieser Effekte, also Unsicherheit, Trägheit und Perfektionismus, überwunden werden, kann sich die „Über-Einbindung" qua Selbstreflexion (fail forward) auflösen.

Umsetzungserkenntnis #11
Zurückhaltender und fokussierter Methodeneinsatz, der Unnötiges und Unnützes nicht zulässt und keine Unsicherheit hervorrufenden „blinden Flecken" entstehen lässt, ist die Basis für ein echtes Umsetzungsmomentum. Offenheit und kreatives Denken, das bewusste und gezielte rationale Durchdringen der Problem- und Lösungsmöglichkeiten führt zu Klarheit und stabiler Sicherheit, die wiederum Geschwindigkeit ermöglichen und damit unnötigen Perfektionismus vermeiden helfen.

4.3 Wieso Denken wichtiger als Management ist. Konzeption

Wenn ein Management es schafft, nach gründlichem Durchdenken zu einer angemessenen Strategie für eine anstehende Veränderung zu kommen, verhindert es damit nicht nur das Aufkommen von Unsicherheit im Team, sondern kann sich selbst von der so typischen wie so oft nicht wirklich hilfreichen „Pflicht" des Führens und Anleitens entbinden. Es kann sich entfernen vom leider immer noch sehr verbreiteten Push-Management und hinbewegen zu einem Pull-Management. Das Team wird von einer klaren Zielvorstellung gezogen und agiert in der Sicherheit, das zu erreichen, was es sich vorgenommen hat. Auf vereinzelt aufkommende Unsicherheit wird während des Prozesses sofort konstruktiv reagiert.

Umsetzungserkenntnis #12

Die meisten Umsetzungen gewinnen deshalb nie richtig an Fahrt, weil sie nicht vernünftig durchdacht worden sind. Dies führt zu einer ständigen Unsicherheit sowohl im Hinblick auf das, *was* erreicht und *wie* es erreicht werden soll. Um diese zu vermeiden, muss man Problemklarheit bei der Strategie, Lösungsklarheit in der Taktik und Umsetzungssicherheit in der Ausführung erreichen.

Anstatt Unsicherheit im Team als hilfreiches Signal und möglichen Indikator für Fehlentwicklungen zu nehmen, wird meistens versucht, sie in einer wahren Methodenschlacht oder mit ausreichend Druck niederzukämpfen. Sinnvollerweise aber sollten Methoden nur dann eingesetzt werden, wenn sie helfen, Unsicherheit wenn nicht wirklich aufzulösen dann jedenfalls auf ein erträgliches Maß zu reduzieren. Kommt es mit oder nach der Anwendung von Methoden zu Fehlentwicklungen ist der Grund häufig:

1. verfehlter Methodeneinsatz
   Wird beispielsweise die SWOT-Analyse als Instrument für die Strategieentwicklung angewandt, noch bevor eine bestimmte Strategieoption existiert, kommt es zu einer völlig fehlinterpretierten oder aussagelosen Bewertung eines Faktors als Stärke oder Schwäche. Auch wenn man sich auf die Beschäftigung mit einer neuen Organisationsform konzentriert, obwohl klar ist, dass sie nicht der Hebel für die Veränderung ist, befindet man sich methodisch auf dem Holzweg.

2. unzureichender Methodeneinsatz
   Man trifft zwar in der Sache den Kern des Problems, aber das für das Team erträgliche Maß an Unsicherheit wird dadurch noch nicht erreicht. So nahm beispielsweise ein Automobilclub die erkennbaren Veränderungen sowohl im Mobilitätsverhalten der Menschen wie in der Bedeutung des Autos im Zusammenhang mit der demografische Entwicklung zum Anlass, seine Geschäftsfelder auf Zukunftsattraktivität hin zu prüfen bzw. auf womöglich erforderliche neue Zukunftsangebote. Die Methode des Szenarienmanagements war hier genau richtig. Nach zwei anstrengenden Workshoptagen erkannte das zwölfköpfige Team, dass Kombinationsangebote in Zukunft das Privatauto, den Mietwagen (bzw. City-Car-Sharing) und die Bahn abdecken müssen. Aber es war noch zu viel Unsicherheit in der Frage vorhanden, wie sich diese Entwicklung auf der Zeitachse genau darstellen würde und was sie für die zukünftige Geschäftsfeldstruktur genau bedeuten würde. Auch in der Frage, wie sich dies auf die internationalen Partnerschaften auswirken würde und auf die drei Länder, in denen man tätig war. Das Szenarienmanagement hätte also als Methode mit einer Geschäftsfeldstrukturanalyse verflochten werden müssen und man hätte auf der zeitlichen Achse auch in zum Beispiel drei sehr klar abgegrenzten Zeithorizonten arbeiten müssen.

3. übertriebener Methodeneinsatz
   Perfektion geht ins Unendliche. Deshalb darf sie in einer Umsetzung nur so weit getrieben werden, bis die Unsicherheit beseitigt bzw. auf ein erträgliches Maß reduziert

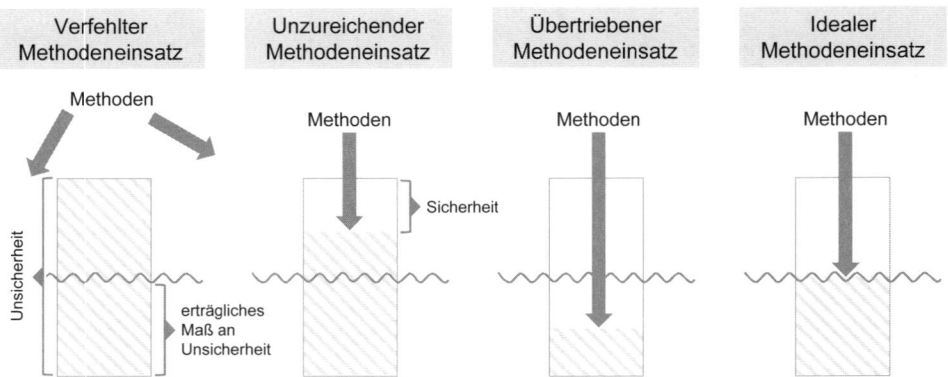

Abb. 4.4 Methodensinn – Unsicherheit auf erträgliches Maß reduzieren

ist. So hätte man im obigen Beispiel neben den Trendbetrachtungen und der Rückkopplung an die eigenen Geschäftsfelder natürlich auch noch Wettbewerbsszenarien
heranziehen können und vermittels Technologieszenarien eruieren können, welche
technologischen Trends der Automobilindustrie sich in den kommenden Jahren wohin bewegen werden. Alles spannende Fragestellungen, die vielleicht auch für noch
mehr Klarheit an der ein oder anderen Stelle gesorgt hätten, für die Kernfrage und
Herausforderung des Automobilclubs aber nicht relevant waren. Die Übertreibung
kostet in der Regel viel Zeit und sorgt für Ineffizienz und steigert nicht selten die
Unsicherheit sogar noch.

Abbildung 4.4 stellt noch einmal das Zusammenspiel von Methodeneinsatz und Reduktion
von Unsicherheit dar. Durch den Einsatz richtig dosierter Methoden wird die Unsicherheit auf ein erträgliches Maß reduziert, das heißt, sie befindet sich genau unter der
Wasseroberfläche, die den Level des erträglichen Maßes kennzeichnet.

Es gibt keine Übersicht über die für Veränderungsprozesse idealen Methoden, die
ich Ihnen an die Hand geben könnte. Eine solche Methodenübersicht wäre auch nicht
hilfreich, weil sie – nolens, volens – die Welt idealisieren würde. Um festzustellen, ob
Sie mit Ihrem Methodeneinsatz weit unter oder weit über dem erträglichen Maß liegen,
müssen Sie immer wieder Klarheit schaffen darüber, welches Ziel wie erreicht werden soll.
Methoden müssen dabei helfen, das Bild zu strukturieren und wie Kettenglieder ineinandergreifen, dürfen keine Bruchstellen haben und jeder Beteiligte muss genau wissen,
warum eine Methode genau jetzt eingesetzt wird. Wenn klar ist, dass die Vertriebsstrategie
geändert werden muss, wieso müssen dann die vier Ps (Produkt, Price, Place, Promotion)
durchdacht werden? Oder wenn schlicht über die zentralen Kostentreiber der Prozess
verschlankt werden könnte, wieso ist dann noch eine detaillierte Prozessbetrachtung
nötig? Haben Sie also stets einen kritischen Blick auf das, was Sie tun, und achten Sie
immer auf den Output. Methoden sind nur Input, Mittel zum Zweck! Sobald kein klarer

und lohnender Ergebnisbezug vorhanden ist: Aktivität sofort stoppen und die wertvollen Ressourcen anderweitig einsetzen.

Umsetzungserkenntnis #13
Methoden sind Input und erzeugen Aufwand, um ein Ergebnis zu erreichen (Output). Die Verkettung von eingesetzten Methoden ist gewissermaßen die Hängebrücke, die Sie auf die andere Seite zu Ihrem Ergebnis bringt. Die Methoden müssen dafür sauber ineinandergreifen, sinnvoll und stabil sein, sonst geht niemand mit über die Hängebrücke. Sorgen Sie stets dafür, dass jedem Beteiligten klar ist, wozu Sie welche Methode in welcher Reihenfolge einsetzen (Input), und was sie damit am Ende erreichen wollen (Output).

Bezogen auf die Phasen des Strategie- und Umsetzungsmanagements bedeutet dies konkret:

- Der Methodeneinsatz in der Strategiephase dient dazu herauszuarbeiten, welches die attraktivste Lösung zur Erreichung der Ziele ist. Dafür sind Denkwerkzeuge notwendig, die ihren eigenen und den Horizont ihres Teams öffnen, sie aus Erfahrungsgefängnissen herausholen und ihnen Möglichkeiten zeigen, die sie zuvor nicht gesehen haben. Hilfreich sind hier die von Gomez und Probst (2001) und Vester (2002) beschriebenen Methoden zur Problemlösung und zum Umgang mit Komplexität.
- In der Taktikphase dient die Konzepterstellung dazu, Sicherheit für die Umsetzung der Strategie, also den Drill-down, zu liefern, so dass jeder für seine Belange weiß, was genau erarbeitet werden soll (Beseitigung der Unsicherheit). Die Planung klärt im Anschluss daran mit den entsprechenden Methoden, wer was wo und wie in Bezug auf das Konzept macht.
- In der Umsetzung geht es darum, mit den richtigen Methoden in kleinen Zeiteinheiten zügig vorwärtszukommen, nicht zu weit im Voraus zu planen und sich die notwendige Flexibilität zu wahren, sich in keinerlei Plankorsett zwängen zu lassen. Dennoch gilt es für das Maß an Klarheit zu sorgen, das für produktives Tun Voraussetzung ist.

Diese Phasen erfolgen seriell hintereinander und es gibt in dieser Logik auch keine Parallelisierung. In jeder Phase läuft es im Sinne der Fokussierung einzig und allein auf die Zielerreichung zu. Um im Umsetzungsmanagement erfolgreich zu sein, müssen Methoden und Konzepte strikt zielorientiert eingesetzt und nur so weit ausgearbeitet werden, wie sie der Absicherung und dem Schutz vor Fehlern oder Kritik dienen. Sie halten also einen notwendigen Grad an Unschärfe aus.

In einem Pharmaunternehmen sollte das Innovationsmanagement zukünftig eine wichtige Rolle spielen, deswegen drängte der Geschäftsführer vom Bereich Unternehmensentwicklung

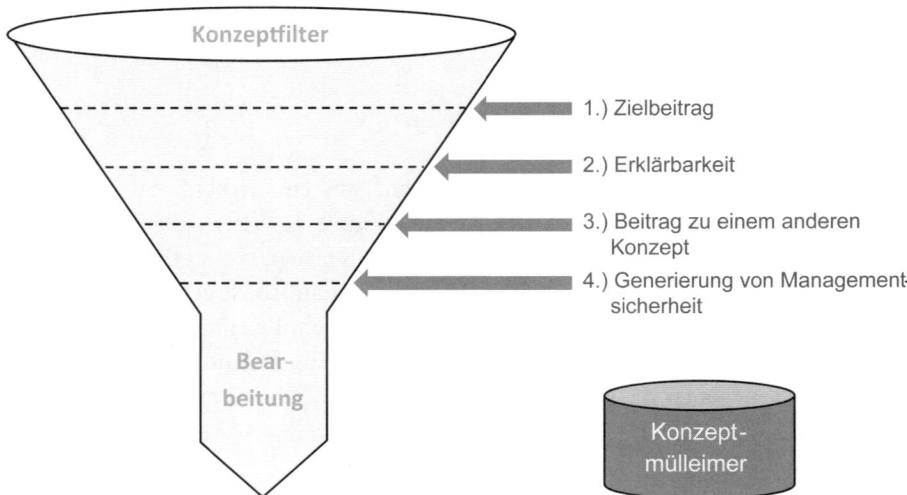

Abb. 4.5 Kolbusas Konzeptfilter

darauf, dass eine umfangreiche Analyse gemacht werde, wie andere Unternehmen das Innovationsmanagement aufgezogen haben. Eine solche Analyse sorgt vielleicht für vermeintliche Sicherheit bei den Geschäftsführern, macht aber keinen Sinn, da diese Analyse im Grunde für das Ergebnis, die Implementierung des Innovationsmanagements im eigenen Unternehmen, keine wirkliche Rolle spielen kann. Wettbewerbsdaten zu erheben und sich am Wettbewerb zu orientieren bedeutet in der Regel Zeitverschwendung, weil die erbrachten Resultate Vergangenheit sind und auf Annahmen und Entscheidungen beruhen, die auf das eigene Unternehmen und die Situation, in der man sich gerade befindet, nicht passen können. Die bessere Vorgehensweise ist, Klarheit darüber zu schaffen, was man selbst mit dem Innovationsmanagement erreichen will, welches die kritischen Erfolgsfaktoren und die wichtigsten Hebel und Abläufe dafür sind. Anders, nicht besser gewinnt!

Um sinnlose Konzepte zu identifizieren bzw. aufzuspüren, sind die richtigen Fragen der Beweisführung zu stellen. Hierzu dient der Konzeptfilter (siehe Abb. 4.5).

Der Konzeptfilter prüft jedes Konzept bzw. jede Methode anhand der nachfolgenden vier Kriterien:

1. Zielbeitrag

   Besteht ein klarer Bezug zu einem Ziel, das heißt, gibt es entweder einen klaren Beitrag (Konzept), der das zu erarbeitende Ergebnis als Ergebnistyp skizziert oder einen indirekten Beitrag in der Form, dass die Methode attraktivere Optionen, Wege oder Abkürzungen zu dem angestrebten Ergebnis liefert? Wird also beispielsweise mit den Methoden der Prozessdokumentation, der Wert-/Kostentreiber und einem Rollen-/Verantwortlichkeitsmodell gearbeitet, um zu einem effizienteren Prozess zu kommen, so wird man schnell feststellen, dass die Prozessdokumentation keine wirklichen Effizienzerkenntnisse bringt, dafür aber hohen Aufwand bedeutet, die beiden anderen

Methoden dagegen einen sehr starken Ergebnisbeitrag haben. Achten Sie also stets darauf, was Ihnen die Methode bezogen auf das angestrebte Ergebnis bringt und ob Nutzen und Aufwand in einem vernünftigen Verhältnis stehen.

2. Sofortige Erklärbarkeit „Wozu mache ich das?"

   Wenn Sie nicht wie aus der Pistole geschossen erklären können, warum Sie die Wertkettenanalyse anwenden, ein Geschäftsfeldportfolio erarbeiten wollen oder in einem Sourcingmodell die aktuelle Dienstleisterstruktur bewertet sehen möchten, liegt die Vermutung nahe, dass die Anwendung wenig Sinn ergibt bzw. in der Ergebniskette der einzelnen Methoden nicht fest mit den anderen verkettet ist. Wenn nicht klar erläutert werden kann, wozu ein Konzept erarbeitet wird und welchen Bezug es zu den Zielen hat, fällt das Konzept weg. Wozu soll beispielsweise mit einer Wertkettenbetrachtung gearbeitet werden, wenn die Unsicherheit in der Frage besteht, wie das Sourcing im Rahmen der Umsetzung gestaltet werden soll?

3. Beitrag zu mindestens einem anderen Konzept

   Steht das Konzept oder die Methode nur für sich alleine oder wird damit auch ein Beitrag zu anderen Konzepten geliefert? Ein isoliertes Konzept ist wenig hilfreich. Wenn ein Führungs-/Steuerungskonzept nicht mit einem durchdachten Organisationskonzept verheiratet wird und beide sich nicht gegenseitig einen entsprechenden Wert liefern, ist die Frage berechtigt, ob für die Zielerreichung überhaupt das richtige Mittel gewählt worden ist.

4. Generieren von Managementsicherheit bezogen auf die Umsetzung

   Hilft das Konzept den verantwortlichen Managern, die faktische Umsetzung einfacher und sicherer durchzuführen? Merkt der Umsetzungsmanager eines Telekommunikationsunternehmens beispielsweise, dass es den zuständigen Bereichsleitern schwerfällt, jeweils zu einem neuen Rollen-/Verantwortlichkeitsmodell für ihren Bereich zu kommen, könnte er als Hilfestellung ein Geschäftslogikmodell detailliert konzipieren und aufbereiten lassen. Darin wird unter anderem verständlich dargestellt, wie sich die Geschäftslogik ändert: Es wird nicht mehr vom „Netz und den Technologien", sondern vom Kunden her gedacht und gearbeitet. Anhand dieses übergreifenden Modells fällt es den einzelnen Bereichen dann leichter, die notwendigen Rollen in ihrem Ressort zu bestimmen und zu beschreiben.

Der Konzeptfilter lässt alle Konzepte in den Mülleimer fallen, die nicht mindestens eines der Kriterien erfüllen. Dabei gibt es drei Aspekte zu berücksichtigen:

1. Welche Konzepte werden benötigt? (Unnötige Konzepte landen sofort im Mülleimer.)
2. Welche von den notwendigen Konzepten fehlen?
3. Wie detailliert müssen die Konzepte sein?

Mithilfe des Konzeptfilters können Sie die Anzahl der für die Konzeptbearbeitung benötigten Methoden begrenzen und das bedeutet, die Unsicherheit erträglich zu machen.

4.4 Mit Geschwindigkeit Komplexität reduzieren

Trägheit in der Taktik- und Umsetzungsphase ist eine häufige Ursache für den Methoden-krebs. Als Gegenmaßnahme muss hier Geschwindigkeit zum Programm gemacht werden. Das stößt jedoch nicht immer auf Zustimmung: „Was ist mit der Qualität und den Risi-ken?", „Die Gefahr, etwas zu übersehen, ist zu groß" oder „Die Dinge müssen abgestimmt werden, das braucht Zeit!" Meine Erfahrung sagt, dass das Pareto-Prinzip auch vor Umset-zungen nicht haltgemacht hat: 80 % der Ergebnisse werden mit 20 % der Ressourcen und in 20 % der Zeit, die die Umsetzung normalerweise dauert, erreicht. Wieso arbeiten wir dann nicht einfach schneller? Der Grund ist wieder: Unsicherheit – darüber, das Verkehrte zu tun, nicht richtig, nicht gründlich genug zu handeln etc. Die bekannten Kandidaten also. Wenn Sie hier für Geschwindigkeit sorgen, bleibt logischerweise weniger Zeit für Überlegungen darüber, warum Dinge nicht gehen oder besonders schwierig, womöglich sogar anspruchsvoll sind.

> **Umsetzungserkenntnis #14**
> Dinge werden umso schwieriger und „schlimmer", je länger sie dauern. Umset-zungskomplexität kann nur bezwungen werden, wenn alle Beteiligten in hoher Geschwindigkeit durch den Prozess gezogen werden.

Wir müssen Dinge zügig erledigen, so meine tagtägliche Erfahrung, um alle damit ver-bundenen unnötigen Probleme und Unsicherheiten zu vermeiden. Denn wieso ziehen sich Projekte in die Länge? Weil gerade in größeren Organisationen die ausgeprägte Tendenz besteht, sich absichern zu müssen und alles genau bedacht und durchgeplant zu haben. Das ist jedoch nicht die Art, wie Strategien, Veränderungen oder Projekte erfolgreich umgesetzt werden, denn:

1. Je länger wir über etwas nachdenken oder etwas besprechen, desto mehr Gründe, Mög-lichkeiten und Risiken fallen uns ein, warum Dinge nicht gehen. Aber ist Nachdenken nicht die einzige Möglichkeit, sicherzugehen, das Richtige zu machen? Meiner Beob-achtung nach nein: Der einzige Weg, herauszufinden, ob etwas richtig ist, ist es zu tun. Geschwindigkeit hilft somit auch, das Entstehen von Unsicherheiten zu verhin-dern und schafft Lösungsklarheit. Dazu ist es aber notwendig, scheitern zu dürfen und immer wieder tatsächlich zu scheitern, sprich eine Kultur des „To-Fail-Forwards" zu entwickeln (siehe Kap. 8).
2. „Vom Bauch" her wissen wir alle meist sehr genau, was wie zu tun ist. Wir müssen einfach nur uns selber vertrauen und dann in Bewegung kommen und bleiben. Auch müssen wir lernen, das, was uns ein schlechtes Gefühl bereitet, auszusprechen, offensiv damit umzugehen – je länger die Dinge ruhen, desto schlimmer werden sie.

3. Arbeit dauert so lange, wie man ihr Zeit gibt. Wird dieses Prinzip beachtet, sorgt es für enorme Produktivität, indem wir uns selber zwingen, uns auf das wirklich Wichtige zu konzentrieren. Dies gilt im Kleinen wie im Großen. Oft ist man erstaunt, was man in kurzer Zeit nicht alles geschafft hat.
4. Da Dauer immer mit der Anzahl an Beteiligten korreliert, gilt: Je mehr Leute involviert sind, desto zäher gestaltet sich der Prozess. Ja, ich weiß, dass Beteiligung, Involvement und Empowerment wichtig sind, aber oft wird hier auch zu viel des Guten getan.

Wenn Sie schnell fahren, haben Sie wenig Möglichkeit sich durch alle möglichen interessanten Dinge rechts und links der Straße ablenken zu lassen. Sie sind voll auf das Ergebnis, Ihr Reiseziel fokussiert. Und Ihre Mitfahrer haben keine Chance, neue Routenvorschläge zu machen, eine Stelle zu entdecken, an der sie gerne aussteigen würden etc. Sie sind mit Ihrem Team „voll in Fahrt". Entscheiden Sie also selbst, mit welcher Geschwindigkeit Sie Ihre Themen „fahren" wollen. Ich kann aus Erfahrung nur sagen: Je schneller, desto besser. Nur Achtung: Das funktioniert nur, wenn Sie zwischendurch pausieren, sich und andere belohnen, sich bewusst Zeit nehmen, um stolz auf sich zu sein. Sonst verbrennen Sie.

Stellen Sie sich vor, sie sind mit einem Motorrad unterwegs. Dann können Sie zwar maximal beschleunigen, aber auch nur eine weitere Person mitnehmen. Das sieht bei einem Porsche oder Ferrari schon etwas anders aus. Wenn Sie viele Mitfahrer mitnehmen wollen, benötigen Sie einen Bus oder Traktor mit Anhänger und kommen entsprechend langsamer voran. Schneller und effizienter sind Sie, wenn Sie statt mit dem Bus mit zehn Sportwagen an den Start gehen. Aber: Geschwindigkeit kostet Kraft, Energie und Geld! Dafür gilt es zu investieren. Und zwar in die richtige Haltung (Getriebe), den richtigen Antrieb (Motor) und den richtigen Kraftstoff. Und Sie können auch nur begrenzte Strecken in dieser Geschwindigkeit fahren. High-Performance-Umsetzungen bestehen aus Sprint, Pause, Trainieren, Sprint, Pause usw., nicht aus Marathons, die zäh werden und Sie ausmergeln.

Viele von uns sind mit ihren Strategien und Change-Vorhaben eher mit einem Traktor inklusive riesigem Anhänger unterwegs und dies in einem Marathon. Alle und jeden von Anfang an mitnehmen zu wollen ist aber der falsche Ansatz. Nicht der Stärkere gewinnt auf der Strecke, sondern der Schnellere. Entscheiden Sie sich daher besser für eine Rallye mit vielen Geländewagen, anstatt sich mit viel Kraft langsam mit dem Traktor durch das unwegsame Gelände zu arbeiten.

Umsetzungserkenntnis #15
Je schneller Sie sein wollen, desto weniger Leute können Sie mitnehmen. Denn Ziel und Sinn müssen von allen Mitfahrern verstanden worden sein.

Kolbusas Geschwindigkeitsprinzipien

1. Anzahl der Mitfahrer
   Überlegen Sie genau, wie viele Leute Sie wirklich im Wagen mitnehmen müssen.
   Meist sind es weniger, als Sie glauben.
2. Fahrzeugwahl
   Wählen Sie das schnellste Gefährt aus, das Ihnen zur Verfügung steht. Aber eines,
   auf dem Sie auch trainiert sind! Es bringt nichts, wenn Sie bisher Reisebus gefahren
   sind und nun auf einmal verteilt auf zehn Ferraris unterwegs sein wollen – das Risiko
   eines Unfalls ist zu groß.
3. Wartungsintervalle
   Sorgen Sie dafür, dass kontinuierlich immer wieder gewartet, erholt und trainiert
   wird. Je schneller Sie fahren, desto wartungsintensiver ist der Motor. Er muss immer
   wieder abkühlen dürfen.
4. Zeitvorgaben
   Arbeit dauert so lange, wie man ihr Zeit gibt. Überlegen Sie sich, wie viel Zeit Sie
   ihren Mitfahrern für die zu absolvierende Strecke geben.
5. Mannschaftsaufteilung
   Zerlegen Sie die Themen, damit klare Verantwortungspakete, nicht Arbeitspakete,
   delegiert werden. Jeder der Mitfahrer sollte eine eindeutige Ergebnisverantwortung
   bekommen, auf die er sich voll konzentrieren kann.
6. Teamkenntnis
   Sie sollten sich Klarheit verschaffen, wozu Ihre Organisation in der Lage ist, um
   dann das Tempo schnell in den richtigen Bereich zu bringen. Dabei gilt, dass Ihre
   Mannschaft in der Regel mehr schafft, als Sie glauben und insbesondere als sie von
   sich selbst glaubt. Mitarbeiter von Steve Jobs nannten das, was ihn dabei umgab das
   „Reality Distortion Field" (Isaacson 2011). Er gab scheinbar unmögliche Zeitvorgaben vor und trotzdem wurden sie eingehalten. Diese unmöglichen Zeitvorgaben
   sorgen für eine klare Fokussierung.
7. Vorbereitung des Rennens
   Sorgen Sie dafür, dass jeder die Route kennt: Was machen wir in welcher Reihenfolge? Wie greifen die unterschiedlichen Methoden und Konzepte ineinander?
   Hier muss absolute Sicherheit und Klarheit herrschen – nicht unbedingt für die
   komplette Route, aber auf alle Fälle für den nächsten Streckenabschnitt.

Fahren Sie bei Ihrer Umsetzung zu schnell, dann überdrehen Sie und gelangen in den
roten Bereich: Unsicherheit, Druck und Angst machen sich im Projekt breit. Geben Sie
zu viel Zeit und zu wenig Tempo vor, führt dies zu Ineffizienz durch Defokussierung und
Perfektionismus (siehe Abb. 4.6).
   Grund für die Defokussierung ist, dass man sich, wie in Abb. 4.7 gezeigt, am Anfang
eines Projektes unglaublich viel Zeit lässt und die Dinge „locker angeht" (1.), um dann
immer mehr unter Erfolgsdruck und in operative Hektik mit all ihren Konsequenzen zu

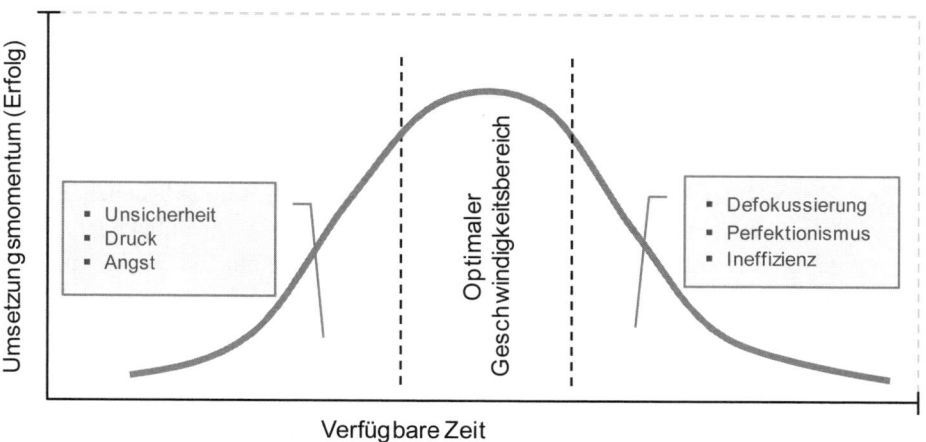

Abb. 4.6 Der optimale Geschwindigkeitsbereich

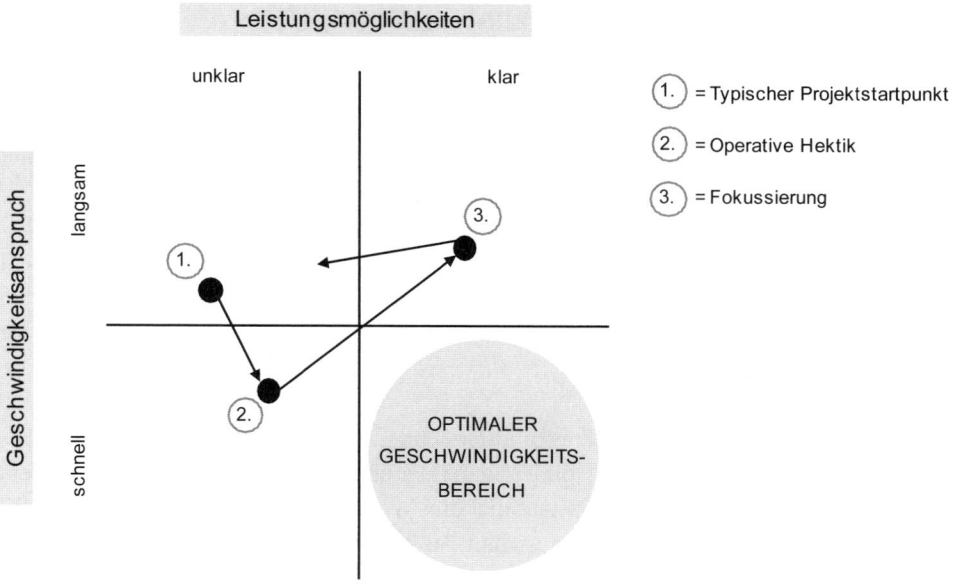

Abb. 4.7 Unabsichtliche Momentum-Vermeidung

geraten (2.). Dabei werden Geschwindigkeit und Anspruch an das eigene Leistungsvermö-
gen angezogen. Eine den Leistungsmöglichkeiten entsprechend hohe Geschwindigkeit ist
seitens des Managements aber noch nicht etabliert – man „überdreht". Ist ein wichtiger
Meilenstein erreicht, lässt das Management, das die Leistungsfähigkeit des Teams kennt,
meist das Tempo unnötig stark abfallen (3.), bevor der Kreislauf wieder von vorne (1.) beginnt, bis der nächste Meilenstein erreicht ist. Der optimale Geschwindigkeitsbereich wird
so konsequent vermieden. Diesen erreicht man nur, wenn mit einer klaren Vorstellungen
von dem, was die Mannschaft ohne Stress, dafür mit gesunder Sportlichkeit leisten kann,

die Geschwindigkeit konstant hoch gehalten und ein Umsetzungs-Flow erzeugt wird, bei dem alle viel leisten, ohne dies als anstrengend wahrzunehmen.

Umsetzungserkenntnis #16
Die meisten Organisationen arbeiten um den optimalen Geschwindigkeitsbereich herum und erreichen ihn nie, da sie nicht ausreichend Geschwindigkeit in der Umsetzung fordern oder nie ein wirklich realistisches Gefühl für die Leistungsmöglichkeiten ihrer Organisation entwickeln und so entweder untertourig fahren oder überdrehen.

Um vom Start weg genau in den optimalen Geschwindigkeitsbereich zu kommen, sind vorab bestimmte Themenstellungen zu klären:

Der Weg zum optimalen Geschwindigkeitsbereich

1. „Ermittlung des optimalen Drehzahlbereiches"
   Um in den für Sie und ihre Organisation optimalen Drehzahlbereich zu kommen, müssen Sie für sich klären: Was vermag ich zu leisten? Was ist in welchen Zeiteinheiten leistbar? Was ist mein Team, meine Organisation zu leisten in der Lage?
   Durchdenken Sie dies systematisch. Zerlegen Sie die zu liefernden Konzepte und Ergebnisse in Stücke und legen Sie diese auf die Zeitachse. Ermitteln Sie die wirklich zur Verfügung stehenden Ressourcen und ordnen Sie diese den einzelnen Stücken zu. Auch wenn die Erkenntnis ernüchternd sein sollte, was sie häufig ist, nur so haben Sie eine realistische Ausgangsbasis.
2. Erarbeitungsziele definieren
   Wenn die Antworten auf die Fragen unter Schritt 1 stehen, sollten Sie nicht über To-Do-Listen oder Pläne arbeiten, sondern ganz klar über Ergebnislisten und das in klaren, kurzen Intervallen von einer bis maximal drei Wochen. Nur so bleiben die Feedback-Zyklen kurz genug, um Ihrer Mannschaft das notwendige Momentum und den Spaß an der Sache zu verschaffen. Von kontraproduktiver Wirkung sind hier Aktivitäten, Zeit oder Aufwand.
3. Organisation des Fortschrittsmanagements
   Das Projekt-/Fortschrittsmanagement und auch das Reporting dazu ist so aufzubauen, dass Sie nur an Ergebnissen interessiert sind, nicht an Aktivitäten, die erledigt oder an Plänen, die eingehalten wurden. Beispielsweise könnten Sie sich fragen: Wo stehen wir bezüglich der Organisationskonzeption, wie weit sind wir vom Endergebnis entfernt? Können wir den Ergebniserreichungsgrad auf 70 % hochziehen? Vereinbaren Sie nur, wie weit der Ergebniserreichungsstand bis zum nächsten Mal gestiegen sein soll und was das Team dafür meint tun zu müssen.

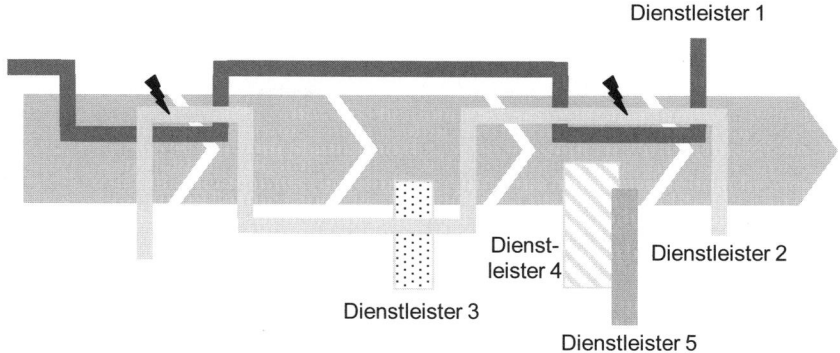

Abb. 4.8 Beispiel für die grafische Darstellung von Dienstleistern innerhalb eines Prozesses

Sind Sie in der Konzeptionsphase Ihres Vorhabens, arbeiten Sie unbedingt nach dem Prinzip der „schnellen schlechten Qualität" (Scherrer 2011). Sorgen Sie dafür, dass sehr schnell Komplettentwürfe vorliegen, die noch sehr unzureichend seien dürfen, so kommen Sie schneller zu guten Ergebnissen. Auf keinen Fall inkrementell vorgehen.

4. Grafische Darstellung
   Sorgen Sie für eine Bild- und Grafikarbeitsweise bei allen Konzepten und Entscheidungsvorlagen. Das heißt keine episch langen Ausführungen zur Beschreibung eines Konzepts oder einer Entscheidungsnotwendigkeit. Erziehen Sie Ihr Team in Modellen, Grafiken und Bildern zu denken. Statt beispielsweise ausführlich zu erklären, worin genau das Problem im Rahmen des neuen Sourcings besteht, stellt das Team dieses Problem in einer Grafik dar (siehe Abb. 4.8).

5. Anwendung des Konzeptfilters
   Auch unnötige Konzeptausarbeitungen kosten Geschwindigkeit, so dass hier mit dem Konzeptfilter für Fokussierung zu sorgen ist. Weniger ist mehr!

6. Ressourceneinsatz
   Die Ressourcen sind auf das auszurichten, worum es im Ergebnis geht. Es ist also konsequente Ergebnisorientierung gefordert.

Wenn bei Ihnen trotz Anwendung dieser Geschwindigkeitsregeln kein Momentum entsteht, wissen Sie vielleicht doch noch nicht genau, was Sie und Ihr Team wirklich zu leisten vermögen oder Sie haben noch unklare, weil zu große Ergebnispakete geschnürt.

Sich nicht verwirren lassen – Komplexitätsbeherrschung

5

Zusammenfassung

Ziel dieses Kapitels ist es, Ihnen ein Gefühl für diese Komplexität zu vermitteln und ein Bewusstsein dafür zu erzeugen, worauf Sie aufpassen müssen. Um Komplexität zu verstehen, ist es zunächst wichtig, die Dimensionen der Komplexität und ihre grundsätzlichen Treiber zu kennen. Im Anschluss daran werde ich die Komplexität im Umsetzungsmanagement aufschlüsseln, Ihnen drei übliche Fallen nennen, die für unnötige Komplexität in der Umsetzung sorgen und Hinweise geben, wie Sie und Ihr Team sie vermeiden können. Außerdem werde ich Ihnen zeigen, wie unnötige Komplexität in der Planung vermieden werden kann und welches die wesentlichen Prinzipien der Komplexitätsbeherrschung in den Bereichen Konzeption, Planung, Emotionen und Politik sowie den jeweiligen Herausforderungen sind.

Auf den ersten Blick nimmt es sich einfach aus: die Neuausrichtung des Unternehmens, die Umsetzung des Projektes, die Herbeiführung der Kulturveränderung. Sobald man aber ins Detail geht, sich genauer mit den Dingen beschäftigt, fangen sie auch sofort an, kompliziert zu werden, erweisen sich vielleicht sogar als komplex. Woran liegt das? Ganz einfach: Die Faktoren, die bei eingehender Beschäftigung mit der Aufgabe deutlich werden und eine Rolle spielen, nehmen zahlenmäßig mit jeder weiteren Detaillierung zu. Die Gefahr, den Blick für das Wesentliche zu verlieren, ist groß, die Interdependenz tendenziell nicht mehr überschaubar und es kommt zum Verlust der, wie Forscher sie nennen, optimalen kognitive Distanz zu einem Problem. Wir Menschen sind grundsätzlich nicht sonderlich gut dafür ausgelegt, mit komplexen Sachverhalten umzugehen. Neuesten Erkenntnissen zufolge können wir uns gedanklich nicht, wie lange vermutet, mit sieben, sondern nur mit vier Dingen gleichzeitig beschäftigen. Angesichts mehrerer 100 oder gar 1000 Faktoren, die in einem komplexeren Projekt eine Rolle spielen, macht diese Differenz allerdings überhaupt keinen Unterschied.

M. Kolbusa, *Umsetzungsmanagement*,
DOI 10.1007/978-3-658-02237-2_5, © Springer Fachmedien Wiesbaden 2013

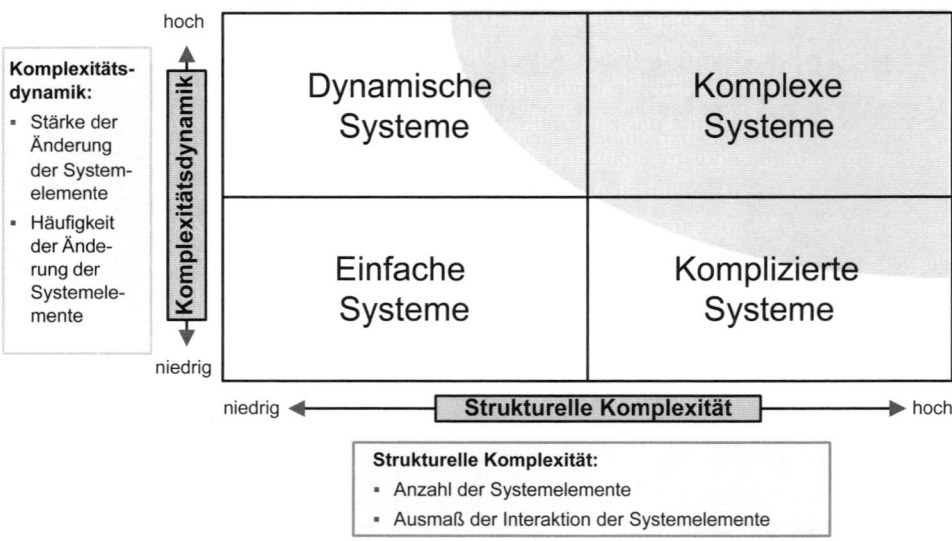

Abb. 5.1 Die Beschreibung der Komplexität

Worum geht es also bei Komplexitätsbeherrschung? Es geht zunächst um eine Entscheidung: Da Sie nur in eine Richtung arbeiten können, sollten Sie sich entweder auf die wirklich relevanten Faktoren fokussieren und diese auf verschiedenen Abstraktionsebenen durchspielen. Oder Sie legen den Fokus auf ein ausgewähltes Thema und arbeiten es durch. Setzen also wirklich eine Priorität und erklären Sie, wie häufig üblich, nicht alles zu einer Priorität. Denn an Ihren prinzipiell begrenzten Fähigkeiten mit Komplexität umzugehen, können Sie kaum etwas ändern – auch wenn Sie noch so viel Sudoku lösen oder Gehirnjogging betreiben. Sie müssen zu Ihrer Unterstützung und aus Gründen der Strukturierung Denkwerkzeuge einsetzen, die ihnen helfen, möglichst geschickt und schnell die für Ihren Fall entscheidenden Faktoren oder Themen herauszufinden und Erfahrungs- und Denkfallen zu umgehen. Die attraktivsten Lösungen liegen meist nicht in dem, was unsere Erfahrungen und eingefahrenen Sichtweisen nahelegen.

5.1   Wenn die Dinge mehr als kompliziert werden

Auch wenn es nicht immer einfach ist: Man darf Komplexität nicht mit Kompliziertheit verwechseln (siehe Abb. 5.1). Kompliziert ist etwas, was verwickelt oder verflochten ist wie zum Beispiel eine Aufgabe, deren Lösung sich schwierig gestaltet, manchmal auch erst mithilfe von außen gelingt. Aber immerhin: Mit dem richtigen Wissen ist sie zu lösen. Ein Buchhaltungssystem beispielsweise kann sehr kompliziert sein – verschiedenste Buchungskreise und Mandanten mit verschachtelter Verbindung untereinander –, aber es hat eine beständige Struktur, die nach einer inneren Logik funktioniert.

Eine Aufgabe hingegen, deren Einzelkomponenten in so vielschichtiger Wechselwirkung zueinanderstehen, dass sie – selbst wenn man alle notwendigen Informationen dazu hat – nicht eindeutig, schon gar nicht nach einfachen linearen Regeln lösbar bzw. beschreibbar ist, nennt man zu Recht komplex. Die Wirkweise eines komplexen Systems bzw. Zusammenhangs mag vielleicht erkennbar sein, wird dadurch aber nicht automatisch beherrschbar oder womöglich in irgendeiner Weise reduzierbar. Wo Kompliziertheit mit Wissen zu lösen ist, verweigert Komplexität durch ihre Vielschichtigkeit verlässliche, eindeutige Antworten. Ein Routenplaner, der nur den Weg von A nach B zeigen soll, ist vielleicht schon kompliziert. Soll er zusätzlich zur linearen Verbindung Baustellen, Staus und andere Ereignisse wie schöne Landschaften, Wetter etc. kontinuierlich berücksichtigen, wird die Berechnung komplex. Die Anzahl sich gegenseitig beeinflussender Faktoren nimmt zu und macht die Planung komplex. Bei der Priorität „schönste Route" kann man noch davon ausgehen, dass man ein mittelfristig gleich bleibendes, sozusagen „stabiles" Ergebnis als Vorschlag bekommt. Schon die Priorität „schnellste Verbindung" jedoch ist stark von tagesaktuellen Bedingungen abhängig, die zwar berechnet werden können – Baustellen, Umleitungen, Staus –, dennoch aber keine absolut zuverlässige Aussage erlauben: Wetterlage, aktuelles Verkehrsaufkommen, kurzfristig eingerichtete Umleitungen etc. können sich als Faktoren gegenseitig so beeinflussen, dass der Zeitaufwand für die schnellste Route erheblich größer ausfällt als zu berechnen ist.

Es gibt vier Kennzeichen von Komplexität bzw. vier Komplexitätstreiber:

1. Flux
   Mit dem, was Komplexitätsforscher gerne „Flux" nennen, ist ein hoher Veränderungsgrad bei relevanten Elementen gemeint, die im Laufe der Zeit auftauchen und wieder verschwinden können. Dauernder rapider Wechsel maßgeblicher Faktoren machen es zum Beispiel unmöglich, die Zukunft eines Unternehmens vorherzusagen, geschweige denn zu kontrollieren. Ein kurzer Pressebericht über schlechte Entlohnung von Arbeitern in Billigproduktionsländern oder über schlechte Umweltvorkehrungen in den Produktionsstätten kann zu einem plötzlichen Verbraucherboykott führen und das Unternehmen schnell in Schieflage bringen.

2. Interdependenz
   Unter den wichtigen Faktoren herrscht ein hoher Grad an Vernetzung. Alles ist mit allem und jedem verbunden, ob in ökonomischer, sozialer, politischer Hinsicht. Alles, was ein Unternehmen tut oder nicht tut, hat Einfluss auf die Bedingungen, unter denen es agiert. Senkt zum Beispiel ein Discounter die Preise eines Produktes, ziehen andere Discounter womöglich nach. Weil sich dadurch der Druck auf die Lieferanten dieses Produktes erhöht, gilt es Wege zu suchen, die Marge zu erhöhen.

3. Widersprüchlichkeit
   Wenn es zu ein und demselben Sachverhalt verschiedene mögliche Interpretationen gibt, Informationen unvollständig oder Ursache-Wirkungs-Beziehungen undeutlich sind, beherrscht Mangel an Klarheit die Szenerie. Als Energieversorger konnten Sie beispielsweise vor der Energiewende nur ahnen, wohin sich die Energiepolitik entwickelt. Oder als Anbieter einer neuen Kommunikationsplattform können Sie zwar

vom Mehrwert ihres Produktes überzeugt sein und sich dies auch im Zuge von Marktforschungsergebnissen bestätigen lassen, aber ob Sie wirklich die Akzeptanz der Nutzer erreichen und eine kritische Menge an Nutzern überschreiten, können Sie nicht vorhersehen.

4. Diversität
   Gleichgültig um welche Art von Problem, Prozess, Entscheidung es geht – es gibt immer unterschiedliche Stimmen, Perspektiven, Meinungen und damit auch Störungen, Hemmnisse, Grenzen. Und sie kommen immer aus verschiedenen Richtungen, denn ein Unternehmen hat sowohl Kunden, Wettbewerber, Mitarbeiter und es wird von Regierungen, Aktionären und anderen Interessenten beeinflusst. Diversität bedeutet also nicht nur, dass es mehr zu beachten gibt, sondern dass es zu diesem Mehr auch Verschiedenes zu beachten gibt. Bringt beispielsweise ihr Wettbewerber ein neues Produkt auf den Markt, kann dies für Ihr Unternehmen bedeuten, Kunden zu verlieren und für einige Ihrer Mitarbeiter heißt es vielleicht, dass sie aufgrund der geringeren Produktionsauslastung entlassen werden. Gleichzeitig machen Ihre Aktionäre Druck, da sie mit den Ergebnissen nicht mehr zufrieden sind.

Diese vier Komplexitätstreiber treten in der Regel nicht nur einzeln, sondern gemeinsam auf.

Umsetzungserkenntnis #17
Einer der größten Irrtümer ist es, zu glauben, man könne Komplexität reduzieren. Das ist nicht möglich, denn Komplexität existiert oder existiert nicht. Aber Komplexität kann beherrscht werden, indem man die wenigen entscheidenden Hebel herausfindet und sich und andere fokussiert.

Das, was im Beispiel des dynamischen Routenplanersystems zum Ausdruck kommt, nenne ich fachlich-sachliche Komplexität. Nun gewinnt diese an sich schon diffizile Herausforderung unter dem zusätzlichen Einfluss des Faktors Mensch an Brisanz. Und Strategieumsetzung ohne Manager und Mitarbeiter ist nun einmal nicht möglich. Wir haben es somit bei Veränderungsprozessen nicht nur mit einer Vielzahl vernetzter und variabler Sachfaktoren zu tun, sondern auch mit den verschiedensten Sicht- und Reaktionsweisen der Beteiligten darauf und deren unterschiedliche, ganz persönliche Interessen. Allein schon die gemeinschaftliche Herausarbeitung von nur acht bis zwölf für die Umsetzung entscheidenden Faktoren ist bei zehn verschiedenen Meinungen alles andere als einfach. Wenn neben den verschiedenen Erfahrungen und Sichtweisen noch unterschiedlichste Interessenlagen, Positionierungs- und Profilierungsbedürfnisse ins Spiel kommen, entsteht das, was ich die sozial-emotionale Komplexität nenne (siehe Abb. 5.2).

Bei trivialen Themen ist die fachlich-sachliche Komplexität ebenso gering wie die sozial-emotionale Komplexität. Das heißt, man ist sich schnell einig. Größer wird die

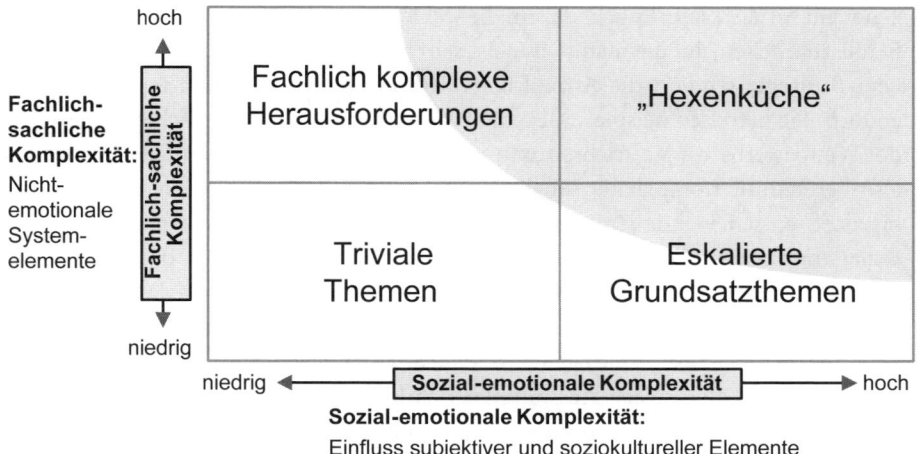

Abb. 5.2 Die beiden Dimensionen von Komplexität

Herausforderung, wenn die fachlich-sachliche Seite als komplex einzustufen ist, wenn also viel Fachwissen und Tiefgang verlangt wird, bevor die erworbenen Erkenntnisse auf die Konzeption oder Planung angewendet werden können. Zum „Hexenkessel" wird das Umsetzungsmanagement, wenn nicht nur die Materie fachlich sehr anspruchsvoll ist, sondern außerdem die Sicht und die Haltung einzelner Interessengruppen deutlich unterschiedlich ausgeprägt sind.

Umsetzungserkenntnis #18
Die eigentliche Umsetzungskomplexität entsteht durch den Faktor Mensch, dann wenn komplexe Sachzusammenhänge mit verschiedenen Erfahrungswelten und Interessenlagen zusammenkommen. Auch wenn es häufig anders erscheint und das Gegenteil behauptet wird: Menschen verhalten sich in Umsetzungsprozessen nie rational.

Während eines Umsetzungsprozesses steigert sich der Grad an Komplexität mehr oder weniger kontinuierlich, bis er im letzten Schritt, in der Ausführung, seinen Höhepunkt erreicht:

Die Arbeit an der **Vision** gestaltet sich noch vergleichsweise wenig komplex. Im Mittelpunkt steht die Auseinandersetzung mit wenigen sehr langfristigen Themen zur sinnvollen Gestaltung des Unternehmenszwecks und es gibt noch keine direkte Rückkopplung zu den eigenen Zielen und Interessen. Die Wirkzeiten auf den eigenen Interessenraum sind nur latent und der eigene Handlungsrahmen scheint noch unberührt, so dass die verschiedenen Player sich hier noch nicht „querstellen" werden.

Gleiches gilt für die **Ziele**. Es geht darum die wenigen entscheidenden vier bis fünf Größen herauszuarbeiten, auf die man sich meist sehr zügig einigen kann.

Bei der **Strategie** tendiert die Anzahl der relevanten Faktoren schon per se gegen unendlich. Sie betreffen beispielsweise die Produktgestaltung, die verschiedensten Arten des Wettbewerbs, die Vertriebsstrukturen, das Innovationsmanagement etc. Hier muss also bereits mit Komplexität umgegangen werden, indem man den Fokus auf acht bis zwölf entscheidende strategische Eckpfeiler legt. Im Strategieteam kann auch die sozial-emotionale Komplexität zunehmen, wenn zum Beispiel – obwohl aus Sicht des Gesamtunternehmens hinderlich – jeder Manager darauf bedacht ist, seinen Geschäftsbereich und damit seine Interessen zu stärken und zu schützen.

In der **Konzeptionsphase** ist die fachlich-sachliche Komplexität wieder geringer, die Dinge sind nur kompliziert: Nach Auswahl der richtigen Zielkonzepte und deren Design in einer für das Umsetzungsmanagement brauchbaren Kaskade, geht es in erster Linie darum, diese doch relativ statischen Informationen zu erfassen bzw. zu durchdenken. Allerdings werden Sie in der Konzeptionsphase das höchste Maß an sozial-emotionaler Komplexität erleben, weshalb sie auch, wenig verwunderlich, so schwer zu steuern ist: Neben neuen Strukturen, Führungs- und Steuerungsmechaniken werden auch Rollen und Verantwortlichkeiten neu geregelt. Für viele Beteiligte geht es also ans viel zitierte Eingemachte.

Die **Planung** ist wieder geprägt von mehr sachlich-fachlicher Komplexität. Es geht darum, unter Beachtung der verschiedensten Möglichkeiten und Abhängigkeiten herauszuarbeiten, in welcher Reihenfolge und Parallelität welche der Zielkonzepte herbeigeführt werden sollen. Je nach Veränderungsgrad wird auch die sozial-emotionale Komplexität größer – je widersprüchlicher die einzelnen Interessenlagen sind, desto heftiger die Steigerung und das Konfliktpotenzial. Das richtige Maß an Flexibilität ist insbesondere hier entscheidend. Deshalb warne ich auch immer wieder vor zu detaillierten mittel- oder langfristigen Planungen. Sie schaden dem Projekt mehr als sie ihm nützen, denn sie saugen nicht nur unnötig Ressourcen und Energie, sondern verpflichten die Organisation auf Dinge, die morgen vielleicht schon irrelevant sind.

Zu einer wahrhaft dramatischen Zunahme der Komplexität kommt es in der **faktischen Umsetzung**. Die Faktoren, Erfahrungen und Erkenntnisse mehren sich und stehen im Wechsel. Es bleibt einem keine andere Wahl als sich diesem Flux und der darin liegenden Widersprüchlichkeit kontinuierlich anzupassen. Um diese Anpassung gut zu bewerkstelligen, ist es unbedingt notwendig, sämtliche relevanten Entscheidungen in der Konzeptionsphase, also vor der Ausführung, getroffen zu haben. Es bringt beispielsweise wenig, nach dem strategischen Beschluss, ein Shared Service Center über verschiedene Gesellschaften zu bilden, an die Ausführung zu gehen, ohne die neuen Schlüsselrollen benannt und die Machtstrukturen geregelt zu haben. Auf diese Weise würde die emotionale Komplexität mit in die fachlich-sachliche Komplexität der Ausführung getragen – eine aufreibende Mixtur aus vollkommen unterschiedlichen Faktoren wäre das Ergebnis, die Umsetzungsperformance würde der Bewertung nach allenfalls Mittelmaß erreichen.

Ihr Umsetzungsmanagement ist zwangsläufig von Komplexität geprägt – Komplexität sachlich-fachlicher sowie sozial-emotionaler Art. Und – dies kann nicht oft genug betont werden – Sie können diese Komplexität nicht reduzieren, sondern müssen sich mit ihr auseinandersetzen. Warum diese Einsicht so wichtig ist, möchte ich Ihnen an nachfolgendem Beispiel darstellen.

> Ein Versicherungsunternehmen, das die Schadensregulierung im Innen- und Außendienst effizienter gestalten und im Sinne der Kunden beschleunigen wollte, hatte sich diesbezüglich nur mit der Frage beschäftigt, wie die IT-Systemlandschaft verändert werden müsste. Man ging davon aus, dass sie zu komplex sei und in der Vereinfachung der Schlüssel zum Erfolg läge. Unabhängig von dieser Einschätzung ließ ich in einem Workshop zunächst einmal die möglichen Ursachen für die mangelnde Effizienz samt Wirkungen in Form eines Wirknetzes analysieren (siehe Abb. 5.3). Wie sich nach kurzer Zeit herausstellte, spielte die IT-Systemlandschaft als Ursache für eine effizientere Schadenregulierung nur eine untergeordnete Rolle. Die wahren Hebel waren in der Ausbildung der Innen- und Außendienstmitarbeiter sowie der Vereinfachung der Produkt- bzw. Tarifvielfalt zu finden (siehe Abb. 5.4). Doch weil es einmal vor vier Jahren funktioniert hat, über den Hebel IT die Dinge zu beschleunigen, sollte es auch diesmal wieder zum Erfolg verhelfen. Eine Falle, in die viele von uns geraten: Ohne nachzudenken, geschweige denn zu prüfen schließen wir uns selbst in unsere Erfahrungsgefängnisse ein, indem wir einmal gefundene Lösungen wieder und wieder zur Anwendung bringen als seien sie von ewiger Gültigkeit. Das Versicherungsunternehmen musste nach der Analyse des Wirknetzes feststellen, dass an den IT-Systemen keinerlei Veränderungen durchgeführt werden brauchten. Vielmehr wurde mit einem „pfiffigen" Ausbildungssystem, das aus einer Job-Rotation und regelmäßigen Hospitation bestand, sowie einer Vereinfachung der Tarifstrukturen die Schadenregulierung deutlich vereinfacht.

Wird der Fokus reflexhaft auf die vermeintlich offensichtlichen Faktoren, hier die IT-Systemlandschaft, gerichtet, läuft man Gefahr, dass die eigentlichen Probleme, deren Effekte und Ursachen im Verborgenen bleiben. Der Fokus muss auf die entscheidenden Dinge gerichtet werden, um dann unter Beachtung der relevanten Faktoren in die Tiefe gehen und Klarheit entstehen lassen zu können. Das heißt, der Komplexität begegnet man mit der Konzentration auf die wesentlichen Hebel und eben nicht regelhaft und nach persönlichem Gutdünken.

Umsetzungserkenntnis #19
Um Komplexität zu beherrschen müssen die Dinge vereinfacht werden. Dabei besteht die Gefahr, dass wir auf Basis von Erfahrungen oder spontanen Eingebungen die Dinge vereinfachen. Beidem gilt es zu misstrauen und stattdessen in einem System aus Effekten und Ursachen diejenigen Faktoren zu identifizieren, die Schlüsselcharakter haben, und sich auf diese zu konzentrieren, um diese effektiv, effizient und schnell zu gestalten.

Sehr häufig habe ich auch erlebt, dass zwar ein Wirknetz erstellt, am Ende den gut gemeinten Einfällen als „Erfahrungswerten" aber doch Raum gegeben wurde. Sofort kam

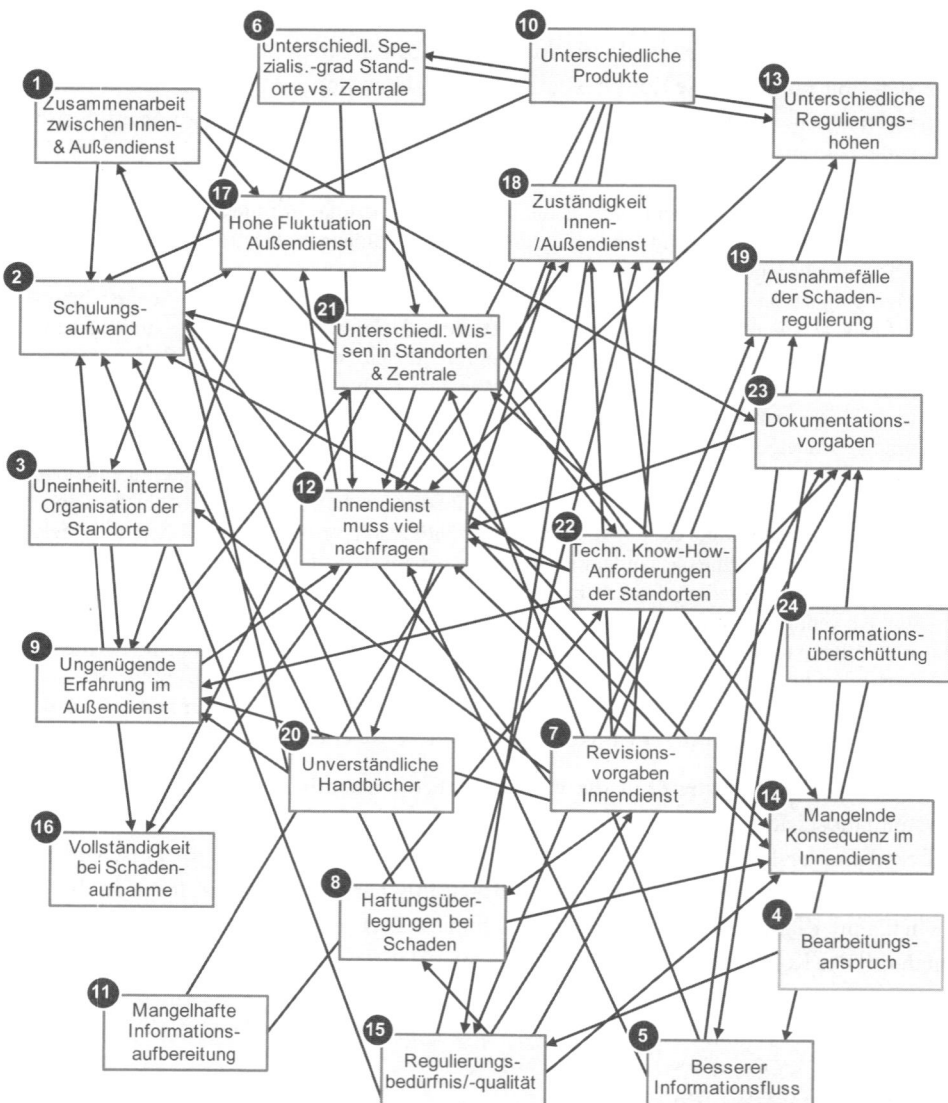

Abb. 5.3 Wirknetz zur Analyse der Ursachen für ineffiziente Schadenregulierung

wieder eine Unmenge an Themen auf dem Tisch, das Aufgabenfeld wurde größer, die Komplexität nahm zu, der Prozess verlangsamte sich. Es besteht die Gefahr, dass aus Unsicherheit heraus zu viele Gesichtspunkte ins Spiel gebracht werden, die aber letztlich für die Sache keine Bedeutung haben. Diesem Impuls muss mit viel Disziplin widerstanden und stattdessen konsequent dem vereinbarten Kurs gefolgt werden.

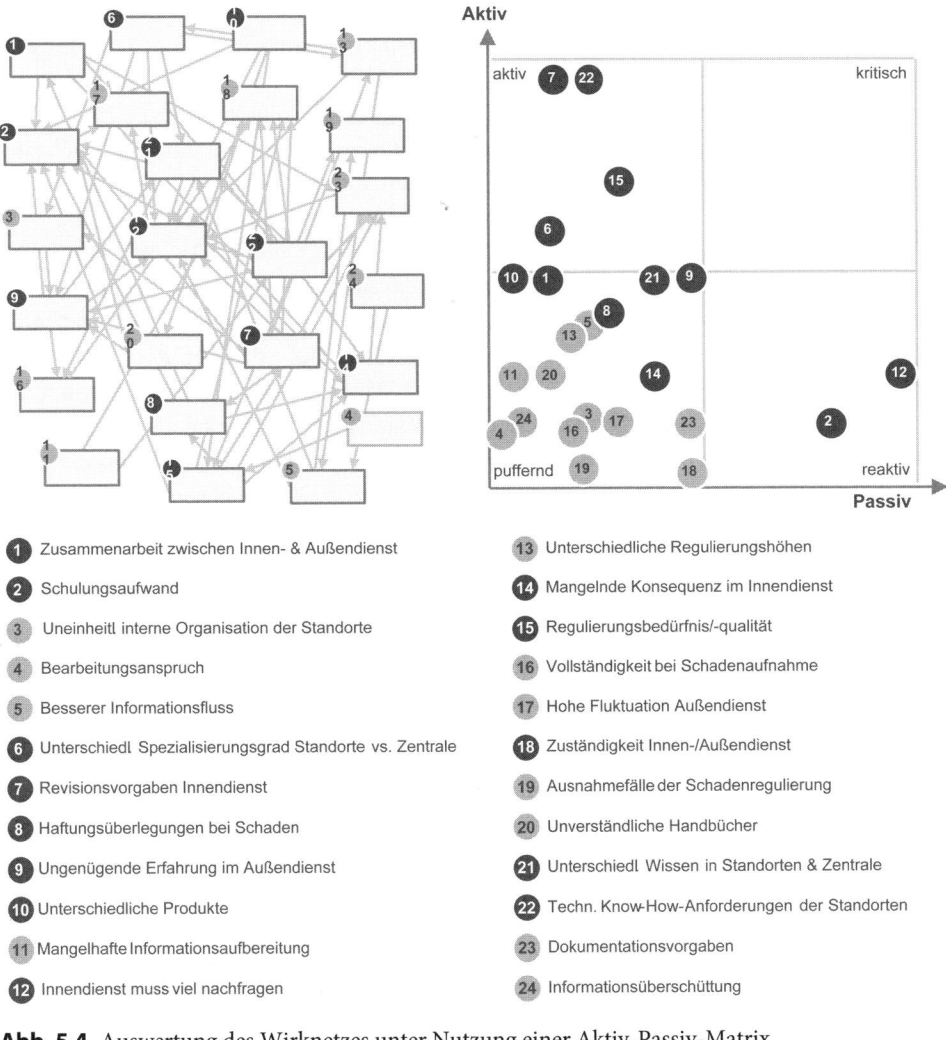

Abb. 5.4 Auswertung des Wirknetzes unter Nutzung einer Aktiv-Passiv-Matrix

5.2 Meist vorprogrammiert: Unnötige Komplexität

Da man bei jedem Umsetzungsvorhaben mit einem mehr oder weniger hohen Grad an Komplexität rechnen muss, sollte man alles dafür tun, diesen Level nicht noch anzuheben. Genau das geschieht jedoch – wenn auch nicht willentlich – nicht selten vor allem im Hinblick auf die sachlich-fachliche Komplexität. Diese wird oftmals unnötig gesteigert dadurch, dass man auf wenig durchdachte Muster zurückgreift, die sich im Verlauf als die falschen herausstellen. Dann bleibt einem nichts als zurückzurudern, erneut den ersten Schritt – die Analyse – zu tun und bereits getroffene Entscheidungen und Weichenstellungen zu revidieren – mit allen Folgen, die solch eine Korrektur bedeutet. Komplexität kann auch dann zunehmen, wenn zur Befriedigung des eigenen Sicherheitsbedürfnisses mit Masterplänen und detaillierten Projektplanungen gearbeitet wird, die sich mit der Zeit ebenfalls als unangemessen erweisen. Die erste Reaktion darauf: großer, zeitraubender Rechtfertigungsaufwand, bevor auch hier die Korrektur unvermeidlich wird.

Im Gegensatz zur sachlich-fachlichen beschäftigt man sich nach meiner Beobachtung mit der emotionalen Seite der Komplexität deutlich weniger, sondern folgt lieber dem Prinzip Hoffnung, das da sagt: Das wird schon werden. Dem emotionalen Aspekt wird eher keine Beachtung geschenkt und wenn, findet der Zugang rein intuitiv statt. Nun sollte es allerdings, will man ein echtes Umsetzungsmomentum erzeugen, genau umgekehrt sein: Die Auseinandersetzung mit der emotionalen Komplexität muss intensiv sein und offen stattfinden, wohingegen man die planerische Seite eher „laufen" lassen kann. Was aber verhindert den Umgang mit der emotionalen Seite? Der Flux-Antreiber dieser Komplexität ist enorm hoch und sie erscheint als unberechenbar. Doch dieser Schein trügt. Denn bei genauerer Beschäftigung werden einem ähnlich wie bei der sachlich-fachlichen Komplexität auch hier die relevantesten Treiber, Beziehungen und Gemengelagen von Interessen sehr deutlich. Und nach meiner Erfahrung ist es gerade der gekonnte Umgang mit diesen Hebeln, der zum Umsetzungserfolg beiträgt wenn nicht führt, da keiner der Beteiligten mehr getrieben, kontrolliert oder zu Dingen bewegt werden muss, die er eigentlich gar nicht will. Wie dieser Umgang aussehen kann, wird in Kapitel 6 beschrieben, wo es um die Behandlung von Emotionen in Umsetzungsprozessen geht.

Hier soll es zunächst darum gehen, wo und warum im Umsetzungsmanagement die Welt so oft komplexer oder komplizierter gemacht wird als nötig. Um dies zu verdeutlichen, möchte ich noch einmal auf das Beispiel des Versicherungsunternehmens zurückkommen.

Hätte man, wie im ersten Moment geplant, für die effizientere Gestaltung der Schadensregulierung im Innen- und Außendienst die IT-Systemlandschaft verändert, wäre mit hoher Wahrscheinlichkeit viel Zeit unter anderem für folgende Vorbereitungen aufgewendet worden:

– eine Prozessanalyse der Schadenregulierung, um Effizienzpotenziale zu identifizieren
– eine Systembetrachtung und Bewertung der IT-Architekturen, um Konsolidierungsmöglichkeiten zur Beschleunigung zu entdecken
– eine Betrachtung der Rollen- und Kompetenzverteilung, um in der Bündelung neuer Verantwortlichkeiten Chancen der Beschleunigung zu realisieren
– eine Betrachtung der Ressourcenausstattung in den unterschiedlichsten Prozessabschnitten, um Liegezeiten der verschiedensten Fälle zu reduzieren.

Tatsächlich aber hat das Team sehr pragmatisch als Erstes in einem Brainstorming den Zusammenhang zwischen den Effekten (Woran merken wir, dass wir zu langsam oder umständlich sind?) und den möglichen Ursachen hergestellt (siehe Abb. 5.3). Damit kamen neue Faktoren ins Spiel, die vorher so in der selektiven Betrachtung des Problems gar nicht offensichtlich waren, wie zum Beispiel die unterschiedlichen Verantwortlichkeiten oder die Standortgrößen der Niederlassungen.

Durch diese Vernetzung wurde deutlich, dass es zwei zentrale Hebel auf die gesammelten Komplexitätseffekte gab: Die Reduktion der Produkt-/Tarifvielfalt und die Verbesserung der Ausbildung und Kompetenz insbesondere im Innendienst, um dort einen Großteil der Schadenfälle bereits zentral abzuwickeln (siehe Abb. 5.4). Da die Produkt-/Tarifvielfalt nicht so zügig reduziert werden konnte, wurde zunächst einmal ein Projekt aufgesetzt, das die Ausbildung im Sinne der neuen Zielvorgabe voranbringen sollte. Am Ende wurde die Dauer der durchschnittlichen Schadenregulierung um 30 % verringert. Als zwei Jahre später die Produkt-/Tarifvielfalt reduziert wurde, kamen weitere 25 % hinzu.

Anstatt also zu schnell an die offensichtlichen Themenbereiche wie Prozessanalyse und IT-Systembetrachtung mit Analysen und Bewertungen zu gehen und damit nicht nur Komplexität zu erzeugen, sondern auch erheblichen Aufwand zu betreiben, ohne das Problem damit wirklich beheben zu können, hat man sich in einen Ursache-Wirkungs-Geflecht zunächst damit beschäftigt, herauszuarbeiten, was genau Ursache und was Effekt ist und wie sie zueinander gehören.

Im Kern geht es beim Umgang mit Komplexität um folgende Aspekte:

- Keine Vereinfachung
  Sie dürfen sich im ersten Schritt die Welt nicht zu einfach machen, sondern müssen sich anstrengen. Wann wird es anstrengend? Immer dann, wenn Sie sich mit Dingen beschäftigen müssen, die Sie so noch nicht gesehen oder erlebt haben. Das schützt Sie auch davor, zu schnell und unbedacht auf Erfahrungen und alte Muster zurückzugreifen. Arbeiten Sie in vernetzten Strukturen heraus, an welchen Stellen Sie das Problem oder das Ziel, das Sie erreichen wollen (im Beispiel die Reduktion der Zeit in der Schadenregulierung) wirklich festmachen. Welches sind die Effekte? Welche Ursachen lassen sich vermuten? Wie beeinflussen sich die Effekte und die möglichen Ursachen („Hebel") wechselseitig, wer treibt letztendlich wen – positiv oder negativ? Welche Ergebnisse wollen Sie erreichen? Auch hier geht es wieder darum, konsequent vom Ende her zu arbeiten.
- Konzentration auf die Hebel
  Gleichzeitig müssen Sie jedoch auch aufpassen, dass Sie sich die Welt nicht zu kompliziert machen. Wichtig in diesem Zusammenhang ist die dauernde Rückkopplung auf das Ziel. Bloß weil Sie auf die Idee kommen, dass neben den zentralen Hebeln auch noch andere Faktoren eine Rolle spielen könnten, heißt das noch lange nicht, dass es sich lohnt, sich mit all diesen potenziellen Möglichkeiten auch zu beschäftigen und die Umsetzung monströs aufzublähen. Damit erzeugen Sie nur unnötig viel Planungskomplexität.
- Erfahrungen kritisch prüfen
  Sie müssen auf ihre eigenen und die Erfahrungswelten von ihren Mitstreitern achten. Beachten Sie stets, nur weil irgendetwas einmal der Grund und der Hebel für die Lösung eines Problems war, heißt das nicht, dass dieser Aspekt immer relevant ist. War im Beispiel der Versicherung vor fünf Jahren die Schadenregulierung durch IT-Systeme revolutioniert worden, liegen die Hebel nun woanders. Passen Sie auf ihre eigenen Gedanken auf, damit Sie solche Überlegungen rechtzeitig stoppen.
- Konzentration auf das Wesentliche
  Sie brauchen eine große Portion Mut und ebenso viel Disziplin; gerade an letzterer mangelt es in den meisten Umsetzungen. Zu groß ist die Versuchung andere interes-

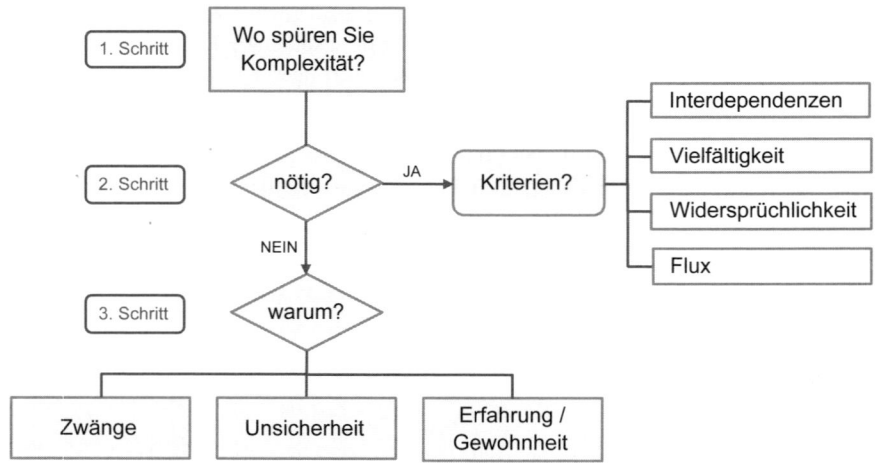

Abb. 5.5 Unnötige Komplexität im Umsetzungsmanagement

sante und unter Umständen relevante Aspekte noch mit zu berücksichtigen und auf einmal ist wieder alles wichtig. Und Sie wissen ja: Ist alles eine Priorität, ist nichts mehr eine Priorität. Konzentrieren Sie sich auf die wirklich entscheidenden Aspekte, auf die Sie sich festgelegt und geeinigt haben und lassen Sie alles andere konsequent aus dem Blickfeld. Sonst werden Sie von Komplexität erschlagen und sehr ineffizient.

Es geht also darum, unterscheiden zu lernen, an welchen Stellen ein Umsetzungsvorhaben komplizierter als nötig gestaltet wird und wo tatsächlich Komplexität besteht, der es geschickt zu begegnen gilt.

Umsetzungserkenntnis #20
Vermeiden Sie unnötige Komplexität, indem Sie sich zunächst wirklich mit dem Problem auseinandersetzen und nicht der naheliegenden Lösung auf den Leim gehen oder glauben nach dem Motto „Viel hilft viel" verfahren zu müssen.

Wenn Sie das Gefühl haben, in einem Umsetzungsvorhaben sich die Welt komplizierter zu machen, als nötig, lohnt es nachstehend skizzierten Prozess zu durchlaufen (siehe Abb. 5.5).

Schritt 1: „Wo spüren Sie Komplexität?" Wenn Ihnen die Dinge zu komplex oder zu kompliziert erscheinen, entwickeln Sie zunächst ein klares Gefühl dafür, woran Sie diese Komplexität festmachen. In der Regel kommen Sie mit Intuition und Bauchgefühl hier sehr schnell zu einem stimmigen Ergebnis. Trommeln Sie eine bunte Runde von sieben bis maximal 20 Teilnehmern zusammen und stellen Sie sicher, dass das Thema fachlich möglichst abgedeckt ist. Vermeiden Sie unter keinen Umständen Reibung, sondern holen Sie bewusst solche Teilnehmer dazu, die anders auf die Dinge schauen als Sie und die übrigen Beteiligten. Nutzen Sie entweder ein elektronisches Vernetzungstool oder eine Metaplanwand und sammeln Sie die Antworten auf die Fragen: „Wo machen wir es uns komplizierter als nötig?" oder „An welchen Themen und Faktoren spüren wir Komplexität?" Dabei spielt es keine Rolle, in welchem Stadium der Umsetzung Sie sich gerade befinden, ob in der Konzeption, der Planung oder schon bei der Ausführung. Die Fragen sind immer dieselben: Wo sind wir eventuell mit dem falschen Schwerpunkt (Fokus) unterwegs und was machen wir unter Umständen unnötigerweise?

Schritt 2: „Wer sind die, die hinter denen stecken, die dahinter stecken?" Im nächsten Schritt vernetzen Sie die Themen miteinander: Was beeinflusst was und ist die Beeinflussung positiv oder negativ? Da Sie im ersten Schritt hauptsächlich Effekte gesammelt haben, bringen Sie zusätzlich in ihr Modell weitere Faktoren ein, die diese Effekte verstärken: die Treiber. Hier überlegen Sie, ob diese nicht noch Auswirkungen auf andere Effekte haben können und auch wie sich die Treiber untereinander bedingen. So entsteht ein Wirknetz ähnlich wie in Abb. 5.3. Je nach Umsetzungsvorhaben können diese Wirknetze durchaus 30, 40 oder gar 50 Faktoren haben. So arbeiten Sie die entscheidenden Hebel, welche durch die relevantesten Treiber beschrieben werden, heraus. Meiner Erfahrung nach kann ich sagen, dass Sie selbst bei sehr großen Wirknetzen am Ende immer nur auf fünf bis sieben wirklich entscheidende Hebel kommen werden. Und nicht selten stehen auf einmal Faktoren im Vordergrund, die Sie so nicht in ihrer Relevanz gesehen hätten. Und jetzt ist Fokus und Disziplin gefragt, sich auch nur noch mit diesen Faktoren zu beschäftigen. Weniger gewinnt! Haben Sie Vertrauen in ihre eigenen Überlegungen, dass alle anderen Faktoren, so wie Sie sie im Wirknetz durchdacht und modelliert haben, im Fluss ihrer Umsetzung mitadressiert werden, ohne dass Sie sich darum explizit kümmern müssen. Dies ist eines der entscheidenden Merkmale von High-Performance-Umsetzungen.

Seien Sie sich bei diesen Überlegungen immer der vier erwähnten Komplexitätstreiber bewusst und hinterfragen Sie, worauf Sie im Rahmen Ihrer Umsetzung unter Umständen verzichten könnten:

- Interdependenzen
  Stellen Sie sich die Frage, welche Projekt- bzw. Umsetzungsthemen voneinander abhängig sind und wer demzufolge mit wem was wie abzustimmen oder zu erledigen hat. Meist werden die Dinge viel zu stark miteinander verflochten, so dass es scheint, dass jeder sich überall einbringen und Bescheid wissen sollte. Bei der Entflechtung unterstützt Sie der Konzeptfilter aus Kapitel 4, der redundante Konzepte aufdeckt und somit Unnötiges eliminiert.
- Vielfältigkeit
  Je bunter der Zirkus, desto lustiger. Ihre verschiedensten Stakeholder, ob nun innerhalb ihrer Umsetzung oder eher am Rande, werden verschiedenste Arten von Ansprüchen haben. Jetzt ist Ergebnisphilosophie gefragt. Reden Sie mit ihren Stakeholdern niemals

über Aktivitäten oder Dinge, die getan werden müssten oder sollten oder könnten. Reden Sie immer nur über Ergebnisse und woran wahrgenommen, gespürt oder hart gemessen wird, wann Sie erfolgreich sind.

- Widersprüchlichkeit
  In diesem Zirkus der Vielfältigkeit werden Sie natürlich Widersprüchlichkeiten vorfinden. Und nicht alle lassen sich auch wirklich auflösen. Mit dieser Art von Widersprüchlichkeit müssen Sie leben. Die Mittel der Wahl: Transparenz und Klarheit. Einfache Skizzen und Beziehungsdiagramme helfen hier, die Widersprüchlichkeit zumindest im Blick zu haben. Gibt es in bestimmten Teilbereichen Ihres Projektes einen eklatanten Mangel an Klarheit und steckt dahinter echte Komplexität oder liegt es eher daran, dass die Konzepte nicht tief genug ausgearbeitet wurden und sich aus Unsicherheit Widersprüchlichkeiten entwickeln?
- Flux
  Benötigen Sie im Sinne der Zielsetzung wirklich die Sicherheit, die Zukunft genau zu antizipieren oder ist der bestehende Grad an Unschärfe akzeptabel und es lässt sich damit arbeiten?

Mithilfe der vier Komplexitätstreiber erkennen Sie, welche Ihrer identifizierten Themenstellungen aus sich heraus komplex sind und nicht weiter beherrscht werden können bzw. im Sinne der Zielsetzung nicht weiter beherrscht werden müssen. Diese belassen Sie. Gibt es jedoch Themen, die komplizierter als nötig gestaltet sind, nehmen Sie diese mit in Schritt 3.

Schritt 3: Warum unnötig kompliziert? Für dieses Phänomen gibt es aus meiner Sicht drei Gründe: Zwänge, Unsicherheit und Gewohnheit.

- Zwänge
  Liegen unausweichliche politische, Reporting- oder auch Konzernzwänge vor, die für Umsetzungskomplexität sorgen, sollten Sie auf so einfache, direkte und unaufwendige Art wie möglich damit umgehen. Sie sollten so wenig Zeit und Ressourcen in Reports, Workshops und Meetings dieser Art stecken. Muss beispielsweise während der Konzeptphase einer konzernübergreifenden Umstrukturierung wirklich wöchentlich den Geschäftsführern aller Teilkonzerne der aktuelle Projektstand von allen Teilprojektleitern in einem Meeting vorgestellt werden, zu dem die Führungskräfte aus ganz Europa eigens anreisen müssen?
- Unsicherheit
  Ist Unsicherheit der Grund für die Komplexität, ist es Zeit für gründliche Ursachenanalyse. Lenkungskreise, Vorgesetzte und sonstige Beteiligte wünschen sich in aller Regel ein klares Bild darüber, wie die Umsetzung laufen wird, was alles schiefgehen kann und was bereits jetzt unternommen werden kann, um absehbare Probleme in den Griff zu kriegen. Klingt absurd? Ja, ist es auch. Aber es ist die Realität. Das Einzige, was gegen solche Absurditäten hilft: Wir müssen lernen Unsicherheit zu ertragen. Sie müssen sich selbstverständlich sicher sein, an den richtigen Stellen anzusetzen, mit den

richtigen Konzepten die wenigen entscheidenden Faktoren zu detaillieren und dann in die Umsetzung zu bringen. Sie müssen aber nicht von vornherein wissen, wie genau der Ablauf sich gestalten wird, was genau Sie wie zu tun haben. Ertragen Sie diese Unsicherheit und helfen Sie auch Ihren Stakeholdern mit Unsicherheit umzugehen. Erfolgreich kommen Sie nur vorwärts, wenn Sie Stück für Stück nach vorne iterieren. Besteht die Unsicherheit jedoch tatsächlich darin, dass ein oder mehrere Komplexitätstreiber starken Einfluss nehmen, muss mithilfe des erwähnten 2-Schrittmodells herausgearbeitet werden, worauf der Fokus zu legen ist und sich den Komplexitätstreibern zu stellen, indem das Thema tiefer durchdrungen wird.

- Gewohnheit
  Dies ist der gefährlichste Grund, warum Umsetzungen komplex werden können. Denn ob wir wollen oder nicht: Wir sind alle so konditioniert, die Dinge so zu tun, wie wir sie immer getan haben, denn Routine und Erfahrung sorgen ja auch für Sicherheit. Das ist bei routinierten und immer wiederkehrenden Abläufen auch genau das richtige Verhaltensmuster. Umsetzungsvorhaben bringen jedoch immer etwas Neues, genauso wie jede Strategie immer einzigartig ist. Deshalb: Seien Sie sich selbst und dem Team gegenüber stets wachsam und heben Sie jedes Mal die rote Fahne, wenn ein Spruch laut wird wie: „Das haben wir schon immer so gemacht" oder „Das kann so nicht gehen" oder „Das ist doch klar". Dies ist der stärkste Faktor für unnötige Komplexität. Gerade am einfachen Beispiel des Reportings stelle ich immer wieder fest, dass in den Unternehmen Standardvorlagen und -strukturen für alle Umsetzungsvorhaben genutzt werden, gleichgültig welche Dimension sie haben. Es wird nicht hinterfragt, ob die erwarteten Angaben für das aktuelle Projekt hilfreich sind oder der vorgegebene Reportingturnus wirklich sinnvoll ist.

Gerade bei großen Umsetzungsvorhaben besteht die Gefahr, dass Komplexität entweder nicht erkannt wird, da jeder nur auf seinen Teilbereich achtet und Interdependenzen gar nicht wahrnimmt, oder aber die Dinge komplizierter gemacht werden als nötig, aus Angst die Kontrolle über das Projekt zu verlieren.

Im Laufe meiner Beratungspraxis habe ich drei Komplexitätsfallen ausgemacht, die bei mehr oder weniger allen Umsetzungsvorhaben zuschnappen mit der Folge, dass viel mehr Aufwand produziert wird als nötig.

1. Falle: Sich dem Komplexitätsungeheuer nicht früh genug stellen
   Gerade in der Strategie- oder Konzeptphase, wo der Komplexität noch am besten begegnet werden kann, neigen viele Manager dazu, sich in Abstraktionen und Vereinfachung zu flüchten in der Hoffnung, dass sich schon alles Erforderliche irgendwie ergeben wird. Das wird es irgendwie auch, nur dass dann an zu vielen Stellen, mit zunehmendem Frust zu viel gearbeitet werden muss und die Umsetzungseffektivität letzten Endes nicht sonderlich gut sein wird. Verfallen Sie nicht dieser anfänglichen Nachlässigkeit, sondern zwingen Sie sich und Ihr Team die Dinge am Anfang fundiert zu durchdenken und klare Entscheidungen zu treffen.

2. Falle: Die Untiefen vermeiden

Während der Konzeptions- und Taktiküberlegungen fehlt es oft an Lust und Nerven, sich mit den am Ende leider entscheidenden Details zu beschäftigen. Zum Beispiel damit, wie genau die Wertschöpfung im Servicebereich aussehen wird, welche Kompetenzen dafür benötigt werden und wie exakt die neue Verzahnung mit dem Produktionsbereich aussehen wird. Zu häufig werden solche Fragen erst dann behandelt, wenn man schon in der Ausführung steckt. Zu schnell gibt man dem Bedürfnis nach, endlich konkret zu werden und etwas zu machen. Doch genau mit dieser opportunistischen Art von operativem Aktionismus wird schlussendlich mehr Arbeit produziert als nötig. Ich sage zwar auch, dass Geschwindigkeit so wichtig wie Inhalt ist, aber es gilt immer der Grundsatz, dass man sich den richtigen Inhalten zur richtigen Zeit widmen muss. Durchdenken Sie die Dinge also an den richtigen Stellen intensiv genug und geben Sie sich dafür so viel Zeit wie nötig. Sonst droht Ihnen wenig später unnötig viel Abstimmung mit unnötig vielen Leuten über Themen, die noch unklar sind. Klärungen müssen am Anfang, selbst wenn dies Aufwand bedeutet, erledigt werden. Macht man es sich hier zu einfach, vergibt man möglicherweise ohne Not Wettbewerbsvorteile.

3. Falle: Sich vom Gewohnheitstier besiegen lassen

Der Feind des Besseren ist das Gute. Anders ausgedrückt: Zu schnell werden Erfahrungen ohne Überprüfung als vermeintliche Erfolgsrezepte ausgegeben – egal um welches Projekt es sich handelt, ganz nach dem Motto: Das hat damals geklappt, also passt es auch heute! Der Effekt solcher Entscheidungsfindung ist entweder, dass man mit Kanonen auf Spatzen schießt oder umgekehrt einen viel zu kleinen Deckel auf einen viel zu großen Topf setzt – in jedem Fall also unangemessen agiert. Das Hohelied der Gewohnheit zu singen, hat mehr oder minder regelmäßig zur Folge, dass unnötige oder falsche Dinge getan werden, die die Umsetzung aufwendig und kompliziert machen. Dieses mächtige Gewohnheitstier ist nur mit intensivem Nachdenken und Prüfen zu bezwingen, denn Verstand siegt über Gewohnheit.

Mehr Intensität beim Denken, Konzipieren und Antizipieren bedeutet aufs Ganze gesehen also nicht unbedingt mehr Aufwand. Wenn in der Konzeption klar geregelt wird, wer was mit wem warum und wie abstimmen muss und die entsprechenden Methoden und Modelle dazu geliefert werden, entsteht in der faktischen Umsetzung keine Umsetzungskomplexität und kein Chaos. Klären Sie also, was durchdacht werden soll und was an Erkenntnis entstehen soll (Ergebnistyp) und sorgen Sie dann für Geschwindigkeit bei der Erledigung, weil Sie ansonsten Gefahr laufen, sich in Details zu verzetteln. Das gilt insbesondere für Konzeptionsarbeit.

Eine Umsetzung wird dann einfach, wenn jeder Teilnehmer von Beginn an weiß, was er zu tun und mit wem er was wie zu klären hat. Um diese Klarheit zu schaffen und um den Komplexitätsfallen zu entgehen, ist der Umsetzungstaktik größtes Augenmerk zu schenken. Das Ergebnis wird eine dramatische Aufwandsreduktion in der Umsetzung sein, da hoher Abstimmungsaufwand, Unsicherheiten, „Einigelung", Redundanzen, geringe Synergien etc. vermieden werden (siehe Abb. 5.6).

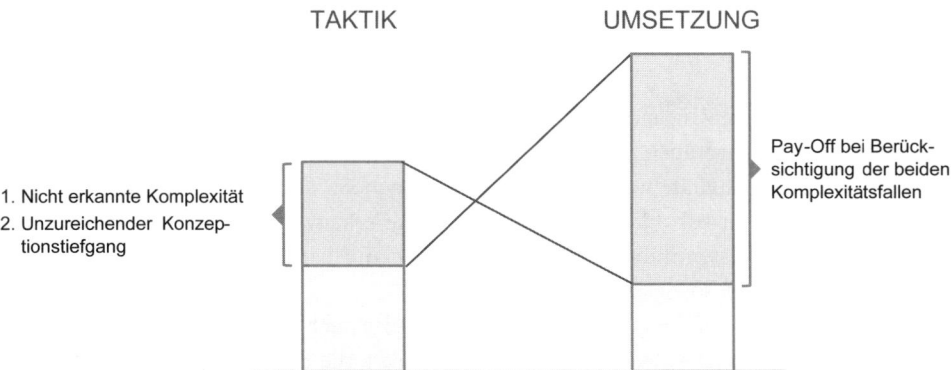

Abb. 5.6 Konzeptions-Pay-Off der Taktik auf die Umsetzung

Umsetzungserkenntnis #21

Je größer das Umsetzungsvorhaben, desto größer die Gefahr, dass Programmleiter oder Umsetzungsverantwortliche Komplexität durch „Wegdelegieren" oder
„Wegdefinieren" (War da was?) zu ignorieren versuchen.

5.3   Entscheidend: der unkritische Pfad – Planungskomplexität

Im Gegensatz zur verbreiteten Ansicht, dass weitsichtiges Handeln ein Zeichen von Klug-
heit und Verantwortung ist, behaupte ich, dass sie nichts anderes ist als der Versuch,
Unsicherheitsgefühle zu kompensieren und die Beherrschbarkeit der Realität zu suggerieren. Pläne basieren auf Idealisierung und genau das ist der Grund, weshalb sie so oft
nicht einzuhalten sind. Sie wecken falsche Erwartungshaltungen und lenken den Fokus
auf den Input, auf Aktivitäten, Meilensteine, Kurzfristergebnisse. Aber noch einmal: Um
Umsetzungen auf einen erfolgreichen Kurs zu bringen, müssen Sie das Ergebnis, das angestrebte Ziel in den Vordergrund stellen und nur über Fortschrittskriterien berichten, die
dokumentieren, dass sie diesem Ziel näher kommen. Während sich zusätzlicher Aufwand
in der Konzeption primär positiv auf die Ausführung auswirkt und für deutliche Produktivität, Geschwindigkeit und Momentum sorgt, trifft die Aussage „Planung reduziert den
Aufwand" meiner Erfahrung nach nicht zu. Das genaue Gegenteil ist der Fall. Eine zu
detaillierte Umsetzungsplanung sorgt nicht für Produktivität, sondern vernichtet sie eher.

Wir müssen uns von der Vorstellung verabschieden, mit Plänen die Realität vorbestim-
men zu können:

• Das Durchdenken von zeitlich weitreichenden Plänen (mehr als ein bis drei Wochen)
  führt automatisch dazu, den Fokus auf Aktivitäten zu legen und den Anlass des Plans,
  nämlich das angestrebte Ergebnis, aus dem Blick zu verlieren.

- Wo Aktivitäten in den Vordergrund rücken, fallen den Beteiligten immer weitere angeblich nötige Aktivitäten ein – ein unangenehmer, weil ressourcenfressender Schneeballeffekt.
- Wo Aktivitäten geplant sind, werden sie auch eingehalten, was besprochen und vereinbart wurde, wird auch umgesetzt. Diese an sich lobenswerte Haltung führt leider oft zu Unproduktivität, weil mit gleicher Konsequenz auch an Fehlplanungen festgehalten wird – selbst dann, wenn sie als solche erkannt werden. Das Ergebnis im Umsetzungsprozess: unnötige inhaltliche Arbeit und viel unnötiger Aufwand, Zeit- und Energieverlust sowie Stress.
- Dinge die geplant werden, werden vernünftigerweise auch kontrolliert. Die beiden Negativeffekte davon sind: Die Planung kostet viel Zeit, die Kontrolle ebenso. Außerdem erzeugt das Kontrollieren eine Rechtfertigungshaltung, orientiert an Plänen und nicht an Ergebnissen. Es bildet sich eine falsche Umsetzungskultur heraus, die blockiert und nicht motiviert.

Umsetzungserkenntnis #22
Planung ist nur dann komplex, wenn sie komplex gemacht wird. Planen Sie in kleinen Zyklen (ein bis drei Wochen) und richten Sie alle Diskussionen und Reports anstatt an Plänen an angestrebten Ergebnissen aus.

Für anstehende Veränderungen wünschen sich wohl die meisten Menschen einen Plan an die Hand. Da Umsetzungen von Strategien generell nicht im engeren Sinne planbar sind, braucht es also andere Orientierungsgrößen: Nach dem Motto „Der Weg ist das Ziel" sollten Sie immer das Ziel vor Augen haben als Richtschnur für alle Schritte, die Sie in Ihrem Vorhaben tun müssen. Fahren Sie – insbesondere bei der Planung – immer auf Sicht, auch wenn es sich ungewohnt anfühlt und die eine oder andere Verunsicherung hervorruft. Versuchen Sie sich an folgenden Grundsätzen zu orientieren:

- Gutes Umsetzungsmanagement hat eine klare Vorstellung des Vorgehens und fährt in der Planung immer nur auf Sicht (Aktivitäten im Wochen- oder Zweiwochenrhythmus angelegt).
- Die Frage nach dem genauen Vorgehen beantwortet ein guter Umsetzungsmanager mit: „Das weiß ich auch nicht. Ich kann Ihnen aber sagen, woran wir merken bzw. messen, dass wir vorankommen und welches die nächsten Schritte dafür sind." Denn keiner kann sagen, was in zwei Monaten sein wird. Das Vorgehen muss durchdacht sein, Struktur und Systematik haben und drei bis fünf ausgewählte Kriterien, die anzeigen, ob man sich dem Ziel nähert oder nicht.
- Anhand dieser Kriterien erfolgt die Fortschrittskontrolle und nicht durch Abhaken von Aktivitäten. Überprüfen Sie an maximal fünf Kriterien immer wieder den Fortgang

Ihres Projekts, um festzustellen, ob Sie noch dem allgemeinen Ziel auf der Spur sind oder dabei sind, sich in Einzelheiten zu verlieren.

- Diese Art der Fokussierung und Effektivität verlangt ein hohes Maß an Flexibilität. Sie ermöglicht, mit Unschärfe und Unsicherheit professionell umzugehen und verleiht die nötige Souveränität in der Handhabung dynamischer Pläne und Entscheidungen.

Umsetzungserkenntnis #23
Strategieumsetzungen und Veränderungsvorhaben werden nicht nach Plan gemanagt, sondern nach gut durchdachten und überschaubaren Schrittabfolgen bei kontinuierlichem Abgleich mit dem vereinbarten Ziel.

Ich erlebe immer wieder, dass gerade Stakeholder, Lenkungsausschüsse etc. erst davon überzeugt werden müssen, dass man nicht Meilensteine, sondern Ergebnisse erreichen will. Deshalb ist es mir sehr wichtig, dass von der Managementseite her gegenüber den Stakeholdern ganz klar definiert wird, wann das Umsetzungsvorhaben erfolgreich ist und an welchen Kriterien das Vorwärtskommen festgemacht wird. Dies verlangt eine ganz andere Art von Management und Kontrolle als sie in den üblichen Projektleitungs-Jours-fixes demonstriert wird, wenn jeder Teilprojektleiter reportet, was er in seinem Projekt erledigt hat und was nicht.

Innerhalb eines Veränderungsprojektes, bei dem es um die Steigerung der internen Kundenwertschätzung in den nächsten fünf Jahren ging, wurde ein detaillierter Kommunikationsplan ausgearbeitet, der genau vorgab, welche Inhalte zukünftig an wen in welcher Form kommuniziert werden. Der für die Kommunikation zuständige Teilprojektleiter sorgte auch für die Erledigung der dort genannten Aktivitäten und hakte sie sukzessive ab. Das Ergebnis: Die Mitarbeiter fühlten sich vom Management nicht mitgenommen (beteiligt) und trotz Kommunikation nicht erreicht. Keine Seltenheit in Unternehmen! Es ist immer wieder dasselbe Phänomen: Die Konzentration wird auf gut gemeinte Pläne und Aktivitäten gerichtet und nicht auf das angestrebte Ergebnis.
Der Teilprojektleiter Kommunikation hätte – dies wäre die bessere Alternative gewesen – anhand folgender Kriterien seinen Fortschritt reporten sollen:

1. Deckungsgrad Rückkopplungen Manager ⇔ Kommunikation
2. Emotionales Feedback Mitarbeiter (Zielgruppe)
3. Inhaltliches Feedback Mitarbeiter (Zielgruppe)

Bei seinem Bericht darüber, wie er dem Ziel näher kommt, wären ihm die Kommunikationsdefizite aufgefallen und er hätte nach Wegen suchen können, um sie zu beseitigen.

Das Einzige, was in einem Veränderungsprojekt unbedingt benötigt wird, sind wenige, aber klare Kriterien, die anzeigen können, ob man im Sinne des Ziels und auch faktisch vorwärtskommt. Diese Ergebniskriterien sollten so konkret wie möglich gefasst werden. Selbst eine so weiche Aussage wie: „Meier und Schulz haben das Gefühl wir kommen voran"

– kann helfen, denn Sie wissen nun, an wen Sie sich zu halten haben und müssen die beiden nach dem Grund ihres guten Gefühls fragen. Etwas präziser ist vielleicht die Feststellung: Die Mitarbeiterzufriedenheit steigt oder die Zusammenarbeit von Bereich A und B weist weniger Friktionen auf oder ganz hart: Die Stornoquote ist um 8 % zurückgegangen. Es geht hier also nicht nur um harte und geprüfte Fakten, es gelten auch authentische und ehrliche Einschätzungen als Gradmesser des Umsetzungsverlaufs. Machen Sie die Welt nicht komplizierter als nötig! Verfolgen Sie das Prinzip der zielorientierten Planlosigkeit und richten vor und während einer Umsetzung kontinuierlich den Fokus auf das, was wirklich wichtig ist: immer wieder das Ergebnis.

Umsetzungserkenntnis #24
Pläne können im Zweifelsfall falsche Sicherheit suggerieren – nämlich die Sicherheit, im Plan zu sein. Ein Plan ist nur dann ein guter Plan, wenn er die Freiheit lässt, sich unvorhersehbaren Entwicklungen anzupassen anstatt, komme, was da wolle, im Plan zu bleiben. Ein Plan reagiert auf Wirklichkeit, nicht umgekehrt.

5.4 Dem täglichen Komplexitätschaos begegnen – Prinzipien und Werkzeuge

Gleichgültig um welchen Zusammenhang es geht: Es sollte im Interesse aller sein, unnötige Komplexität zu vermeiden und vorhandene Komplexität zu beherrschen oder – im Falle von Unternehmen – gar in Wettbewerbsvorteile zu wandeln. Für ein gezieltes Komplexitätsmanagement im Umsetzungsmanagement sind die Komplexitätsdimensionen:

- Konzeption – mit den richtigen Modellen konkretisieren, wie das Unternehmen oder der Bereich an der neuen Position funktionieren wird;
- Planung – die Reihenfolge und die entscheidenden Prioritäten für die Umsetzungsschritte regeln und die Erfolgskriterien für den Planungsfortschritt definieren;
- Politik – die Interessenlagen der Beteiligten in ihrer Vernetzung aufdecken, um diese im Sinne der Zielsetzung richtig zu managen;
- Emotionen – die grundemotionalen Einstellungen berücksichtigen, das heißt den Zielen, Werten, Interessen und Grundemotionen (Interesse, Freude, Angst und Neid) Aufmerksamkeit schenken

differenziert zu adressieren. Im Laufe zahlreicher Strategie- und Veränderungsprojekte konnte ich acht Prinzipien ausmachen, mit denen man dieser Komplexität begegnen bzw. sie beherrschbar machen kann (siehe Abb. 5.7).

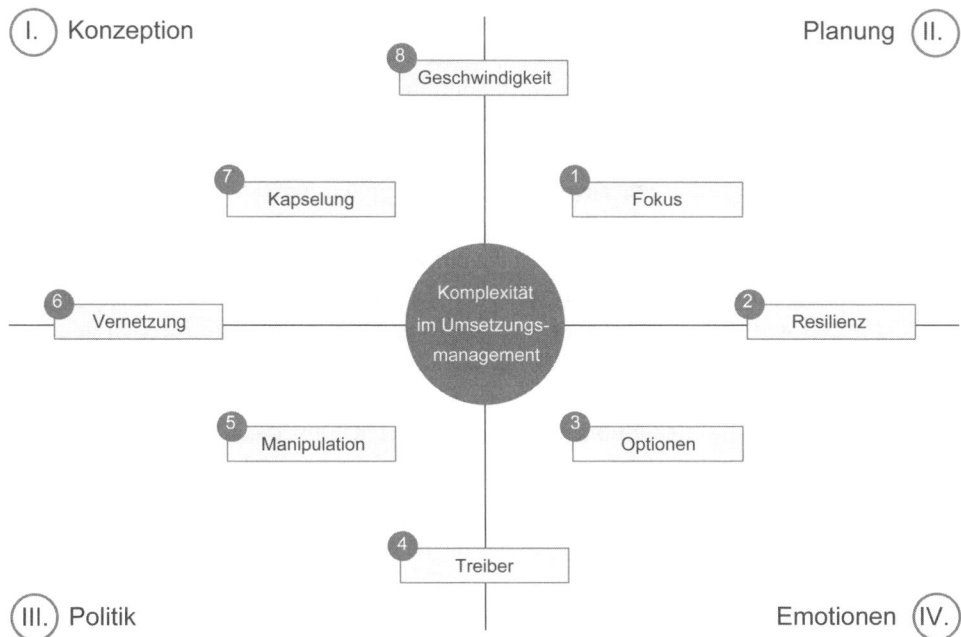

Abb. 5.7 Die vier Komplexitätsdimensionen und ihre acht zentralen Prinzipien

Die acht Prinzipien zur Komplexitätsbeherrschung

1. Fokusprinzip
   Mit Fokus vermeiden Sie unnötige Planungskomplexität und sorgen mit echten Prioritäten für eine outputorientierte Fokussierung ihrer Ressourcen. Nicht Aktivitäten, Meilensteine und Aufgaben sind im Fokus, sondern Ergebnisse. Diese Ergebnisse erreichen Sie Stück für Stück, indem sie nicht zu weit nach vorne planen sondern sukzessive und fokussiert „auf Sicht" voranschreiten.

2. Resilienzprinzip
   Trainieren Sie Ihre Resilienz, indem Sie von Anbeginn den Dingen auch gedanklich ihren Lauf lassen, das heißt, sich nicht auf bestimmte Entwicklungen fixieren und sich immer wieder Katastrophen vorstellen, um nicht unvorstellbare Katastrophen zu erleben. Das heißt nicht, dass Sie zum Pessimisten werden sollen, sondern dass Sie vorbereitet sind. Und vermeiden Sie es, Sicherheit in der Planung zu suchen. Managen Sie im Moment! Dies wirkt sich auf ihre Planungseffektivität wie auch auf das Managen der emotionalen Komplexität in ihrer Umsetzung positiv aus. Fragen Sie: Was kann schlimmstenfalls passieren? Was macht uns sicher? Was unsicher? Und was kann gegen die Unsicherheit getan werden? So ist das Team vorbereitet und verschafft sich ein gutes Gefühl, was für erfolgreiche Umsetzungen essenziell ist.

3. Optionenprinzip

   Denken, arbeiten und diskutieren Sie immer mit Optionen. Mit alternativlosem
   Verhalten werden nur Fronten aufgebaut. Sie sollten für ein Problem oder ein zu
   erreichendes Ergebnis nie „die" Lösung oder „das" Vorgehen haben. Machen Sie
   es zur Kultur bzw. zur Gewohnheit, dass jeder in Ihrem Team stets drei Optionen präsentiert, ohne eine davon erkennbar zu präferieren. Diese Optionen werden
   ohne „Gewinner-Verlierer-Debatten" und „Entweder-oder-Diskussionen" zu führen, entschieden. Nur so vermeiden Sie, dass verhärtete Fronten entstehen und nur
   noch Kompromisse eine Lösung ermöglichen. Kompromisse sind bekanntlich die
   schlechtesten Optionen. Anstatt nur eine Möglichkeit des neuen Kundenumgangs
   darzustellen, bietet der Vertriebsleiter dem Produktmanagement drei Optionen an
   und erläutert deren Vor- und Nachteile. Gemeinsam diskutiert man mit dem Produktmanagement die Optionen und entscheidet sich für die, die beiden Bereichen
   am nächsten kommen. Unter dieser Voraussetzung werden inhaltliche Diskussionen
   geführt anstatt nur gut verhüllte Positionsdebatten, aus denen nichts Brauchbares
   herauskommt.

4. Treiberprinzip

   Sicherlich kennen auch Sie Sätze wie „Lassen Sie uns doch mal sachlich bleiben"
   oder „Lassen Sie uns professionell auf die Sachthemen konzentrieren". Ohne hier
   desillusionierend wirken zu wollen: Es geht nie um die Sache! Es gibt auch per se
   keine Unternehmensinteressen. Unternehmen bestehen aus Menschen, diese haben
   ihre Interessen und wenn daraus eine ausreichend große Schnittmenge entsteht und
   eine hinreichend große Menge an ähnlichen Zielvorstellungen und Wertesystemen
   vorhanden ist, ergeben sich so etwas wie Unternehmensziele bzw. Unternehmensinteressen. Sie tun also gut daran, sich den Interessen, Sorgen und Ängsten der
   Beteiligten explizit zu widmen. Wenn Sie ein Umsetzungsmomentum erreichen
   wollen, müssen Sie an den Emotionen andocken. Je gezielter, expliziter und professioneller Sie das tun, desto mehr Aufwand sparen Sie sich in der Umsetzung. Auch
   hier können Sie die Wirknetzmethode des vernetzten Denkens nutzen.
   So hat beispielsweise die Programmleiterin eines umfangreichen Veränderungsprozesses in einem Wirknetz alle Entscheider und weitere relevante Personen in
   Beziehung gesetzt und sich gefragt: Wer beeinflusst wen wie stark? Positiv oder negativ? Dadurch hat Sie erkannt, wer Treiber ist, wer „zwischen den Stühlen" sitzt,
   aber erfolgskritisch ist und wer sich am Ende dem fügen wird, was da passiert. Sie
   hat die sehr persönlichen Sphären der Entscheider mit den Zielen des Programms
   in Verbindung gebracht und so erkannt, dass das Ziel mit dem Leiter Operations
   eigentlich nicht zu erreichen ist und dass das Bonifizierungssystem für die Zeit der
   Umsetzung, des Übergangs, anders geregelt werden muss, um den Leiter Vertrieb
   und anderen nicht den unternehmerischen Mut aus den Segeln zu nehmen.

5. Manipulationsprinzip

   Im Gegensatz zum alltagssprachlichen Gebrauch ist bei diesem Prinzip, welches
   sich rein auf die Politikdimension bezieht, der Begriff Manipulation positiv besetzt.

Manipulation hilft, durch die Herbeiführung entsprechender Machtkonstellationen und Beziehungen den Weg zur Erreichung des Ziels zu ebnen. Durch die Arbeit nach dem Treiberprinzip weiß unsere Programmleiterin, bei wem Sie auf welche „Knöpfe" drücken muss, damit die Beteiligten im Sinne der Zielsetzung entsprechend „funktionieren". So wurde ihr deutlich, dass sie das Produktmanagement, was sich eigentlich gar nicht anders ausrichten will, da der Leiter dafür keine Notwendigkeit sieht, nur bewegen kann, wenn sie ihm Möglichkeiten aufzeigt, über neue Geschäftsfelder nachzudenken (Neugier/Lust). Also wird das Thema „neue Geschäftsfelder" mit in die Optionen eingebracht, selbst wenn der Inhalt gar nicht notwendig ist.

6. Vernetzungsprinzip

In Bezug auf die Komplexitätsdimension Politik sorgt das Prinzip der Vernetzung dafür, die politischen Interessen und Positionierungen bzw. Zielsetzungen der beteiligten Einzel- und der Interessengruppen im Zusammenhang zu sehen und zu erkennen, wie sich diese direkt oder indirekt auf das Gesamtsystem einer Umsetzung auswirken. Dies kann wiederum mithilfe eines Wirknetzes erfolgen. Innerhalb der Konzeptionsdimension geht es hingegen um vernetztes Denken, das die entscheidenden Faktoren und Möglichkeiten eruiert und so hilft, die Komplexität in der weiteren Umsetzung zu beherrschen.

7. Kapselungsprinzip

Hierbei geht es darum, die Komplexität in klar abgrenzbare Einheiten zu zerlegen (Kapseln), ohne sie zu reduzieren, und klar der Tendenz zu widerstehen, alle Beteiligten überall irgendwie einzubeziehen, denn dies sorgt ebenfalls für Komplexität. Statt also einen sehr breiten Konzeptionsauftrag an das Strategieumsetzungsteam zu geben, geht der Leiter der Konzernentwicklung eines Energieversorgers so vor, dass er die Gesamtkonzeption an den strategischen Eckpfeilern „Regionales Partnermodell", „Produkt-/Service-Portfolio", „Kundennähe" (nicht an Organisationsstrukturen ausgerichtet!) orientiert, sie in klar voneinander abgegrenzte Einzelkonzeptionsprojekte gibt (Kapselung) und je Auftrag mit fünf bis sieben Fortschritts- und Ergebniskriterien sagt: Das soll euer Konzept leisten, genau zu diesen Dingen soll es führen, um hier jede Kapsel konzentriert auf das wirklich Wichtige auszurichten. Ein Fortschrittskriterium für das Konzeptionsprojekt „Produkt- und Service-Portfolio" kann die Steigerung des Deckungsbeitrages pro Kunde sein.

8. Geschwindigkeitsprinzip

Sowohl in der Konzeption als auch in der Planung sorgt das Prinzip der Geschwindigkeit bei richtiger Anwendung für Fokussierung und Komplexitätsbeherrschung, da sich Ihre Mannschaft weniger Gedanken über Komplexität machen kann. Es gilt in klaren kleinen Zeiteinheiten zu arbeiten.

So gibt unsere Programmleiterin eine klare Taktung vor: Die Konzepte für die einzelnen Eckpfeiler sind bewusst nach dem Prinzip der „schnellen schlechten Qualität" (Scherer, 2011) innerhalb von zwei Wochen zu erstellen, werden in der großen Runde einmal durchdiskutiert, um sie dann nach dem Feedback zu überarbeiten und nach weiteren zwei Wochen final zu besprechen. Natürlich war die Reaktion nahezu durchgehend negativ, der Zeitrahmen sei viel zu knapp, ließe keinen Raum für Marktrecherche etc. Die Programmleiterin reagierte darauf mit der Aufforderung, mit Hypothesen, Annahmen und wo nötig mit Optionen zu arbeiten, die man diskutieren und im Zweifelsfall bestätigen müsse. Sagte aber auch: „Sie wissen mehr als Sie glauben! Versuchen Sie einfach, daraus mal einen Schuh zu machen." Und siehe da, nach zwei Wochen standen Konzepte, die hier und da noch etwas löchrig waren und auch auf der ein oder anderen wackeligen Hypothese standen. Aber in Summe war man nach sechs Wochen ohne Berater bei belastbaren guten Konzepten angekommen.

Die Prinzipien Geschwindigkeit, Resilienz, Treiber und Vernetzung gelten in unterschiedlicher Art jeweils für zwei Komplexitätsdimensionen. Zum Beispiel bezieht sich das Prinzip Geschwindigkeit sowohl auf die Konzeption als auch auf die Planung. Die Prinzipien Fokus, Optionen, Manipulation und Kapselung beziehen sich jeweils nur auf eine Komplexitätsdimension. Es stehen Ihnen somit je Komplexitätsdimension (Konzeption, Planung, Politik und Emotionen) drei Prinzipien zur Verfügung, um die Komplexität ihrer Umsetzung gezielt zu managen.

Die Gretchenfrage: Wie steht es mit der Einbindung?

Zusammenfassung

Von großer Bedeutung für ein Veränderungsvorhaben – gleich ob es sich um die komplette Umstrukturierung eines Unternehmens, die Einführung eines neuen Produktes oder die Konsolidierung von Prozessen und Systemlandschaften handelt – ist die Frage: Wen binden Sie wann und auf welche Art ein, um gute Ergebnisse auf möglichst zügige Art zu erreichen? Auch bei der Frage der Einbindung gilt für jede Phase der Umsetzung der Grundsatz: so viele wie nötig und so wenige wie möglich. Denn je mehr Beteiligte Sie einbinden, desto aufwendiger und schlechter, weil kompromissbehafteter, gestalten sich die Lösungen. Je weniger Beteiligte, desto höher ist allerdings das Risiko, dass Einzelne sich nicht eingebunden fühlen und sich entsprechend sperren. Sie müssen sich also genau überlegen, wen Sie wann und auf welche Art am intelligentesten einbinden. So trivial sich diese Frage anhört, so diffizil kann die Beantwortung werden. Denn wenn man am Anfang eines Prozesses hier zu keinen echten Klärungen kommt, wird sich der Fortgang umso schwieriger und unproduktiver gestalten. Mit der Beantwortung der Frage entscheiden Sie also darüber, ob Sie zügig vorankommen und mit der Umsetzung ein echtes Momentum erleben, oder ob es ein zähes Ringen um jeden Meter wird.

Die Aufrechterhaltung des „Mythos Team" hilft also im besten Fall eine Entscheidung zu umgehen, nicht aber dem effizienten Verlauf einer Umsetzung. Nur in den allerwenigsten Fällen ist es richtig und vernünftig, alle mit ins Boot zu holen. Meistens muss eben genau geprüft werden, welche Personen sinnvollerweise zu involvieren sind. Da Mitarbeiter und Manager wie alle Menschen zunächst einmal Einzelinteressen verfolgen und erst im zweiten Schritt Teaminteressen, und im dritten Unternehmensinteressen muss man diese individuellen Sichtweisen im Sinne der Umsetzung zuerst einmal geschickt zusammenbringen und zu einem Ganzen führen. Auch die Art und Reihenfolge der Einbindung determiniert, ob Geschwindigkeit erzielt wird und die Umsetzung vorankommt.

Aus diesem Grund werde ich Ihnen einige Grundregeln zur organisatorischen Einbindung in den Umsetzungsphasen und zur Zusammenführung der Einzelinteressen und deren Abstimmung mit der Zielsetzung an die Hand geben. Denn nur wo Zielinteressen einer Organisation auch mit Eigeninteressen verbunden werden können, wird mit Passion und damit Geschwindigkeit und hoher Produktivität gearbeitet. Dementsprechend werden Sie also ohne Anpassung der Zielsysteme an die bestehenden Interessengeflechte lediglich „9-to-5-Jobs" erleben und keine nachhaltigen Resultate erzielen.

Durch die mit dieser Anpassung einhergehende Identifikation und Eliminierung negativer Verhaltensweisen und ihrer Ursachen wird der Umsetzungsprozess von blockierenden Emotionen befreit. Wenn dann mit den richtigen Hebeln umgekehrt eine positive Emotionalisierung der Umsetzung gelingt, ist ein höheres Maß an Produktivität und Geschwindigkeit sicher. Es geht also um die richtige Balance von Emotionalisierung und Entemotionalisierung.

Dazu gehört, die zum Teil divergierenden Interessen der Beteiligten von Anfang an zu berücksichtigen, sie zu durchdenken, in Vernetzung zueinander zu bringen und schließlich mit den Zielen der Umsetzung abzugleichen. Dies erreichen Sie, indem Sie sich ein klares Bild über die Interessen Ihrer Freunde und Gegner machen, um so das Geschehen aktiv zu steuern.

6.1   Der Mythos Team

Alle an Umsetzungsprozessen Beteiligten nehmen die damit verbundenen Veränderungen je auf ihre Weise wahr. Sowohl für Einzelne wie für Teams ergeben sich Effekte mit sehr unterschiedlicher Wirkung.

> Die Einführung eines CRM-Systems (Customer-Relationship-Management-Systems) bei einem Textilhersteller hat in erster Linie Einfluss auf die Bereiche Marketing, Vertrieb und Service, die dieses System aktiv nutzen werden. Zudem ist indirekt die IT davon betroffen, da sie für die Implementierung und Funktionsfähigkeit des CRM-Systems zuständig ist. Jeder dieser Bereiche nimmt die Veränderung unterschiedlich wahr. Die Mitarbeiter im Vertrieb fürchten die zunehmende Transparenz, da Schwachstellen im Vertrieb durch schlechte Beratung oder der Umgang mit unrentablen Kunden durch die lückenlose Dokumentation ihrer Arbeit schneller aufgedeckt werden können. Andere sehen es wiederum als hilfreiches Tool, um die Wünsche ihrer Kunden in Bezug auf Farb- und Schnittvorlieben noch genauer zu ermitteln. Das Marketing ist eventuell froh über das CRM-System, da es bisher immer mit Vorwürfen von Seiten des Vertriebs in Bezug auf schlechte Werbekampagnen und Medienauswahl überzogen wurde, und nun Aktionen messbarer und besser planbar werden. Bei den Servicemitarbeitern fürchten manche die bessere Kontrolle der Serviceabwicklung, während andere endlich ihre erfolgreiche Reklamations- und Problemlösungsquote dokumentiert sehen.

Eine Veränderung hat folglich immer „Gewinner" und „Verlierer". Sind mehr Chancen-Denker in Ihrem Unternehmen, werden Sie bei gleicher Sachlage mehr Gewinner haben als bei einer Überzahl an Pessimisten, die in allem nur eine Gefahr wittern. Das Verhältnis von Gewinnern und Verlierern wird also weniger durch die Sache als vielmehr durch die Einstellung der Beteiligten bestimmt. Es ist die individuelle Wahrnehmung (persönlicher Impact), die bestimmt, ob in einer Veränderung mehr Bedrohungspotenzial oder Chancenpotenzial gesehen wird. Und dies ist immer eine rein subjektive Wahrnehmung. Entweder ignorieren Sie diese Wahrnehmungen oder Sie kümmern sich um sie, indem Sie sie unterstützen oder im Sinne der vereinbarten Ziele zu korrigieren versuchen. Allein sich diesen Zusammenhang bewusst zu machen, erzeugt bereits Effektivität in der Umsetzung, daher sollten Sie sich als Umsetzungsmanager in Empathie üben und sich in die sehr unterschiedlich beteiligten und betroffenen Personen hineinversetzen. Dabei sollten Sie sich mit folgenden drei Aspekten auseinandersetzen:

1. *Der persönliche Impact*   Abhängig von der Anzahl der Personen, auf die die Umsetzung bzw. Veränderung Einfluss nimmt, skizzieren Sie entweder für jeden Einzelnen oder aber – bei vielen Betroffenen – für die jeweils relevanten Unternehmensbereiche oder -gruppen, in welchem Ausmaß diese von der Veränderung persönlich oder als Bereich/Gruppe betroffen sind. Sie beschäftigen sich somit mit der Frage, wie hoch der jeweilige Impact durch die Veränderung ist.

2. *Die Impact-Wahrnehmung*   Im zweiten Schritt prüfen Sie, ob einzelne Personen bzw. Gruppen die Veränderung eher als Bedrohung oder als Chance wahrnehmen. Das heißt, Sie versuchen die grundsätzliche Einstellung der Betroffenen, sich persönlich weiterzuentwickeln und vorwärtszukommen zu ermitteln. Es gibt Menschen, die aufgrund ihrer öffentlichen und persönlichen Interessenssphären etwas vorantreiben möchten, während andere dies eben nicht wollen und entsprechende Veränderungen eher als Bedrohung auffassen.

3. *Das politische Wirkgeflecht*   Als Letztes gilt es die ermittelten Personen(-gruppen) hinsichtlich des zwischen ihnen bestehenden Interessengeflechtes zu prüfen. Dabei kommt man auf Personen(-gruppen), die starken Einfluss auf andere nehmen und gleichzeitig für die Veränderung „brennen", da sie darin ein hohes Chancenpotenzial für sich persönlich sehen. Dies sind die relevanten Personen, die Sie in Ihren Umsetzungsprozess mit einbinden müssen. Sie werden vielleicht überrascht sein, wie viele Personen mit von der Partie sind, um die Sie sich gar nicht kümmern müssen und dass Ihre KSPs (Key Success Persons) manchmal aus weniger naheliegenden Bereichen stammen.

> Der mit der Einführung des CRM-Systems betraute Umsetzungsmanager hat den Veränderungseffekt für die betroffenen Personen sowie deren eigene Wahrnehmung davon skizziert. Er erkennt, dass der IT-Leiter (Person 2) zwar durchaus einen aktiven Hebel darstellt, da er sowohl starken Einfluss auf den Vertrieb als auch auf das Marketing hat. Allerdings hat

die Veränderung auf ihn persönlich keinen großen Einfluss. Er wird das CRM-System entsprechend der ihm gelieferten Vorgaben in die bestehende IT-Landschaft integrieren und sieht hier keine großen Herausforderungen. Für Frau Schulz, die Serviceleiterin (Person 3), wird sich durch die Einführung des CRM-Systems sehr viel ändern, da jede Aktivität ihrer Abteilung nun dokumentiert und personenspezifisch nachvollziehbar wird. Doch sie sieht darin eine große Chance, Kundenbeschwerden besser analysieren und ihren Ursachen nachgehen zu können und steht voll hinter diesem Projekt. Auch wenn Sie selbst wenig Einfluss auf die anderen Betroffenen hat und lediglich mit dem Key-Account-Manager (Person 4) gut steht, möchte der Umsetzungsmanager sie oder einen ihrer Vertrauten auf jeden Fall im Umsetzungsteam haben. Denn solch eine Besetzung sorgt für den notwendigen Drive. Dagegen sieht Herr Groß (Person 1), der den Vertrieb leitet, in dieser Veränderung eine große Bedrohung. Sein Wirkungsgrad ist sehr groß, da er einen guten Draht zu seinen Mitarbeitern, insbesondere den Accountmanagern, hat und zudem auch mit dem Key-Account-Manager befreundet ist. Der Umsetzungsmanager muss laut Geschäftsführungsvorgabe drei Personen aus dem Bereich Vertrieb auf jeden Fall mit in sein Umsetzungsteam nehmen und wählt diejenigen aus, die dem Projekt offen gegenüberstehen. Gleichzeitig überlegt er sich, welche persönlichen Interessen er von Herrn Groß befriedigen muss, um zu verhindern, dass dieser das Projekt nicht blockiert bzw. dem geplanten System durch seine Einwände das Potenzial nimmt. Hierfür plant er zweierlei: Zum einen regt er an, dass der Marketing- und Vertriebsvorstand, Herr Winter, mit in den Lenkungsausschuss kommt, um bereits jetzt auch den Produktstrategiebedarf in dem CRM-System mit anzudenken und zum anderen berücksichtigt er im Rahmen des Zielsystems eine Bonifizierung für Herrn Groß und zentrale Vertriebsmitarbeiter für realisierte Prozesseffizienz im Verkaufszyklus.

Umsetzung wird gerne mit „Change" gleichgesetzt. In der Tat geht es dabei auch um Change, was jedoch nicht bedeuten darf, aus Betroffenen per se Beteiligte zu machen und möglichst viele möglichst früh und intensiv einzubinden. Dadurch, dass jeder mitgenommen werden soll, verläuft die Umsetzung nicht automatisch besser – eher im Gegenteil: Meiner Erfahrung nach wird sie nur erheblich unproduktiver, weil so unnötige Widerstände überhaupt erst provoziert werden. Es kostet erheblich Zeit und Energie, viele Personen zu involvieren und nimmt die Geschwindigkeit aus dem Umsetzungsprozess. Zudem entstehen so meist schlechte Lösungen, weil Kompromisse, da jeder auf seinen persönlichen Beitrag bzw. seinen Status quo fixiert ist. Oft wiegt dabei die Gewohnheit schwerer als die Vernunft, sprich es wird viel dafür getan, dass alles so bleibt, wie es ist, zumal dann, wenn sich mit den Veränderungen keine persönlichen Vorteile abzeichnen. Deswegen sollte man zwingend Personen einbinden, die dem Vorhaben genügend Antrieb geben. Hilfreich ist, dazu die relevanten Personen(-gruppen) in einer entsprechenden Interessenlandkarte zu modellieren (siehe Abb. 6.1). Bei der Auswahl der einzubindenden Personen sollten Sie nicht nur in der obersten Hierarchieebene Ausschau halten, sondern insbesondere wenn es um die Besetzung von (Teil-)Projekten geht, auch einen Blick in die zweite und dritte Reihe wagen. Ist doch gerade dort das Denken und Handeln meist stärker an der Etablierung neuer, innovativer Strukturen ausgerichtet. Solch eine Personenauswahl erzeugt naturgemäß Irritationen und Widerstände in der ersten Reihe – denen muss standgehalten werden.

Von den Einzelinteressen sind nur wenige für den Gesamtprozess extrem wichtig. Doch nur wenn Sie es schaffen, diese wenigen – egal welchen Status sie haben – zu Umsetzungshelden zu machen, entwickeln Sie eine Dynamik, die das Projekt wirklich

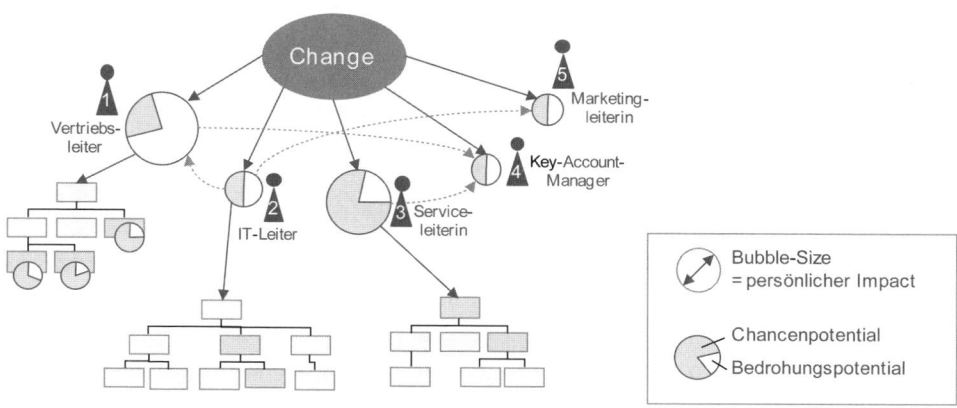

Abb. 6.1 Einflussgrad und Wahrnehmung von Veränderungen auf den Einzelnen

nach vorne bringen wird. Sicherlich werden Sie sehr selten den Idealzustand in ihrer Teamzusammensetzung erleben, aber Sie können sich ihm zumindest annähern.

Umsetzungserkenntnis #25
Für die erfolgreiche Umsetzung von Veränderungen ist nicht die Einbindung möglichst vieler Personen nötig, sondern die Einbindung und geschickte Vernetzung weniger wirklich entscheidender Personen.

Kolbusas Regeln zur Umsetzungsbesetzung

- Nicht alle, sondern die Richtigen
  Versuchen Sie nicht, möglichst viele Mitarbeiter nach dem Gießkannenprinzip pauschal von ihrem Umsetzungsvorhaben zu überzeugen oder gar einzubinden. Überlegen Sie, wer im Sinne der Umsetzung die wenigen wirklich entscheidenden „Player" sind, und wie Sie diese und ihre persönlichen Interessensphären mit den Zielen und Erfordernissen der Umsetzung zusammenbringen können.
- Keine Kompromisse
  Kompromisse in der Umsetzungsbesetzung führen immer zu schlechten Ergebnissen. Auch wenn jemand aktuell nicht zur Übernahme einer (Teil-)Verantwortung in der Lage ist, nehmen Sie ihn trotzdem mit auf die Reise, aber nicht in die Verantwortung, so dass diese Person sich entwickeln kann. Aber besetzen Sie keine Projekte oder Teilprojekte mit Personen, hinter denen Sie nicht wirklich stehen oder bei denen Sie ein schlechtes Gefühl haben. Machen Sie sich dabei auch nichts vor oder reden Sie sich die Dinge nicht schön. Ich habe diese Erfahrung selbst in einem Projekt erlebt: Zur Etablierung eines Shared-Service-Centers wurde nicht der kompetenteste Programmleiter im Unternehmen herangezogen, sondern ein in seinem

Fach sehr kompetenter HR-Manager. Das Ganze entwickelte sich zu einem Desaster, weil er weder verstand, wovon geredet wurde, noch den Managementprozess eines solchen Unterfangens wirklich kannte. Es fehlte an Führungserfahrung und spezifischer Sachkompetenz, ohne die es in diesem Fall kein Vorankommen gab. Denn in der Folge entstand Unsicherheit in der Führung, Unklarheit in der Struktur und damit Spannungen im Projekt. Der HR-Manager nahm so auch persönlich mehr Schaden als Nutzen aus dem Projekt.

Machen Sie bei der Besetzung Ihrer Schlüsselrollen keine Kompromisse. Prüfen Sie so lange, bis Sie das richtige Team beisammen haben, von dem Sie wirklich überzeugt sind. Im Zweifel kompensieren Sie nicht auszugleichende Defizite lieber durch externe Ressourcen, wobei Sie darauf achten müssen, dass die Ergebnisverantwortung zu 100 % intern bleibt, damit das Interesse an der Umsetzung unvermindert bestehen bleibt. Zu viel externe Kompensation ist nicht ideal, aber besser als interne Kompromisslösungen.

- Mehr Chancen - als Bedrohungspotenzial

  Bei den meisten Umsetzungsvorhaben werden mehr Gefahren als Chancen gesehen. So sehr diese Zweifel und diese Skepsis auch Antrieb sein und entsprechend genutzt werden können, tun Sie gut daran, bei den wenigen relevanten Playern für einen Chancenblick zu sorgen. Stellen Sie konkrete Anerkennung für das Gelingen der Umsetzung in Aussicht: das MBA-Studium, die sechswöchige Ausbildung in Harvard, die Leitung eines bestimmten Bereiches. Damit geben Sie Sicherheit und schaffen echte Anreize. Womit Sie auf jeden Fall aufhören sollten, ist, mit Bonifizierungszahlungen zu arbeiten. Meiner Erfahrung nach sind Menschen nicht käuflich und monetäre Anreize wirken nur sehr begrenzt und äußern sich nicht selten kontraproduktiv, insbesondere wenn Sie im Vorfeld in Aussicht gestellt werden. Natürlich werden die Neider hier nicht lange auf sich warten lassen. Wenn Sie deswegen aber auf dieses Vorgehen verzichten, überlassen Sie das Gelingen eher dem Zufall und sorgen für eine Unsicherheitskultur, in der keiner die Umsetzung wirklich vorantreibt.

Ich habe Umsetzungsvorhaben erlebt, hinter denen zunächst kaum einer in der Organisation stand und die nur von sehr wenigen, dafür aber überzeugten Personen vorangetrieben worden sind, nicht zuletzt aufgrund der oben beschriebenen Anreize. Sie brachten so viel Schwung in den Ablauf, dass auf einmal der Großteil der betroffenen Belegschaft die Veränderung wenn auch nicht immer begeistert, doch aber unterstützend angenommen hat. Im Grunde ein völlig normaler Verlauf, dann, wenn im Vorfeld eine geschickte Vernetzung der richtigen Personen erfolgt ist.

Bei der Neustrukturierung eines Dienstleistervertriebs befürchtete ich, dass ein Key Account Manager die neue Struktur nicht mittragen werde, da er weder mit der neuen Führungskonstellation noch dem neuen Vertriebssteuerungssystem einverstanden war und für sich keinerlei Chancenpotenzial in der Umsetzung dieser neuen Strukturen sah. Aufgrund seiner fehlenden Führungsqualitäten schied auch eine Leitungsrolle in der neuen Struktur von vornherein aus. Das Risiko, dass er einen Schlüsselkunden durch einen Wechsel zur Konkurrenz mitnahm, durfte die vielen Vorteile der neuen Struktur und der damit einhergehenden Chancen für echte Schlüsselpersonen nicht konterkarieren. Die Konsequenz: Der Key Account Manager wurde umgehend freigestellt und mit Unterstützung eines anderen Senior-Account-Managers und der Geschäftsführung wurde der Kunde progressiv auf diesen Senior-Account-Manager übertragen und aktiv mitgestaltend in den Umsetzungsprozess integriert. So wurde aus einer Bedrohung eine echte Kundenbindung, die der Kunde sehr wertschätzte, gemacht. Die Lernkurve: Dort, wo Sie Katastrophen auf sich zukommen sehen, sollten Sie so früh wie möglich selbst aktiv werden und versuchen die darin steckende Energie zu Ihrem Vorteil zu nutzen. Das geht fast immer, dann, wenn man sich wirklich die Mühe macht darüber nachzudenken.

Erfolgreiches Umsetzungsmanagement stellt sich unter anderem als Balanceakt zwischen Sinn, Macht und Angst dar. In deutschen Unternehmen fällt es mir sehr häufig auf, dass selbst erfahrene Manager unbeirrt glauben, sie müssten ihrem Team nur Ziel und Inhalt der Veränderung erläutern (Sinn), dann würde die Sache schon laufen. Bei meinen US-Kunden verhält es sich so, dass Macht (Geld, Ressourcen etc.) vergeben wird zusammen mit der Aufforderung: Und jetzt los! Die Manager geben sich dem Glauben hin, dass dann schon alles in ihrem Sinne laufen wird. Und bei japanischen Firmen ist die Dimension Angst unter den Managern von sehr ausgeprägter Bedeutung: Wenn der Erfolg sich nicht einstellt, dann wird er „geköpft". Solche Extremausprägungen können gar nicht zu High-Performance-Umsetzungen führen. Alle Faktoren, also Sinn, Macht und Angst, müssen in den verschiedenen Phasen der Umsetzung in unterschiedlicher Ausprägung und wohlüberlegt eingespielt werden. Sie haben meiner Meinung nach gar keine andere Wahl als auch den Faktor Angst bzw. Druck ins Spiel zu bringen, denn: Dort, wo nichts passiert, wenn nichts passiert, passiert nichts.

Ist die Erwartung an die Beteiligten klar kommuniziert, müssen Sie den einzelnen Personen (wohlgemerkt nicht dem Team!) die Macht bzw. Möglichkeiten, sprich die Ressourcen, die Zeit und die Mittel an die Hand geben, um die Vorgaben (Angst/Druck) zu erfüllen. Nachdem Sie also die Interessen der entscheidenden Einzelpersonen mit den Umsetzungszielen in Einklang gebracht haben, sollten Sie sich überlegen, wie Sie diesen einzelnen Personen vermittels des Dreiklangs aus Sinn, Macht und Angst das notwendige Drehmoment verpassen, um die Umsetzung hochproduktiv und mit hoher Geschwindigkeit durchzuführen. (siehe Abb. 6.2).

Umsetzungserkenntnis #26
Veränderungen können weder nur verordnet (Angst/Druck), noch durch Erklären (Sinn) umgesetzt werden, noch dadurch, dass man die Mitarbeiterschaft einfach machen lässt und Ihnen alle Freiheiten, Zeiten und Ressourcen gibt (Macht/Möglichkeiten).

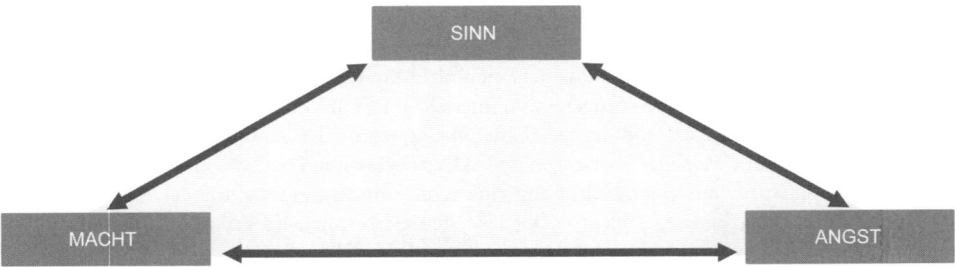

Abb. 6.2 Die drei Kernelemente des Umsetzungsmanagements

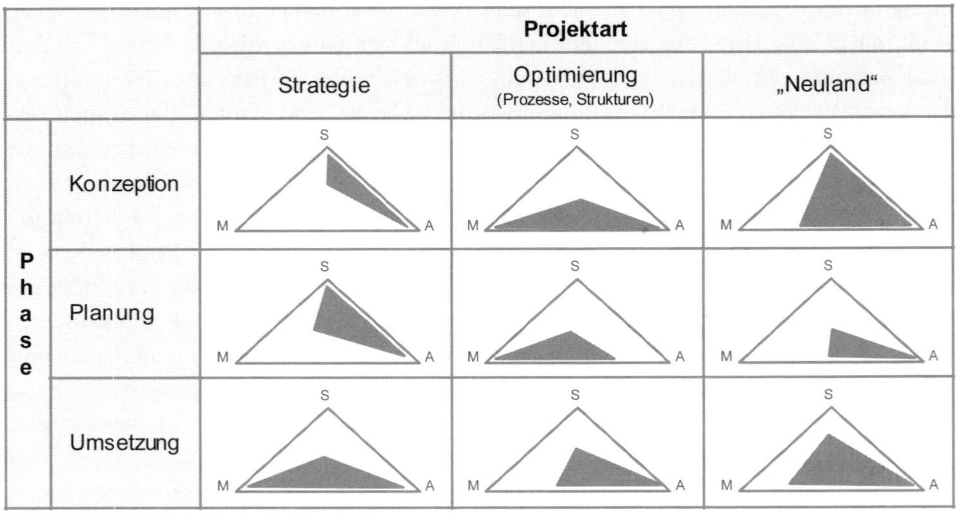

		Projektart		
		Strategie	Optimierung (Prozesse, Strukturen)	„Neuland"
P h a s e	Konzeption			
	Planung			
	Umsetzung			

Abb. 6.3 Die Relevanz der Dimensionen Sinn (*S*), Angst (*A*) und Macht (*M*) in Abhängigkeit von Projektart und Phase

Menschen, und damit Organisationen, verändern sich nur, wenn sie verstehen, wieso etwas gemacht werden soll, die Konsequenzen insbesondere des Nichthandelns am eigenen Leib verspüren und die realistische Chance sehen, dass sie die Möglichkeiten an der Hand haben, um erfolgreich zu sein – es also keinen Grund gibt zu resignieren. Je nach Organisation und Situation sind Timing, Intensität und Gewicht, die auf die jeweiligen „Hebel" (Dimensionen) Sinn, Macht und Angst gelegt werden, unterschiedlich.

Immer wieder stelle ich fest, dass die für die Umsetzung verantwortlichen Manager auf ihr gewohntes Programm zurückgreifen. Der eine erklärt nur, der andere delegiert und gibt sämtliche Freiheiten und der Dritte schwingt ständig die Peitsche, weil er es nicht anders gelernt hat. Reflektieren Sie regelmäßig Ihr eigenes Verhaltens-/Managementmuster. Der Prozess geht wesentlich einfacher, mit weniger Stress und schneller, wenn Sie sich überlegen, wann, wie und mit welcher Intensität Sie diese drei Hebel zum Einsatz bringen. Die Art der Nutzung hängt zum einen vom jeweiligen Projekt ab (Strategie, Optimierung, „Neuland") und auch von der jeweiligen Umsetzungsphase (siehe Abb. 6.3).

In der **Konzeptionsphase** eines Strategieprojektes muss primär die Sinndimension angesprochen werden. Die Beteiligten benötigen eine ganz klare Vorstellung, was hinter der neuen Strategie des Bereichs oder Unternehmens steckt und wie die angestrebte strategische Position genau aussieht. Die Konzeption hat immer unter hohem Druck (Angst) zu erfolgen, damit sich alle auf die wesentlichen Themenbereiche konzentrieren. Geben Sie hier immer sportliche Zielvorgaben. Wenn dies nicht geschieht, besteht die Gefahr, dass sich das Konzeptionsteam immer mehr in Details verliert und jede Menge Gründe findet, warum die Strategie so nicht umgesetzt werden kann. Die Dimension Macht wird kaum angesprochen, denn um gute Strategiekonzepte zu erstellen, werden keine großen Ressourcen (Geld, Manpower) benötigt.

Ganz anders sieht es aus, wenn es um die **Ausführung** geht. Hier muss nicht mehr jedem erklärt werden, warum, weshalb oder wieso die Strategie umgesetzt und die Ausführung genau so gemacht wird. Viel wichtiger ist es, den Druck bzw. die Angst entsprechend hoch zu halten, um die Ausführung nicht einschlafen zu lassen und gleichzeitig die Beteiligten mit den für sie relevanten Möglichkeiten (Macht) auszustatten, damit sie ihren Job erfolgreich erledigen können. Da hier mit den größten Widerständen zu rechnen ist, ist konsequenter Druck entscheidend. Mit dieser Haltung orientiert sich der Umsetzungsmanager an dem, was vom Umsetzungsteam wirklich benötigt wird, um erfolgreich arbeiten zu können.

Bewegen Sie sich mit ihrer Projektart auf **Neuland**, da Sie ein neues Produkt auf den Markt bringen möchten oder eine neue Systemimplementierung stemmen müssen, muss in der **Konzeption** ebenfalls stark über den Sinn und die Angst gearbeitet werden. Allerdings kommt hier im Gegensatz zur Strategieumsetzung die Dimension Macht zusätzlich ins Spiel. Denn ohne die entsprechende Befähigung gelingt es nicht, überhaupt auf die richtigen Ideen und Ansätze zu kommen und den Weitblick zu entwickeln, etwas zu konzipieren. In der **Planung** sieht das anders aus, der Sinn ist nicht mehr entscheidend, es geht primär um die Transformation der entwickelten Konzepte in eine sinnvolle Planung.

Umsetzungserkenntnis #27
Um ein Umsetzungsmomentum aufzubauen, müssen Sie abhängig von der Phase und Projektart das Zusammenspiel von Sinn, Macht und Angst steuern.

6.2   Umsetzungsstrukturierung – lieber Sportwagen als Bus

Die Umsetzungsstrukturierung befasst sich mit der Gestaltung der Teams in den Phasen Strategie, Taktik und faktischer Ausführung: Aus welchen Bereichen (Teilkonzerne, Ressorts, Abteilungen, etc.) sollen die Teams zusammengestellt werden und wie sind sie zu organisieren, um die Umsetzung mit möglichst geringem Management-, Steuerungs-, Kontrollaufwand und Druck voranzubringen und über die intrinsische Motivation der

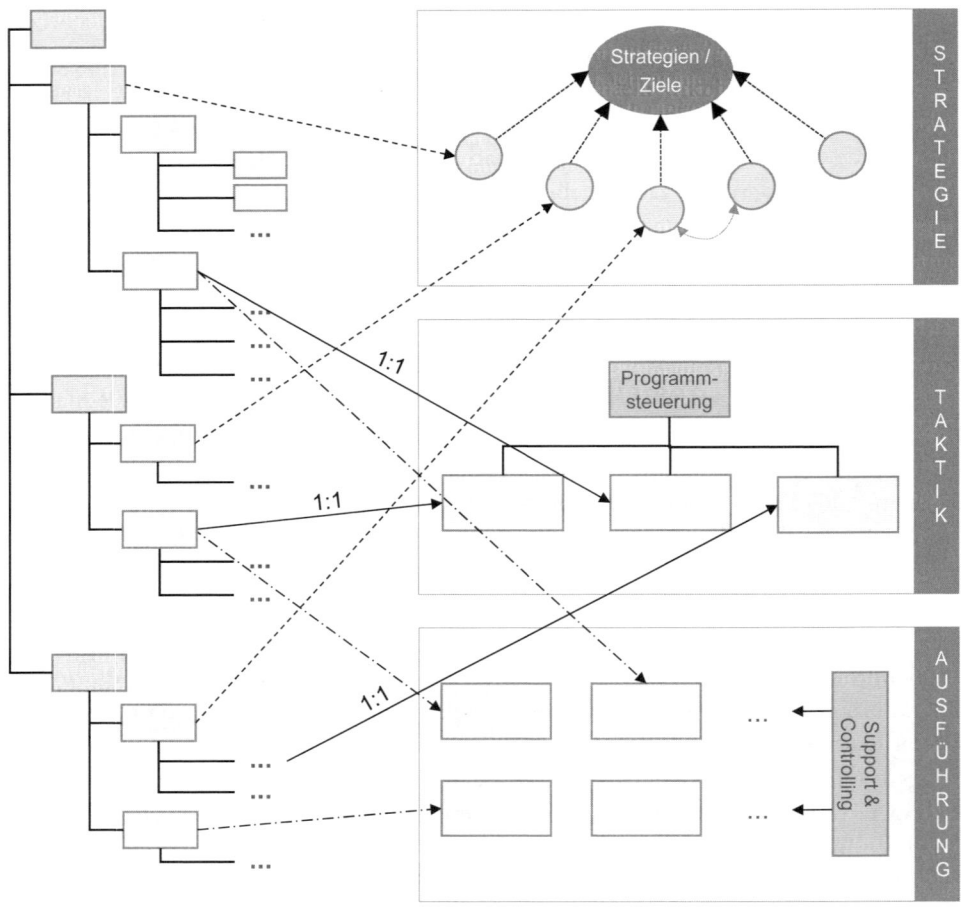

Abb. 6.4 Teamzusammensetzung in Strategie, Taktik und Ausführung

Beteiligten ein Momentum zu erzeugen. Dafür müssen in den verschiedenen Phasen bestimmte Organisationsprinzipien eingehalten werden (siehe Abb. 6.4).

Kolbusas Strukturierungsprinzipien für Strategie, Taktik und Ausführung

- Strategiephase
  Für das Strategieteam benötigen Sie idealerweise Personen, die sich durch Markt-
  und Wettbewerbsexpertise, unternehmerisches Denken und Kreativität sowie strategische Methodenkompetenz auszeichnen. Die Zusammensetzung sollte interdisziplinär erfolgen, das heißt aus verschiedenen Bereichen und verschiedenen Ebenen.
  Wichtig ist, dass alle Beteiligten dasselbe Abstraktionsniveau erreichen können, sie
  also mit abstrakten Themen umgehen können und nicht nur im operativen Tagesgeschäft zu Hause sind. Das ist ein absolutes Ausschlusskriterium. Sorgen Sie hier

bewusst für Reibung und Kontroversität. Mit mehr als zehn Personen in einem Team ist nicht mehr effektiv zu arbeiten, weil die für die Strategiephase maßgeblichen konsensfähigen Einschätzungen und Entscheidungen wenn überhaupt, dann nur noch unter großem Aufwand zu erreichen sind. Delegieren Sie die Moderation an einen kompetenten Stabsmitarbeiter oder Berater, denn Sie können nicht gleichzeitig an der Diskussion teilnehmen und sie moderieren.

- Taktikphase
  Für das Konzeptions- und Planungsteam sind andere Qualitäten verlangt. Hier geht es darum, mit operativem Know-how die Strategie herunterzubrechen, und neue Strukturen zu entwerfen. Dazu sind Menschen gefragt, die sich die Situation nach vollendeter Umsetzung vorstellen können und den Mut haben, Bestehendes auf den Prüfstand zu stellen – also echte Veränderer, die nicht nur wissen, was andere verändern müssten, sondern die bereit sind, bei sich und ihrem eigenen Bereich damit zu beginnen. Zugegebenermaßen gibt es von solchen Personen nicht sehr viele.
  Neben einer klaren Programmsteuerung, die das Gesamtkonzept im Blick und den Methodenbaukasten für den Drill-down zur Hand hat, sollten Sie das Body-Prinzip anwenden. Jeder Abteilungs-, Bereichs-, Ressortverantwortliche hat einen „Body" aus einem anderen Bereich, entweder einem angrenzenden – ein Vertriebler als Body im Produktmanagement –, oder aus einem Stabsbereich. Geben Sie den „Paaren" Zeit sich zu finden und Sie werden sehen, dass daraus eine sehr befruchtende, übergreifende Zusammenarbeit entstehen kann, bei der der notwendige Blick über den Tellerrand sich von selber entwickelt. Gerade an klassischen Reibungspunkten, wie zwischen Marketing und Vertrieb oder Fachbereichen und IT, hat sich dieses Prinzip sehr bewährt, da so mehr Empathie entwickelt wird und die Lösungen belastbarer sind.

- Ausführungsphase
  Sobald es an die faktische Umsetzung geht, brauchen Sie Macher, also Personen, die es gewohnt sind, Dinge umzusetzen und nach vorne zu bringen. Aber Achtung: Es macht einen großen Unterschied, ob ein Manager in seinem operativen Job ein Macher ist und reaktiv Dinge löst bzw. vorantreibt oder proaktiv treibend und kreativ ein gesetztes Ziel erreichen will. So durfte ich operative Macher erleben, die, wie beispielsweise ein Einkäufer, der einen schwierigen Vertrag zum Abschluss bringen sollte, oder ein Standort-Manager, der schwierige Probleme lösen musste, exzellent performten. Die dann aber mit ihren Mustern bei der proaktiven Adressierung eines noch recht abstrakten Zieles, für das es kreative Wege und Möglichkeiten zu finden galt, und zu überlegen war, wer wann wie eingebunden werden soll, völlig überfordert waren. Dafür waren sie zu eindimensional aufgestellt. Macher ist also nicht gleich Macher. So habe ich über die Zeit auch die Erfahrung gemacht, dass es wenig Sinn ergibt, Umsetzungen und Veränderungen Stück für Stück einzuführen oder gar parallel in Form eines Projektes oder einer wie auch immer gearteten Parallelorganisation zu etablieren, sondern unbedingt so zügig wie möglich die Linienorganisation

damit zu betrauen. Gleiches gilt für die Struktur, sofern die Linienorganisation nicht verändert werden muss; muss sie verändert werden, dann machen Sie dies zügig, schnell und schmerzlos und leben damit, dass es eine Zeitlang dauert, bis die neue Organisation sich gefunden hat. So vermeiden Sie viel Energieverlust in diesen ansonsten sich zäh und ewig hinziehenden Veränderungsprozessen, in denen immer wieder einmal durchdachte Konzepte infrage gestellt und ausgehöhlt werden, insgesamt mit negativer Politik umgegangen werden muss. Umsetzungsverantwortung ist Linienverantwortung. Das heißt, so wertvoll es in den Phasen von Strategie und Taktik ist, interdisziplinär und mit reichlich Reibung zu arbeiten, die diese Prozesse befruchten, so wichtig ist es bei der Umsetzung, dass mit klarer in der Organisation verhafteter Verantwortung gearbeitet wird. Denn Denken und Konzeptionsarbeit klappen organisationsübergreifend, die Ausführung funktioniert am besten in klaren Strukturen. Verabschieden sie sich von Modellen, bei denen die Veränderung oder Optimierung parallel oder als angedockte Matrix-Struktur zur Linie agieren soll – ich kenne kein Programm das so wirklich erfolgreich geworden ist.

Im Ideal gelingt ein Mapping hin von Teilprojekten der Umsetzung zu definierten Ressorts, Bereichen oder Abteilungen. In Abb. 6.4 sind die Teilprojekte einzelnen Verantwortlichen in der Linie zugeordnet worden. Außerdem nimmt die in der Taktik etablierte Programmsteuerung nun die Rolle eines Programmsupports (Support & Controlling) ein. Sie hilft lediglich noch der Linie, die Projekte umzusetzen und kontrolliert den Erfolg, die Verantwortung liegt in den Teilprojekten, denen ganz klar Linienverantwortlichkeiten zugeordnet sind.

Wurde im Rahmen der Taktik eine Veränderung der Organisationsstruktur beschlossen, hat diese Veränderung unbedingte Priorität, dann erst folgen die weiteren Themen wie beispielsweise die Neugestaltung der Wertschöpfung, des Produktportfolios etc. Denn alte Strukturen erhalten altes Denken aufrecht. In den seltensten Fällen habe ich es erlebt, dass in bestehenden Strukturen der für eine Neuausrichtung notwendige neue Geist sich durchgesetzt hat. Bleiben wir bei dem erwähnten Beispiel des Telekommunikationsdienstleisters, der seine Geschäftslogik nicht mehr an den Netz-/Technologiemöglichkeiten, sondern an den Kundenbedürfnissen ausrichten will. Er wird den dafür erforderlichen neuen Geist nicht etablieren können, wenn er nicht zuvor seine Organisationsstruktur entsprechend umbaut. Das Produktmanagement muss beispielsweise ein eigener Bereich werden und aus dem Marketing herausgezogen werden, die Budgethoheit über die Produkte erhalten und eine Gewinn- und Verlustverantwortung dafür übernehmen. Dementsprechend muss der Bereich Technologie und Betrieb daran neu orientiert werden. Wird dies nicht gemacht, können Sie sicher sein, dass die schönsten Konzepte und intelligentesten Marktüberlegungen nicht realisiert werden. Aus Angst vor Verwirrung, Chaos und Unklarheit, die durch die Umstellung der Organisation entstehen können, vermeiden Manager gern diesen Zug und geraten dann unausweichlich in die befürchtete Situation hinein. Ich kann Ihnen aus einer Vielzahl von kleinen und großen Veränderungen heraus nur raten: Erledigen Sie die Strukturveränderung schnell, kurz und schmerzlos. Geben Sie der Organisation dann die notwendige Zeit, sich wieder zu finden. Verabschieden Sie sich von irgendwelchen Schritt-für-Schritt-Verfahren oder einer evolutionären Organisationsentwicklung. Das bringt nicht viel, sondern schadet mehr, weil die Produktivität zwischen „alt" und „neu" über die Zeit zerrissen wird.

Umsetzungserkenntnis #28
Aus alt mach neu funktioniert nicht. Sorgen Sie bei Umsetzungen immer möglichst schnell und früh für organisatorische und persönliche Klarheit und übergeben Sie dann die Umsetzungsverantwortung in die neuen Strukturen. Verabschieden Sie sich von der Angst vor dem totalen Chaos. Es wird kurzzeitig auftreten, ist aber wesentlich leichter zu ertragen als die latente kontinuierliche Angst und Ungewissheit hinsichtlich der neuen Strukturen, die Ihnen und Ihrer Organisation Produktivität und Energie saugt.

Bei der Besetzung einer neuen Zielorganisation kommt es darauf an, dass Sie die richtigen Leute haben, weniger – und das bekommt häufig viel zu viel Augenmerk –, dass Sie ein perfektes Organisationsdesign haben. Am Ende des Tages ist alles eine Führungsfrage und dabei gilt, dass im Grunde mit jeder Organisationsform jede Art von Wertschöpfung betrieben werden kann. Mit der einen ist es etwas leichter als mit der anderen, aber meiner Erfahrung nach spielt dies nicht wirklich eine Rolle. Viel entscheidender ist, dass Sie die richtigen Leute und die Verantwortlichkeiten bezüglich der zu erreichenden Ziele klar geregelt haben.

Umsetzungserkenntnis #29
Erfolgreiche Umsetzungen berücksichtigen nicht die Regel „Structure follows processes", sondern handeln nach dem Motto „Structure follows interests and competences" und dann kommt sogar noch hinterher „Processes follow structure".

Ich halte Organigramme unter dem Aspekt der unternehmerischen Wertschöpfung für überflüssig, da sie überhaupt nichts darüber aussagen, wie die Dinge ineinandergreifen und auf welche Art und Weise Wert generiert wird. Absolut notwendig sind sie hingegen insofern, als die Menschen in den Organisationen Klarheit für sich bekommen darüber: Wo ist meine Heimat? Wer hat mir im Zweifel zu sagen, was meine Prioritäten sind? Organigramme befriedigen das menschliche Bedürfnis nach Klarheit und sauberen Zuordnungen im Hinblick auf Verantwortungs- und Entscheidungskompetenzen. Nicht mehr, aber eben auch nicht weniger.

6.3 Ohne veränderte Zielsysteme keine Resultate

Zielsysteme dienen dazu, die Entscheidungen, und damit die Handlungen und Prioritäten, in den verschiedenen Unternehmensbereichen im Sinne der Strategie auszurichten. Wenn sie richtig aufgesetzt sind, sorgen sie für den notwendigen Fokus im täglichen Denken und Handeln. Ist die Kundenserviceführerschaft beispielsweise die Zielsetzung des Unternehmens, spielt mit Sicherheit die Reklamationsquote oder die Kundenabwanderungsrate als Zielgröße in den entsprechenden Bereichen eine Rolle. Erfolgen Veränderungen in der Organisation und in den Strukturen, egal ob für eine Abteilung, einen Bereich oder ein ganzes Unternehmen, gilt es die vorhandenen Zielsysteme zu hinterfragen und neu auszurichten. Neu ausrichten bedeutet hierbei vor allem nicht einfach nur Zusätzliches hinzuzugeben, sondern Unnötiges herauszunehmen und so weit wie möglich zu reduzieren. Die meisten Zielsysteme, die ich kenne, sind viel zu aufgebläht und wie bereits an anderer Stelle erwähnt: Wo alles eine Priorität ist, ist nichts eine Priorität. Ohne das Übersetzen der unternehmerischen Erwartungshaltungen in fokussierte Zielvorgaben verpassen Sie den entscheidendsten Hebel für den nachhaltigen Erfolg ihrer Umsetzung bzw. Veränderung.

Wenn Sie eine Strategie verfolgen, verändert sich Ihr Unternehmen oder Bereich und damit muss sich logischerweise auch ihr Zielsystem verändern, zumindest inhaltlich, nicht selten auch in der Struktur. Denn ihre bisherige Strategie wird andere Hebel genutzt haben als die, die Sie nun benötigen. Folglich weist ihr Zielsystem Defizite auf, weil die notwendigen Hebel fehlen, das bisherige Zielsystem an einer anderen Struktur ausgerichtet war. Wenn Sie an der nachhaltigen Effektivität ihrer Umsetzung bzw. Veränderung interessiert sind, sollten Sie für das Unternehmen und seine einzelnen Bereiche zeitnah ein entsprechendes Zielsystem durchdenken und etablieren.

Gute Zielsysteme sind klar, einfach und fokussiert, wenn Sie zwei Fragen folgen:

1. Wie gut passt das aktuelle Zielsystem zu meiner Strategieumsetzung?
2. Wie gestalte ich das Zielsystem bezogen auf meine Umsetzung um?

1. Die Betrachtung des aktuellen Zielsystems Aufgrund der Ergebnisorientierung, die ich in den vorangegangenen Kapiteln mehrfach als grundlegend herausgestellt habe, werden Sie an sehr konkreten Größen festmachen und beschreiben können, ob und wann Sie mit Ihrer Umsetzung gut vorankommen. Sie arbeiten und denken vom Ende her und können anhand weniger Größen feststellen, wie gut Sie mit Ihrer Umsetzung unterwegs sind. Folglich müssen Sie Ihr Zielsystem dahingehend reflektieren, ob die dort aufgeführten Größen:

- auf genau diese Ergebnis-/Fortschrittskriterien Ihrer Umsetzung einzahlen
- oder keinen wirklich Beitrag dazu leisten
- oder diesen sogar konträr laufen.

In einem amerikanischen Versicherungsunternehmen arbeiteten die Führungskräfte ausschließlich auf Basis Ihrer Stellenbeschreibung. Das bisherige Zielsystem war daran ausgerichtet, Umsatzwachstum und Kundenbindung zu bewerten und einzufordern. Als zur
Stärkung der Marktposition der Zukauf zweier kleinerer Gesellschaften erfolgte, wurde mit
INTEGRO ein Programm zur Integration und Neugestaltung der Organisationsstrukturen
aufgelegt. Ziel war die Implementierung einer neuen Produktstrategie und einer daran ausge-
richteten neuen Gewinn- und Verlustverantwortung. Statt sich nun im Rahmen des Projektes
zunächst den inhaltlichen und strukturellen Aspekten zu widmen, wurde im Eilverfahren entschieden, wie die Projektleiterverantwortung zukünftig auf regionale und zentrale Strukturen
verteilt wird und wie die Ziele für die neuen Organisationseinheiten auszusehen haben. Man
entschied, dass die Gewinn- und Verlustverantwortung nun vollständig in den Regionen
liegt. Die Zielgewichtung der Regionen wurde zu 60 % auf Umsatzwachstum, zu 20 % auf
Kundenbindung und zu 20 % auf die Vereinfachung der Produktstrukturen und Produktvielfalt gelegt. Im zentralen Produktmanagement wurden diese Ziele genau gedreht, um
eine intelligente Interessens- und Zielverflechtung zu erreichen: 60 % der Zielgewichtung für
das zentrale Produktmanagement lag darauf, wie reduziert und in der Tarifvielfalt begrenzt
das Produktportfolio gestaltet ist und jeweils 20 % auf der Kundenbindung und dem Umsatzwachstum. Durch diese neue Verflechtung der Zielstrukturen von regional und zentral
wurde eine effektive Umsetzung der Produktstrategie erreicht.

Das Zielsystem muss also immer dahingehend überprüft werden, ob und wie es umgestaltet
werden muss, um den strategischen Zielsetzungen effektiv Unterstützung zu liefern. Die
größte Schwierigkeit dabei ist, die bestehenden Elemente wirklich über Bord zu werfen.

Wenn das aktuelle Zielsystem definitiv konträr zu den Ergebnis-/Fortschrittskriterien
läuft, muss zur Frage der Neugestaltung des Zielsystems übergegangen werden. Haben
Teile das Zielsystems hingegen keinen Einfluss auf die Umsetzung, ist seitens des Umsetzungsmanagers zu entscheiden, inwieweit eine Forcierung der Veränderung durch ein
unterstützendes Zielsystem gewünscht ist, oder ob mit den Einzelprofilierungen, die aus
den politischen Überlegungen hervorgegangen sind, erfolgreich gearbeitet werden kann.

Im Rahmen einer Umstrukturierung des Kundendienstes bei einem Maschinenbauunternehmen sollten die Mitarbeiter nun nicht mehr nur Reparaturen ausführen und Ersatzteile
liefern, sondern bei ihren Kundenbesuchen auch aktiv nach bestehenden Bedürfnissen des
Kunden und möglichen Verkaufschancen Ausschau halten und diese dem Vertrieb melden.
Dies erfordert eine Verhaltensänderung, denn die Mitarbeiter des Kundendienstes müssen
nun lernen, vorhandene Verkaufspotenziale beim Kunden zu erkennen und den Kunden auch
direkt danach fragen. Wenn im Zielsystem nur die Zufriedenheit des Kunden mit dem Service und die Problemlösungsdauer verankert sind, wird diese Umsetzungsmaßnahme kaum
gelebt werden.

Doch es gibt nicht nur – wie im Beispiel – ein niedergeschriebenes und administrativ
verankertes Zielsystem, das halbjährlich oder jährlich vermittels etablierter Mechaniken
kontrolliert wird, sondern ein nach meiner Beobachtung viel bedeutenderes Zielsystem:
die „ungeschriebenen" Gesetze.

Diese ungeschriebenen Gesetze, von mir auch gerne Belohnungs- und Bestrafungssy-
steme genannt, werden durch die Kultur geprägt und gelebt bzw. stellen die Kultur eines
Bereiches oder Unternehmens dar. Während formale Zielsysteme in direkter und pro-

grammatischer Kommunikation zwischen Vorgesetzten und Mitarbeitern stehen, ist die Kultur von indirekter Wirkung und repräsentiert das Selbstverständnis der Gesamtorganisation. Niemand kann sich ihr entziehen. Für mich ist es immer wieder eine erstaunliche Erfahrung, wie wenig diese beiden Systeme, das formal niedergeschriebene Zielsystem und die ungeschriebenen Gesetze, sich gegenseitig bedingen und wie sehr man daran glaubt, durch die formalen Zielstrukturen auch die Kultur beeinflussen zu können. Am formalen Zielsystem kann überprüft werden, welchen Einfluss es auf den Erfolg der Umsetzung hat und ob seine Neugestaltung erforderlich ist. Schwieriger wird es beim entscheidenden informellen Belohnungs- und Bestrafungssystem. Das stellt sich in jeder Organisation anders dar und muss erst einmal erkannt werden. Das heißt, Sie müssen sich zum Beispiel fragen: „Wann steht man in einem Unternehmen oder einem Bereich gut da und wann nicht?", „Wann redet man über jemanden auf dem Flur positiv?", „Wann wird in der Kaffeeküche über jemanden gemeckert? Finden die Leute, die früh kommen und spät gehen, Akzeptanz oder eher diejenigen, die in Gesprächsrunden aufstehen und den Mund aufmachen und andere unterstützen?", „Wird ‚anders sein' gern gesehen oder ist Konformität gewünscht?" Generell geht es bei den ungeschriebenen Gesetzen, dem Belohnungs- und Bestrafungssystemen einer Organisationseinheit, immer um die beiden Elemente Anerkennung und Status. Sie müssen also herausfinden, was Anerkennung und Status verschafft und was Ablehnung und Statusverlust nach sich zieht. Mit diesem Wissen haben Sie einen starken Hebel, den Sie für die Umsetzung nutzen können.

Umsetzungserkenntnis #30
Erfolgreiche Umsetzungen zeichnen sich dadurch aus, dass insbesondere die ungeschriebenen Gesetze gezielt adressiert werden. Formale Zielsysteme müssen angepasst werden, um die Fokussierung der Ressourcen sicherzustellen. Echtes Umsetzungsmomentum entsteht über die ungeschriebenen Gesetze.

Einer meine Klienten war sich sicher, dass die Produktivität seiner Organisation dadurch beeinträchtigt wird, dass zu viele Personen an allerlei Regelmeetings oder auch Projektabstimmungen teilnehmen. Nicht nur, dass dadurch viel Zeit verloren ging, es wurden auch jede Menge Aktionen und Vereinbarungen verabredet, die für die Erreichung der gesetzten Ziele nicht wirklich von Relevanz waren. Dieses Bauchgefühl erwies sich im Rahmen einer ersten Untersuchung als berechtigt. Es wurde klar, dass sowohl die Strukturen als auch die Verantwortlichkeiten neu geregelt werden müssen. Die Wertschöpfung war neu zu gestalten und kleinere, abgeschlossene Teams, die nur noch über klare Leistungs-/Lieferbeziehungen agieren sollten, mussten gebildet werden.
Eine Betrachtung der ungeschriebenen Gesetze machte schnell klar, dass wir hier ein grundsätzliches Problem im Bereich des vorhandenen Belohnungs- und Bestrafungssystems hatten. Denn man war als Mitarbeiter dieser Organisation hoch angesehen, wenn man zu vielen Kollegen Kontakt hatte, möglichst viele Informationen teilte und sich freiwillig und unterstützend an möglichst vielen Stellen einbrachte. Es hätte wenig gebracht sich diesem Verhalten rein strukturell und durch ein formales Zielsystem zu nähern. Vielmehr mussten wir schauen, wie

wir diese im Grunde positiven Haltungen im Sinne der Wertschöpfung straffen und nutzen konnten. So wurde die Organisation zwar neu gestaltet, aber durch die Einführung bestimmter Rollen, wie beispielsweise den Chief Gravitation Officers (CGOs), eine geregelte Interaktion zwischen den einzelnen Bereichen etabliert. Die kulturellen Werte und Anerkennungsmechaniken wurden also weiter genutzt, die dadurch entstandenen Produktivitätsdefizite jedoch beseitigt. Aufgabe der CGOs war es, sich in das aktive Geschehen bereichsübergreifend einzubringen und die Formen der Zusammenarbeit effizienter und in der Wirkung schneller zu gestalten, ohne dabei die etablierten „Gesetze" vollkommen zu missachten.

2. Die Gestaltung des Zielsystems Ist im ersten Schritt entschieden worden, das etablierte Zielsystem zu ändern, kann für jede Phase ein verändertes Zielsystem entwickelt werden. Für die beiden ersten Phasen handelt es sich dabei um temporäre Zielsysteme, während das Zielsystem für die Umsetzung langfristiger ist, um die Veränderung dauerhaft herbeizuführen.

Konzentrieren wir uns zunächst auf die formalen Zielsysteme. Diese lassen sich am besten zur langfristigen Unterstützung der Umsetzung nutzen. Dabei ist zu beachten, dass Zielsysteme unter keinen Umständen aus Bonifizierungsregeln bestehen sollten. Es ist ein Mythos, dass Menschen dann mehr leisten, wenn man ihnen Geld dafür in Aussicht stellt. Meiner Erfahrung nach ist nicht selten das Gegenteil der Fall.

Im Rahmen einer Neustrukturierung stellte der Geschäftsführer seinen Bereichsleitern für den Fall erfolgreichen Engagements beachtliche Bonuszahlungen in Aussicht. Doch diese monetären Anreize entfalteten keine echte Wirkung. Gemeinsam setzten wir uns also mit den persönlichen Interessensphären der einzelnen Bereichsleiter auseinander, brachten diese in Einklang mit der neuen Struktur, die ein wenig angepasst wurde, und richteten die Ziele an den persönlichen Zielvorstellungen der Bereichsleiter aus: Im Entwicklungsbereich wurde hierfür beispielsweise ein Technologie-Kompetenzcenter eingerichtet, was so zwar im Vorfeld nicht angedacht war, aber der Innovationsfreude dieses Bereichsleiters entgegenkommen sollte. Dem Bereichsleiter Betrieb, der mit seiner Rolle nie wirklich zufrieden war, wurde bei einer gelungenen Neustrukturierung die Nachfolgebesetzung und Unterstützung in diesem Prozess zugesagt, um sich nach zwei Jahren in eine Mentorenrolle begeben und der Optimierung der Prozesse widmen zu können. Erst als wir diese Erkenntnisse mit den geschäftsorientierten Zielvereinbarungen zusammenbrachten, entfaltete sich ein Umsetzungsmomentum. Der Fall gibt also ein gutes Beispiel dafür, dass Organisationen um Personen herumzubauen kein grundlegend falscher Ansatz ist. Meiner Erfahrung nach kann dies im Gegenteil in bestimmten Konstellationen sehr fruchtbar und ein wirklicher Grundantrieb für erfolgreiches Umsetzungsmanagement sein.

6.4   Die Emotionalisierung und Entemotionalisierung von Umsetzungsprozessen

Emotionen sind, auch darüber habe ich schon gesprochen, in der Umsetzungskonzeption und insbesondere in der Umsetzung von Strategien, Veränderungen und Projekten der entscheidende Faktor.

Abb. 6.5 Das Kräftespiel der Emotionen

Jeder weiß es von sich selbst, dass man nur mit intrinsischer Motivation, mit Passion und aus emotionaler Überzeugung eine Sache wirklich voranbringt. Und motiviert sind Sie nur, wenn Sie in einem Vorhaben für sich selbst einen Sinn erkennen und Ihre persönlichen Ziele und Interessen damit befriedigt sehen. Und diese Ansprüche sind meist nicht monetärer Art, sondern haben etwas mit der eigenen Entwicklung, Entfaltung, dem Wunsch nach Anerkennung und Status zu tun. Täglich erlebe ich diesen Zusammenhang, den man als Umsetzungsmanager erkennen und sich zur Erreichung der gesetzten unternehmerischen Ziele zunutze machen sollte. Intrinsische Motivation der Beteiligten verleiht Umsetzungsprozessen Geschwindigkeit und schützt vor destruktiven Emotionen, die sich mindestens blockierend, wenn nicht vernichtend auswirken können.

Umsetzungserkenntnis #31
Je früher Sie sich den Emotionen stellen, am besten in der Phase der Konzeption und Entwürfe, desto besser. Und haben Sie keine Angst vor Auseinandersetzungen, früher oder später kommen sie ohnehin auf, nur dass sie dann schwieriger und anstrengender sind.

Um also mehr Schwung in die Umsetzung zu bekommen, gilt es sich mit den beiden Dimensionen Emotionalisierung und Entemotionalisierung auseinanderzusetzen (siehe Abb. 6.5). Die Emotionalisierung setzt meiner Erfahrung nach am besten an den zwei Primäremotionen Freude und Neugier an, die man bei den entscheidenden Beteiligten aufspüren und im Sinne der gesetzten Ziele fördern und nutzen muss. Mit der Entemotionalisierung müssen Sie sich den Primäremotionen Angst, Neid und Frust stellen.

Emotionalisierung

• Neugier
  Machen Sie sich die Neugier einzelner Beteiligter für Ihre Umsetzung zunutze: Wer kann es kaum erwarten, ein Zukunftsbild vom neuen Partnermodell zu entwerfen? Wer hat die richtige Haltung zu bestimmten Vorgehensweisen („Ich weiß nicht genau, wie das mit dem Werttreiber und der Reduktion der Komplexität geht, aber es interessiert

mich!"). Gehen Sie Ihre einzelnen Spieler durch und fragen sich, wer worauf wie neugierig ist. Die Angst vor dem Neuen wird bei veränderungsbereiten Personen deutlich
geringer ausgeprägt sein. Nutzen Sie diese Neugier, indem Sie entsprechende Aufträge bzw. Teilprojekte mit hohen Freiheitsgraden dorthin verteilen und Sie können sich
sicher sein, dass daraus etwas Gutes wird.

- Freude
Suchen Sie nach den Engagierten im Team. Bei welchen Beteiligten ist auf bestimmten
Gebieten eine ausgesprochene Passion gepaart mit Kompetenz erkennbar? Wo und wie
lässt sich diese Passion für den Umsetzungsprozess nutzen? Diese ressourcenorientier-
te Denkweise wird in vielen Umsetzungsprojekten sträflich vernachlässigt. In einem
Umsetzungsprojekt hatten wir beispielsweise einen IT-Gruppenleiter, der eine derartige Vertriebspassion hatte, dass wir ihm ein Teilprojekt im Vertriebsbereich gegeben
haben. Nicht nur, dass derartige Maßnahmen wunderbare Gelegenheiten sind, in der
Organisation schlummernde Ressourcen und Fähigkeiten zur Entfaltung zu bringen,
sie sorgen für ein wahres Momentum.
Nehmen Sie sich die Zeit, diese Dinge zu durchdenken und zu überlegen, wie Sie die
Umsetzung unter Nutzung dieser Emotionen und im Zweifel gegen bestehende Regeln
oder Erwartungen innerhalb einer Organisation gestalten könnten. Ob Sie es dann
genauso tun, sei dahingestellt. Die Überlegung ist es allemal wert.

Entemotionalisierung

- Angst
In der Umsetzung wird Angst insbesondere durch drohende mangelnde Anerkennung,
unzureichende Möglichkeiten, sich einbringen zu können, oder drohendem Statusverlust erzeugt und mündet in Tendenzen des Rückzugs, Abwehrhaltungen und Stillstands.
Das Paradoxe daran ist, dass die meisten Ängste insofern unbegründet sind, als sie sich
auf das als negativ und bedrohlich empfundene Unbekannte richten. Ein geübter Umsetzungsmanager kann Ängste, vor allem dort, wo sie ihr Recht haben, in positive
Umsetzungsenergie umwandeln, indem er dieser starken Emotion ihre Macht nimmt.
Eine Intervention, die einfacher ist, als sie sich anhört. Viele Umsetzungsmanager
scheinen jedoch – um es offen zu sagen – zu feige, sich ihr zu stellen. Bei sauberer
konzeptioneller Vorbereitung bekommen Sie relativ zügig einen Überblick darüber, an
welchen Stellen innerhalb des Unternehmens sich etwas ändern wird und wie es sich ändern wird. Und natürlich wird es in diesem Spiel auch Verlierer geben. Etwas anderes zu
behaupten ist sinnlos, wiewohl es häufig getan wird, um die Motivation augenscheinlich
aufrechtzuerhalten und die Emotionen zu beruhigen. Diese Rechnung geht jedoch nie
auf, Ängste bleiben bestehen, saugen weiterhin Energie, da alle wissen, dass sich etwas
verändern wird. Daher gilt: Dort, wo Sie sich zu 80 % sicher sind, wen die Umsetzung
auf welche Art positiv oder negativ betreffen wird, sprechen Sie es genauso aus, so dass
der/die Betreffende die Gelegenheit hat, sich darauf einzustellen – im Positiven wie im
Negativen. Vermeidungsstrategien helfen hier weder dem anstehenden Prozess noch

den negativ betroffenen Personen – im Gegenteil. Selbstverständlich sind mir sämtliche Betriebsratsthemen in diesem Zusammenhang bekannt und mehrfach begegnet. Auch deshalb gilt: Stellen Sie sich diesen Dingen so früh wie möglich, binden Sie den Betriebsrat zu einem frühen Zeitpunkt im Sinne des Unternehmens ein und sorgen Sie für eine gemeinsame Umsetzungskultur.

- Neid

Neid kann einerseits zu feindseligem, destruktivem Verhalten führen und in einer Umsetzung für negative zerstörerische Politik sorgen. Andererseits kann er eine Triebfeder darstellen, um ein bestimmtes Ziel zu erreichen, und einen Umsetzungsprozess ungemein befruchten. Auch für den Neid gilt: Setzen Sie sich mit ihm auseinander. Dort wo positives Neidpotenzial vorhanden ist, was in der Regel bei jüngeren Führungskräften der Fall ist (selbst unter gleichgestellten), etablieren Sie entsprechende Mentor-Partnerschaften, so dass diese Entwicklungen gefördert werden. Dort wo Neid zu negativer Politik führt bzw. führen kann, sind Sie gut beraten, ihm proaktiv entgegenzuwirken und mit entsprechenden Statusanerkennungen bzw. -ausstattungen zu kompensieren. Gelingt dies nicht oder ist dies nicht möglich, haben Sie keine andere Wahl als die Situation aufzulösen. So hatten wir in einer Umsetzung einen ständigen „Neid-Krieg" zwischen der Konzernentwicklung und dem Konzerncontrolling, dem mit keinem Mittel beizukommen war, so dass letzten Endes im Controlling ein neuer Leiter ganz bewusst aus den Reihen der Konzernentwicklung benannt wurde. Sie können es sich nicht erlauben, negativer Politik Raum zu geben.

- Frust

Frust entsteht immer dann, wenn Energie investiert wird, aber nichts zurückkommt. In einem Umsetzungsvorhaben bedeutet das entweder, Sie kommen nicht voran und es entsteht dadurch ein Mangel an Energie für das Weitermachen. Oder Sie kommen zwar voran, aber es interessiert niemanden.

Verfährt man nach den bisher beschriebenen Prinzipien, so hat das Nichtvorwärtskommen seine Ursache lediglich in Überforderung, die nicht immer wirklich vermeidbar ist. Falsch ist es, hier noch mehr Druck aufzubauen. Sie müssen sich überlegen, wie Sie den Frust kompensieren und durch veränderte Rahmenparameter beseitigen können. Grundsätzlich vermeidbar ist im Umsetzungsmanagement der zweite Aspekt: Frust entsteht, weil die investierte Energie niemanden interessiert. Übersetzt bedeutet dies: mangelnde Anerkennung und Belohnung von Fortschritten. Gerade in deutschen Unternehmen gilt sehr häufig das Prinzip: „Nicht gemeckert ist genug gelobt." Eine fatale Fehleinschätzung. Es gilt jeden kleinen Fortschritt zu belohnen und zwar nicht monetär, sondern mit Anerkennung, aufrichtigem Interesse und der Einbindung in Themen, die diese Person emotional oder inhaltlich anspricht und interessiert.

Es ist hilfreich, sich in Form einer Emotionslandkarte für die entscheidenden Personen (in der Regel nicht mehr als fünf bis zwanzig bei großen Umsetzungsvorhaben) die fünf Emotionen zu vergegenwärtigen. „Wovor hat die jeweilige Person Angst, auf was ist sie neidisch, was frustriert sie? Was macht diese Person neugierig, was macht ihr Freude?"

Sie werden aus solchen Überlegungen wertvolle Erkenntnisse erlangen und einschätzen können, wen sie auf welche Art mit welchen Dingen in der Umsetzung betrauen respektive wie Sie die Rollen und Verantwortlichkeiten verteilen.

Umsetzungserkenntnis #32
Emotionen sind entweder die wahren Umsetzungsbeschleuniger oder die stärksten Bremsen. Grund genug, sich mit ihnen auf einzelne Personen und auf ihre Interaktion bezogen auseinanderzusetzen und sie zu nutzen.

In Abhängigkeit vom jeweiligen Kontext existieren verschiedene Möglichkeiten, um entweder zu Emotionalisierung oder Entemotionalisierung zu kommen. Beispielsweise könnte man mit einem Teamessen mit dem Vorstand oder einer Präsentation der Projektergebnisse, die zu einer Statussteigerung des Projektleiters führt, positive Emotionalisierung erreichen. Entemotionalisierend kann man einwirken, indem man Katastrophenvorstellungen vorwegnimmt und damit bestehende Angst verringert. Auch können Angst, Neid und Frust so umgelenkt werden, dass sie als Emotionalisierungsfaktoren nutzbar sind. Angst kann eine unglaubliche Kraft entstehen lassen für Dinge, die sonst nicht möglich sind.

6.5 Umsetzungspolitik – Das Zusammenspiel der Kräfte regeln

Unter Umsetzungspolitik verstehe ich die gezielte Verflechtung der Einzelinteressen der Beteiligten im Sinne der Zielsetzung zu einem gut funktionierenden politischen Gesamtkonstrukt. Also sollte man sich auch mit dieser Dimension intensiv beschäftigen und sie nicht, wie leider häufig der Fall, dem Zufall überlassen. Gehen Sie Fragen nach wie diesen: Wer hat aus welcher Intention heraus welche Interessen? Wo gibt es Schnittmengen? Wo divergieren die einzelnen Interessenskreise? Auch hier gilt – wie bisher immer – die Regel: Dies von Anfang an zu durchdenken und proaktiv zu adressieren kann für ein beschleunigtes und in diesem Fall auch entspanntes Arbeiten in der Umsetzung sorgen.

Umsetzungspolitik wird umso relevanter, je intensiver die Veränderung durch das Vorhaben ist und je größer die Anzahl an direkt Betroffenen ist. Und es ist nie zu spät, mit gezielter Umsetzungspolitik ein Vorhaben von unnötigen Widerständen zu befreien und wieder in Schwung zu bringen. Allerdings bedarf es hierzu strikter Konsequenz, die nicht unbedingt Härte bedeutet, durchaus aber die eine oder andere nach außen hin hart wirkende Entscheidung mit einschließt. Ohne den Mut zu klaren Entscheidungen ist auch keine konsequente Umsetzungspolitik möglich.

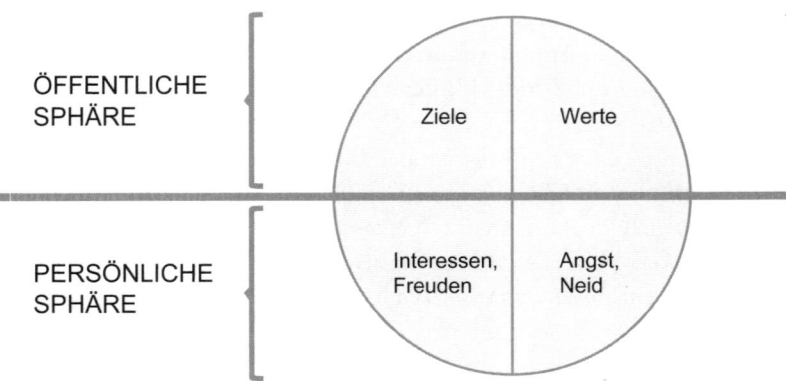

ÖFFENTLICHE
SPHÄRE

PERSÖNLICHE
SPHÄRE

Ziele   Werte

Interessen,   Angst,
Freuden   Neid

Abb. 6.6 Die öffentliche und persönliche Sphäre

Kolbusa's Umsetzungspolitik-Programm

1. Die relevanten Personen auflisten
   Listen Sie auf, mit welchen Personen Sie es in Ihrem Projekt zu tun haben. Zu den relevanten Personen gehören alle, die für Sie im Rahmen des Umsetzungsvorhabens eine entscheidende Rolle spielen wie zum Beispiel Stakeholder jeglicher Art, Projektsponsoren, Projekttreiber, Projektleiter, Führungskräfte verschiedenster Bereiche oder Abteilungen, Träger von Schlüsselkompetenzen etc. Nehmen Sie ein Blatt Papier, schreiben Sie alle relevanten Personen auf.
2. Die Powermap – Einstellungen ermitteln
   Setzen Sie sich mit jeder dieser Personen auseinander bezüglich der öffentlichen Sphäre: Welche Ziele und welche Werte verbinden sich mit ihr? (siehe Abb. 6.6) und bezüglich der persönlichen, der emotionalen Sphäre: Welche Interessen und Freuden spielen für sie eine Rolle und was bereitet ihr Sorge bzw. Angst und was macht sie unter Umständen neidisch?
3. Die Powermap – die Gemengelage visualisieren
   In Form eines Wirknetzes vernetzen Sie die Kreise der einzelnen Personen entlang der Frage: Wer beeinflusst wen? Stärkere Beeinflussungen können Sie durch dickere Pfeile darstellen und Sie können zusätzlich zwischen positiven und negativen Beeinflussungen unterscheiden. (siehe Abb. 6.7)
4. Die Politiklandschaft verstehen
   Mithilfe einer Aktiv-Passiv-Matrix kann das Wirknetz ausgewertet und interpretiert werden (Vester 2002). Ziel ist es, diejenigen Faktoren bzw. Personen zu ermitteln, die in Bezug auf die Fragestellung „Wer übt in meinem Umsetzungsvorhaben den größten Einfluss in positiver oder negativer Form aus?" relevant sind. Eine Person wirkt aktiv, wenn sie andere Personen direkt oder indirekt beeinflusst und je stärker sie das tut, umso weiter oben ist sie in der Matrix angesiedelt. Je passiver eine Person ist, desto weiter rechts ist sie angeordnet. Reaktiv ist eine Person, wenn sie beeinflusst oder getrieben wird, während puffernde Personen weder selbst andere

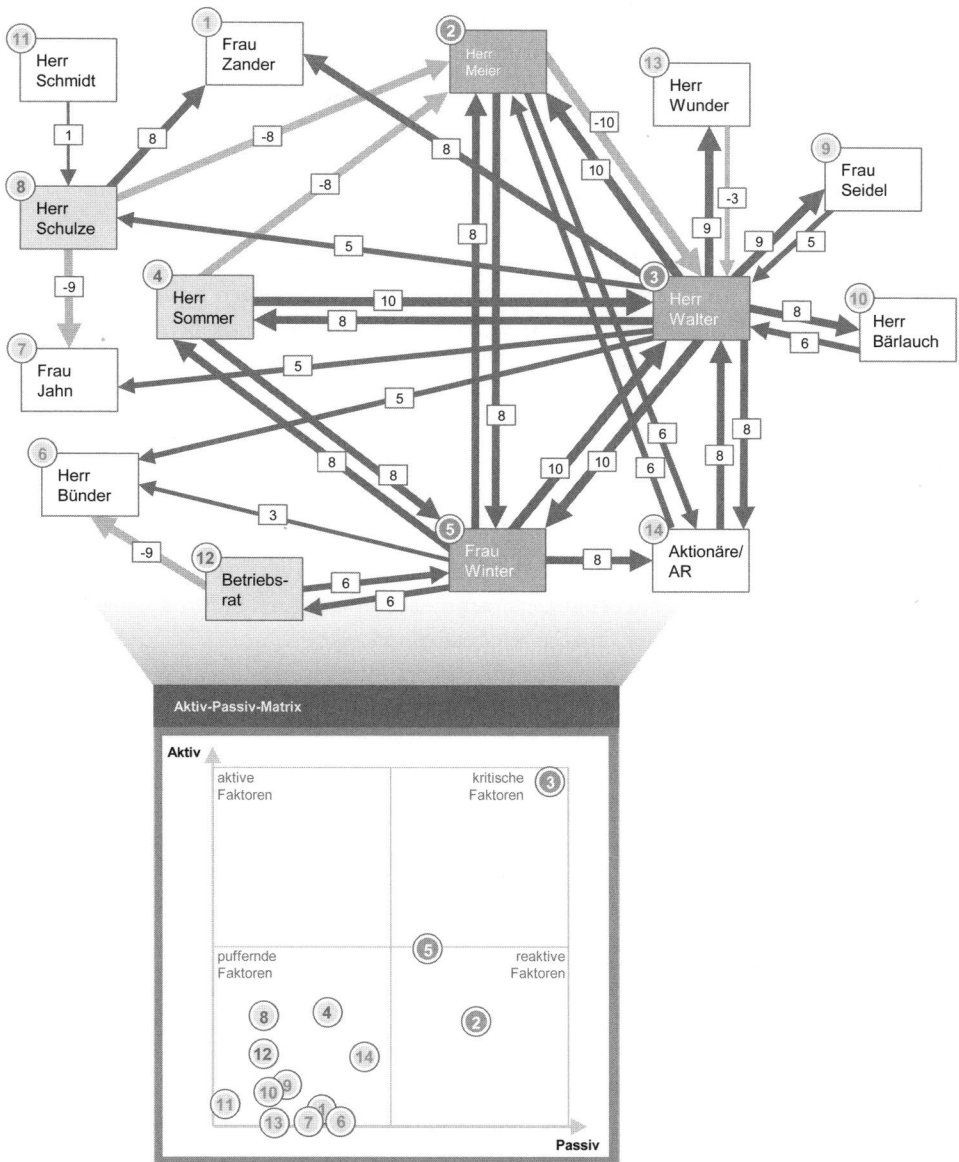

Abb. 6.7 Beispiel eines Interessenwirknetzes mit Aktiv-Passiv-Matrix

stark beeinflussen noch selbst stark beeinflusst werden. Am leichtesten ist die Erzeugung der Aktiv-Passiv-Matrix mithilfe einer Software. Ansonsten können Sie aber auch die Personen mit ihren jeweiligen positiven oder negativen Einflüssen in eine Einflussmatrix übertragen. In der Matrix werden die Aktiv- und Passivsummen gebildet und in ein System-Grid übertragen. Ist Ihr Wirknetz relativ übersichtlich, lassen sich die Personen, die direkt und indirekt für Widerstände sorgen, auch ohne Aktiv-Passiv-Matrix oder System-Grid ermitteln.

In der Beispielmatrix (siehe Abb. 6.7) ist Herr Walter (Nr. 3) ein kritischer Faktor. Kritische Faktoren haben sowohl aktiven als auch reaktiven Charakter, das heißt, Herr Walter hat eine sehr starke Wirkung auf alle im Umsetzungsvorhaben relevanten Personen, wird jedoch selber auch direkt oder indirekt stark beeinflusst. Er kann als Beschleuniger und Erzeuger positiver Stimmung im Umsetzungsvorhaben genutzt werden. Aber es muss ebenfalls stark darauf geachtet werden, dass er nicht negativ beeinflusst wird und das Projekt so zum Kippen bringt. Herr Meier (Nr. 2) und Frau Winter (Nr. 5) werden hingegen sehr stark beeinflusst, haben selbst aber keine große Wirkung auf die anderen Beteiligten. Sie eignen sich als gute Indikatoren für die herrschende Stimmung im Projekt.

5. Die Analyse der Ergebnisse

Aus den Erkenntnissen können Sie nun für sich und ihre Umsetzung diverse Schlüsse ziehen und entsprechende Maßnahmen einleiten. Hierzu helfen Ihnen die folgenden Fragestellungen:

a. Welches sind die entscheidenden Erfolgstreiber für ihre Umsetzung? Wie können Sie diese in Form eines oder mehrerer Gremien in ihrem Umsetzungsvorhaben zueinander bringen oder etablieren?

b. Gibt es Personen, die Sie aufgrund der Erkenntnisse aus der Powermap nie auf ihre Seite ziehen können, da Sie ihre persönlichen Interessen und Ziele niemals mit dem Umsetzungsziel in Einklang bringen können?

c. Können Sie diese Personen umgehen oder müssen Sie versuchen, ihr Umsetzungsvorhaben mit dem Wissen um den vorhandenen Widerstand zu managen und wie können Sie diesen Widerstand möglichst früh brechen oder bewusst eskalieren?

d. Gibt es Personen oder Personengruppen, die derzeit noch gegen ihr Umsetzungsvorhaben arbeiten, die Sie aber durch aktive Beeinflussung auf ihre Seite ziehen können? Welches sind die am stärksten beeinflussenden Personen an diesen Stellen und auf welcher emotionalen Ebene beeinflussen sie?

e. Gibt es Gruppen- oder Bündnisbildungen, die das Gesamtziel aktiv unterstützen? Können Sie noch weitere Personen in diese Gruppe ziehen?

Diese Quick-Steps helfen Ihnen, die politische Situation ihres Umsetzungsvorhabens transparent zu machen. Denn erst wenn Sie Ihre Freunde und Gegner kennen und sich ein Bild über ihre jeweiligen Interessen gemacht haben, können Sie das Geschehen aktiv steuern. Das ist Umsetzungspolitik.

Am Ball bleiben: Konsequenz statt Härte!

7

Zusammenfassung

Viele Umsetzungsvorhaben gelingen deshalb nicht wie geplant, weil bei aufkommenden Schwierigkeiten zu schnell aufgegeben wird. Sowohl was die zu erreichenden Ergebnisse anbelangt als auch die Zeitfenster, in denen Dinge erledigt werden sollten, fehlt es oft an der nötigen Konsequenz im Handeln. Da die Weichen für ein erfolgreiches Umsetzungsmomentum am Anfang gestellt werden, ist es sehr schwer, einmal verkehrt aufgesetzt wieder den richtigen Dreh zu bekommen. Die Gelassenheit und Ruhe am Anfang schlägt im Verlauf und vor allem gegen Ende des Prozesses in (eigentlich) unnötige und ineffiziente Hektik um. Die auftretenden und alles andere als ungewöhnlichen Widerstände und Schwierigkeiten dämpfen schnell die einmal gesetzten Erwartungen. Man gibt sich mit weniger zufrieden und ist froh, trotz des zum Ende hin zunehmenden Drucks doch noch etwas Vernünftiges produziert zu haben.

Gerade bei Strategieumsetzungen ist Konsequenz entscheidend. Es ist schon schwer genug, Umsetzungsvorhaben neben dem Tagesgeschäft zu erledigen, es sind auch beträchtliche Energien notwendig, den auftretenden Widerständen einzelner Personen oder gesamter Organisationsteile zu begegnen. Erfolgreiche Umsetzungsvorhaben, so meine Beobachtung, zeichnen sich allesamt durch ein enormes Maß an Konsequenz aus. Wohlgemerkt Konsequenz, nicht Härte. Das notwendige konsequente Handeln lässt sich anhand einiger Regeln sowohl für die Führung der eigenen Person wie auch für die des Umsetzungsteams beschreiben. Wichtig ist es, den Unterschied zwischen Konsequenz und Härte in der Führung zu beachten sowie eine entsprechende Kultur zu etablieren – hierzu werde ich Ihnen einige Tipps geben.

Auch die üblichen Umsetzungsreportings, die auf Meilensteinen und Aktivitäten basieren, sind nicht wirklich auf das Managen des Fortschrittes gegenüber des angestrebten Zielzustandes bzw. Ergebnisses gerichtet. Infolgedessen entsprechen sie während der Pro-

M. Kolbusa, *Umsetzungsmanagement*,   137

DOI 10.1007/978-3-658-02237-2_7, © Springer Fachmedien Wiesbaden 2013

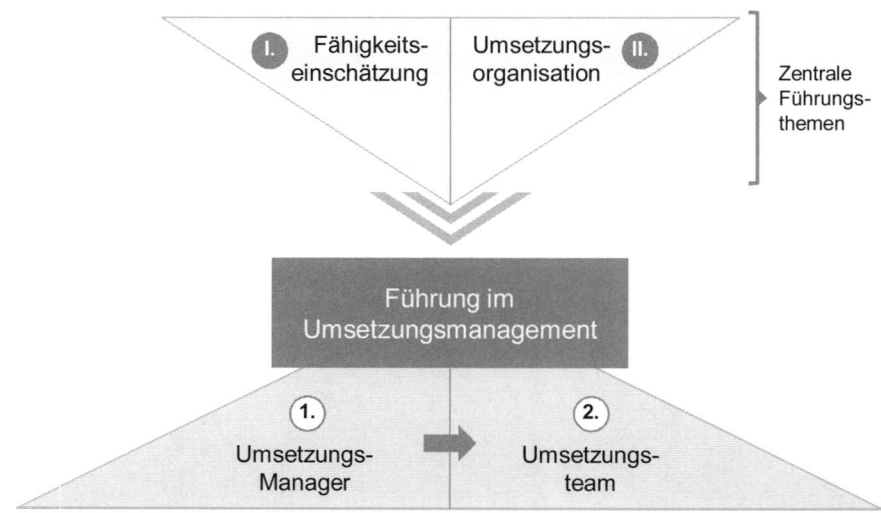

Abb. 7.1 Die zentralen Elemente der Führung

jektlaufzeit immer weniger der Realität und erweisen sich so immer wieder als, wie ich es gerne nenne, „Farbenwunder". Egal ob auf Teilprojektebene bestimmte Aspekte „gelb" oder „rot" gemeldet werden, der Projektgesamtstatus ist in der Summe erstaunlicherweise immer grün. Auch hier gilt es konsequent und klar zu sein und sich die Dinge nicht schönzureden, sondern wenn nötig zu korrigieren, um so der Mannschaft echte Fortschritte und Erfolge anzeigen zu können.

7.1 Führung – Keine Kompromisse

Selbst die beste Ergebnisorientierung und Methodik ändert nichts daran, dass – so meine Beobachtung – der Umsetzungserfolg zu mehr als der Hälfte von der Führung abhängt, also der Fähigkeit und dem Willen ergebnisorientiert zu managen. Und diese Fähigkeit ist zumindest zum größten Teil erlernbar, das heißt: Führung ist Handwerk und kein Hexenwerk. Letzten Endes geht es darum, sich selbst die richtigen Prinzipien aufzuerlegen und mit der notwendigen Konsequenz, Disziplin und Resilienz umzusetzen. Eine Strategie und ein Konzept sind erst dann etwas wert, wenn aus ihnen Realität wird. Und diese Realität erfordert konsequente Führung, die zur wahrhaften Kunst wird, wenn es Ihnen durch die Emotionalisierung der Beteiligten gelingt, aus einem Push- in einen Pull-Modus kommen, der die Umsetzung quasi zum Selbstläufer macht.

Zwei Aspekte sind dabei in der Führung von Umsetzungsvorhaben von zentraler Bedeutung (siehe Abb. 7.1):

1. *Fähigkeitseinschätzung*

   Sie müssen Ihre Ansprüche und Erwartungen an den Umsetzungsprozess abgleichen mit Ihren eigenen und den Fähigkeiten aller Beteiligten, sich also mit der Frage beschäftigen: „Was können wir realistischerweise leisten?" Diese beiden Pole, nämlich Anspruch und Wirklichkeit, müssen in ein produktives Spannungsverhältnis gebracht werden, dann entsteht Umsetzungsmomentum. Die Frage, was ist machbar und verkraftbar, muss realistisch, darf aber nicht defätistisch – „es geht ohnehin nichts" – beantwortet werden. Es ist nicht sehr sinnvoll sich vorzunehmen, in drei Monaten einen Vortrag auf Spanisch zu halten, wenn Sie noch kein Wort Spanisch sprechen. Genauso absurd aber ist es, sich für die Durchsetzung einer zehnprozentigen Produktivitätssteigerung in einem Unternehmen oder Bereich zwei Jahre Zeit zu nehmen. Eine strategisch sinnvolle und wünschenswerte Marktanteilssteigerung von 20 % in den nächsten zwölf Monaten anzustreben wird kaum gelingen, wenn die Vertriebsorganisation in ihren etablierten Prozessen und Strukturen bisher jährlich maximal 3 % geschafft hat. Aber ist das Verhältnis von internen zu extern beigestellten Mitarbeitern aktuell 2:1, wieso soll es mehr als zwölf Monate beanspruchen, dieses Verhältnis auf 3:1 oder gar 4:1 zu bringen?

   Gutes Umsetzungsmanagement setzt sportliche und ambitionierte Ziele, dies aber im klaren Wissen um bestehende Strukturen, nutzbare Ressourcen und vorhandenes Potenzial, das heißt um mögliche Einschränkungen. Dafür braucht es Erfahrung und einen ungetrübten und unerschrockenen Blick. Es bringt nichts, sich Dinge vorzunehmen, aus denen nichts werden kann. Das führt auf der persönlichen Ebene nur zu Depressionen und auf der organisatorischen zu Frust. Andererseits sollte man auch nicht unter seinen Möglichkeiten bleiben und das Wagnis eines schnellen Prozesses gar nicht erst eingehen. Denn die Erfahrung lehrt, dass meist erheblich mehr geht als ursprünglich angenommen.

2. *Umsetzungsorganisation*

   Wenn Sie die grundsätzliche Leistungsfähigkeit und -bereitschaft des Umsetzungsteams einschätzen können, geht es im nächsten Schritt darum zu überlegen, wie Sie zu den neuen, geplanten und konzipierten Strukturen, Abläufen, Gewohnheiten und Kompetenzen kommen, sich selbst, ihr Team und die Zielorganisation dafür organisieren müssen.

   Um doch noch den Vortrag auf Spanisch halten zu können, könnten Sie beispielsweise vornehmen, einen zweiwöchigen Intensivkurs zu besuchen oder aber ein Jahr lang täglich 30 min ihre Sprachfertigkeit üben. Oder die Vertriebsorganisation könnte vielleicht mithilfe veränderter Zielsysteme und entsprechender Vertriebstrainings in einzelnen Teams für die angepeilten Veränderungen sorgen oder eine sogenannte „Helden-Truppe" entwickeln, die völlig neue Vertriebsmethoden ausprobiert und diese dann im Train-the-Trainer-Modus multipliziert. Solche Veränderungen müssen jedoch immer parallel zum unverändert laufenden Tagesgeschäft bewerkstelligt werden und das bedeutet wiederum, gut zu planen. Auch hier gilt wieder: Verwenden Sie weder Methoden oder Vorlagen, die einmal funktioniert haben, noch irgendwelche

Best Practices. Die können befruchtend wirken, sollten aber nicht maßgebend für Ihr Vorgehen sein. Spielen Sie mehrere Varianten durch und entscheiden Sie dann. Ich mache jede Umsetzung in bestimmten Facetten bewusst anders. Natürlich habe ich dabei manchmal die Sorge, ob es klappen wird, aber meist entstehen daraus sehr gute Lösungen. Fehler, die dabei auch auftreten, werden korrigiert und dann geht es weiter – und zwar schneller und reibungsloser, als wenn ich Blaupausen oder etablierte Verfahren 1:1 umgesetzt hätte. Durchdenken Sie die Dinge selbst, dann finden Sie auch immer den kürzesten Weg.

Das größte Risiko dabei sind im Zweifel Sie selber als der verantwortliche Umsetzungsmanager, der ebenso wie alle anderen immer auch auf der Suche nach Sicherheit und Halt ist. Und der wird – wie erläutert – grundsätzlich immer zuerst in etablieren Vorgehensweisen, klaren Plänen und Erfahrungen gesucht. Daher ist es so wichtig, dass Sie die Einschätzung der Fähigkeiten und die Umsetzungsorganisation auch und vor allem zuerst auf sich selbst bezogen reflektieren und dann erst im Hinblick auf Ihr Team und die Organisation.

* Der Umsetzungsmanager
  Sie sollten Ihr persönliches Managementsystem gründlich reflektieren, um zu einer ergebnisorientierten, also nicht inputorientierten Führung zu kommen, die auch die Emotionalisierung der Beteiligten einschließt.
  Auch hier gibt es nicht das eine und richtige Verfahren, den einen und richtigen „Stil". Dafür sind wir alle zu unterschiedlich. Ihr Stil muss nur jeweils sicherstellen, dass:
  a. Sie stets und zu jedem Zeitpunkt ein klares Bild davon haben, *was* Sie erreichen wollen und nicht *wie* Sie es erreichen wollen! Leider klammern die meisten sich am „Wie" fest, anstatt sich mit dem „Was" zu beschäftigen. Zwar sind Fragen wie „Wie kommunizieren wir?", „Wie machen wir das Reporting?", „Wie strukturieren wir die Teilprojekte?" usw. wichtig, aber nicht unbedingt am Anfang. Gelassen bleiben, was das Wie angeht, ist die Maxime.
  b. Sie von diesem Bild aus immer wissen, woran Sie erkennen, ob Sie vorwärtskommen, ins Stocken geraten oder ob gar Teile ihrer Umsetzung dabei sind, den Rückwärtsgang einzulegen. Sie sollten wenige klare Fortschrittskriterien entwickelt haben.
  c. Sie nicht unbedingt über den gesamten Verlauf absolute Methodenklarheit haben – eine Gewissheit, die im Übrigen sogar kontraproduktiv sein kann. Mit welchen Methoden warum etwas machen? Was genau ist der Sinn? Was ist der Ergebnisbeitrag? Nur mit dieser Klarheit schaffen Sie Sicherheit, Zufriedenheit und Motivation.
  d. Sie je nach Umsetzungsart und -größe alle zwei bis vier Wochen mit allen Teilprojekten einen Review durchführen. Klären Sie, wo Sie in den einzelnen Teilprojekten stehen und wie es um das Ineinandergreifen und den Beitrag zum Ganzen steht. Sie verhindern so, dass Sie trotz vielleicht vieler guter Einzelleistungen im Ganzen nicht synchronisiert und erfolgreich vorankommen.
  e. Sie an Ort und Stelle beobachten, verstehen und sich einbringen. Verlassen Sie sich niemals auf das, was Ihnen berichtet wird, oder was Sie über Hörensagen

erfahren. Machen Sie sich stets ihr eigenes Bild. Nur Entscheidungen und Aktionen anhand klarer Beobachtungen und Beweise, nicht auf Basis von Vermutungen oder Interpretationen. Das hat nichts mit Misstrauen zu tun, sondern damit, dass Wahrnehmungen sehr unterschiedlich sein können, ohne dass die einen falsch, die anderen richtig sind. Für erfolgreiches Umsetzungsmanagement ist Ihre Perspektive gefragt.

    f. Sie auf Ihr Erfahrungsgefängnis achten, indem Sie sich regelmäßig fragen: Müssen wir das wirklich tun? Gibt es nicht eine Abkürzung? Geht das nicht einfacher? Können wir das im Sinne des Ergebnisses nicht mit weniger Aufwand machen? Wenn etwas nicht wirklich zum Ergebnis beiträgt, dann hören Sie damit auf und zwar konsequent. Als guter Umsetzungsmanager können Sie loslassen.

- Das Umsetzungsteam
Mit dem Umsetzungsteam ist die faktische Umsetzungsorganisation, die die einzelnen Teilprojekte bearbeitet, gemeint. Die dort etablierten Teams müssen nach einheitlichen Prinzipien von sehr produktiven Teilprojektleitern geführt werden. Diese übernehmen üblicherweise aus einer operativen Rolle heraus diese zusätzliche Verantwortung, deshalb können und dürfen Sie nicht davon ausgehen, dass sie immer genau wissen, was wie zu tun ist. Bemühen Sie sich im eigenen Interesse darum, die Teilprojektleiter von dem etablierten und verführerischen „Inputdenken" abzubringen und fragen Sie immer wieder nach, ob sie dem vereinbarten Ergebnis näher kommen, was sie unsicher, was sie sicher macht, und wie die konkreten nächsten Schritte aussehen. Diese Selbstprüfung sollte jedes Teilprojekt wöchentlich durchlaufen. In diesem Zusammenhang ist es wichtig, dass sich das Umsetzungsteam von Plänen und To-Do-Listen weitestgehend verabschiedet und mit Ergebnislisten arbeitet: Was ist bis Ende nächster Woche fertig gestellt? Was liegt an Fortschritt bzw. an Zwischenergebnissen vor?
Ich stelle immer wieder fest, wie schwer es Teams anfänglich fällt, nach genau diesen Prinzipien vorzugehen. Wenn Ihnen hier ein Umerziehungsprozess gelingt, werden Sie enorme Produktivität in der Umsetzung erfahren.
Außerdem sollte Sie gemeinsam mit dem Umsetzungsteam Prinzipien der Zusammenarbeit vereinbaren und für deren konsequente Einhaltung sorgen. Neben umsetzungsspezifischen Vereinbarungen kann ich Ihnen aus der Praxis die folgenden Grundsätze an die Hand geben:

    a. Man kann zusammen wunderbar diskutieren, Meinungen einholen und sich dementsprechend „reiben". Konzeptionelle Denk- und Entwicklungsarbeit leistet der Mensch aber am besten für sich alleine. Das ist anstrengend und bedarf der Übung, führt aber am Ende nicht nur zu mehr Geschwindigkeit, sondern auch qualitativ besseren Ergebnissen.

    b. Die Konsequenz aus dem ersten Punkt ist, dass Workshops dazu dienen, Konzepte vorzustellen und zu diskutieren, Alternativen gemeinschaftlich abzuwägen und verschiedene Sichtweisen zu bekommen. Sie dienen nicht dazu, Dinge gemeinsam zu erarbeiten. Die zu besprechenden Themen werden vernünftig vor- und nachbereitet, um bei der nächsten Zusammenkunft die erarbeiteten Ergebnisse wiederum vorzustellen und zu diskutieren. Workshops werden so auf ein zeitliches Minimum reduziert und dauern von wenigen Ausnahmen abgesehen maximal zwei oder drei Stunden.

c. Gleiches gilt für Meetings. Es geht hierbei ausschließlich um kurze Status-Darstellungen bezogen auf Ergebniserreichung, bestätigende oder verunsichernde Faktoren, entsprechenden Entscheidungsbedarf sowie die Vereinbarung der nächsten Schritte. Meetings dauern so niemals länger als 30 min, denn Gespräche fangen danach an, sich im Kreis zu drehen. Meist liegt es an unzureichender Vorbereitung oder der Verlagerung der Denkarbeit in das Meeting, wenn viel Zeit dafür in Anspruch genommen werden muss.

Wir Menschen verschätzen uns ständig mit dem, was uns an Zeit zur Verfügung steht. Sorgen Sie dafür, dass in den Teilprojekten mit Bezug auf die Ergebnisse die nächsten Tätigkeiten abgeschätzt und neben den vielen anderen Verpflichtungen in die Kalender eingetragen werden. Das Ergebnis wird realistisches, entspanntes und dennoch sehr produktives Arbeiten sein.

Mit ein wenig Übung stellt sich dann auch ein immer höheres Maß an Schätzgenauigkeit ein. Natürlich läuft man dabei Gefahr, in die „Geht-nicht"-Spirale zu geraten. Dagegen helfen folgende Führungsprinzipien, über die ich in größeren Umsetzungsprogrammen mit allen Projekt- und Teilprojektleitern oft diskutiere – wertvoll investierte Zeit.

Kolbusas Führungsprinzipien in der Umsetzung

- Geschwindigkeit und zwar von Anfang an
  In die meisten Umsetzungen kommt erst gegen Ende Geschwindigkeit rein, wenn der Druck zur Ergebnislieferung plötzlich hoch wird. Gute Führung sorgt hingegen dafür, dass schon von Anfang an die notwendige Geschwindigkeit vorhanden ist, dass es zwischendurch Trainings gibt und auch ausreichend Erholungszeiten vorhanden sind. Mithilfe klarer Ergebnisorientierung und diesen Prinzipien kommen Sie entspannt schnell voran. Wichtig ist, dass Sie keine Dauer-Sprints fordern. Das Prinzip heißt: Sprint, Training, Erholung, Sprint usw.
- Regelmäßiges Training
  Mit Training meine ich nicht, dass Sie gemeinschaftliche Fitnessprogramme absolvieren oder in Klettergärten herumturnen sollen, sondern dass Sie als Umsetzungsmanager sich selber und Ihre Teilprojektleiter regelmäßig und mit möglichst großem inneren Abstand das betrachten, was Sie im Moment tun, was dabei gut läuft, was weniger gut gelaufen ist und welche Dinge Sie unter Umständen anders, weil einfacher und direkter hätten tun können. Verschaffen Sie sich zu Ihren Problemen und Themen das, was die Komplexitätsforscher die „optimale kognitive Distanz" nennen. Betrachten Sie Ihre Themen und Probleme mit Abstand und aus unterschiedlichen Perspektiven, damit Sie a) nicht oberflächlich werden und sich b) nicht in unnötigen Details verstricken. Geben Sie sich die Zeit zu lernen und zu

reflektieren. Dazu reichen allerdings die letzten zehn Minuten am Ende eines Status-Meetings nicht aus. Ich habe gute Erfahrungen damit gemacht, am Anfang einer Umsetzung alle zwei Wochen zwei Stunden Zeit dafür zu veranschlagen und später alle vier Wochen. Dabei ist es hilfreich, nicht involvierte Sparringpartner entweder aus oder außerhalb der Organisation dazuzuholen, um Anregungen für alternative Vorgehensweisen und Methoden zu bekommen.

- Konsequente Verlässlichkeit und Verbindlichkeit
  Sorgen Sie im Kleinen (von Meeting zu Meeting) wie auch im Großen (beispiels-weise Vereinbarungen an Schnittstellen von Teilprojekten) für Verlässlichkeit und Verbindlichkeit. Managen Sie stets nach dem Motto: Jede Vereinbarung kann neu ausgehandelt werden, solange dies proaktiv von einem Partner erfolgt. Kurz vor Toresschluss (im Meeting) zu sagen, dass man die Aufträge leider nicht geschafft hat, ist ein Unding und sofort zu sanktionieren. Wollen Sie Erfolg, führt kein Weg an der Etablierung einer Kultur der absoluten Verlässlichkeit vorbei. Sorgen Sie da-für, dass am Ende eines jeden Meetings festgehalten wird, was bis zum nächsten Mal von wem erledigt wird. Dafür brauchen Sie keine ausführlichen Protokolle, die meist sowieso nur Energie- und Zeitverschwendung darstellen. Es ist keine Katastrophe, wenn jemand während des Verlaufes erklärt, dass er nicht alles schafft und sein Comittment neu aushandelt. Aber es erst im Meeting mitzuteilen, muss öffentlich gerügt werden.

- Realisten statt Optimisten
  Erfolgreiches Umsetzungsmanagement braucht selbstverständlich einen positiven Geist. Optimismus kann jedoch nicht nur lächerlich, sondern später sehr frustrierend werden. Sich die Dinge schönzureden und falsche Erwartungen zu wecken ist falsch. Erziehen Sie Ihre Teilprojektleiter in der Form, dass sie sich immer wieder auch Katastrophen vorstellen, um nachher keine unvorstellbaren Katastrophen zu erleben, das heißt, sich jeweils den aktuellen Themen mit allem, was dazugehört zu stellen, ohne sich in irgendeiner Weise etwas vorzumachen.

- Echte Prioritäten
  Als Umsetzungsmanager sind Sie geradezu verpflichtet, klare Prioritäten zu setzen und diese auch zu kommunizieren. Ist Ihnen auch schon einmal aufgefallen, dass sich die Pläne von Umsetzungsprogrammen, egal in welcher Branche oder Nation, am Anfang immer ballen und zum Ende hin sind immer weniger Gantt- oder sonstige Planungsbalken zu sehen? Dabei müssen gerade am Anfang deutliche Prioritäten gesetzt werden, um in wenigen, aber wichtigen Themen schnellen Fortschritt zu erreichen. Versuchen Sie stets drei Dinge wirklich voranzubringen anstatt hundert Dinge nur ein paar Zentimeter. Letzteres ist nicht nur ineffizient, sondern auch frustrierend. Je fokussierter Sie ihre Ressourcen ausrichten, desto erfolgreicher und stressfreier wird ihre Umsetzung. Es ist an ihnen als Umsetzungsmanager, den von allen Seiten selbstverständlich aufkommenden Druck und Wunsch, alles Mögliche auf einmal und parallel machen zu sollen, auszuhalten und zu kompensieren.

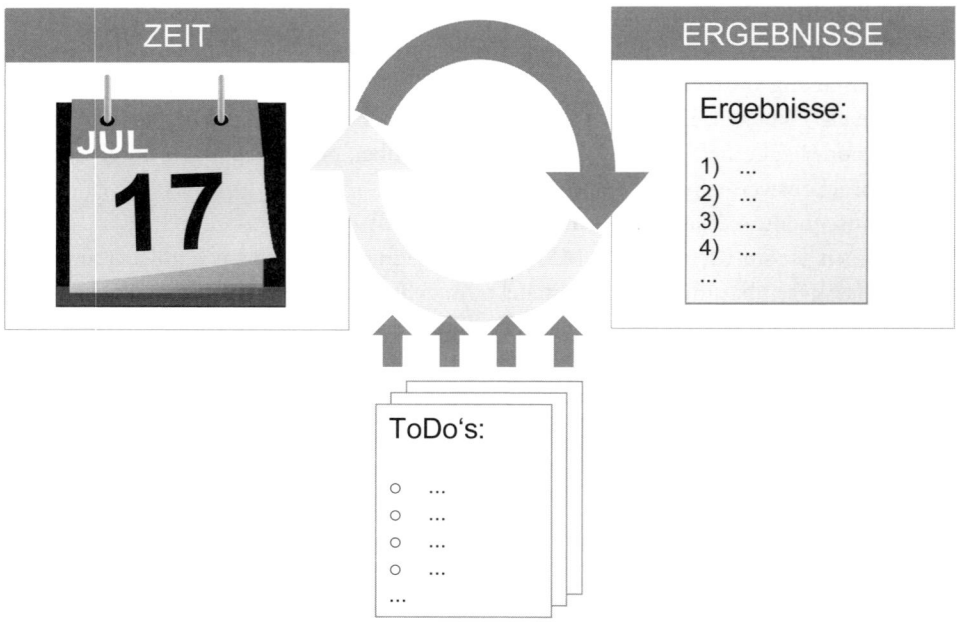

Abb. 7.2 To-Do-Listen als nicht notwendiges Bindeglied zwischen Zeit und Ergebnissen

- Keine Überfrachtung des Teams
  Motivation entsteht aus Erfolg. Daher ist es so wichtig, ergebnis- und nicht aktivitäts-
  orientiert zu arbeiten, so dass man von Woche zu Woche nicht nur merkt, sondern
  an der sukzessiven, spürbaren Erfüllung der Fortschrittskriterien auch sieht, dass es
  vorangeht. Dafür ist es wichtig, dass alle Beteiligten die Zusammenhänge des Umsetzungsvorhabens kennen. Außerdem muss maßvoll gearbeitet werden. Kein Mensch
  kann auf Dauer konzentriert und vernünftig mehr als acht Stunden am Tag arbeiten
  und darauf sollte das Umsetzungsmanagement ausgelegt sein. Es ist grundsätzlich
  unsinnig, mit anderen Annahmen zu arbeiten. Auch hierfür ist das wöchentliche
  „Kalender-Management" ein hilfreiches Werkzeug. Vermeiden Sie, dass der Motor
  heißläuft. Sprüche wie: „Dann müssen wir eben 120 % verplanen", mögen heldenhaft
  klingen und sich in den ersten Wochen auch heldenhaft anfühlen, produktiv ist man
  damit nicht.

Arbeiten Sie an keiner Stelle in der Umsetzung mit To-Do-Listen. Diese sind nur trüge-
rische Zwischenhändler zwischen den Aufgaben und der Zeit, der wichtigsten Ressource,
die ihnen und Ihrem Team zur Verfügung steht. Zeit wird nur durch Ihren Kalender
und den Ihrer Teammitglieder repräsentiert (siehe Abb. 7.2). Ich halte To-Do-Listen aus
folgenden Gründen für nicht sinnvoll:

- Ihre Erstellung und Verwaltung bedeutet nicht unerheblichen Aufwand.
- Sie sitzen einem im Genick, machen einem ein schlechtes Gewissen und erzeugen meist
  nur Frust, da ohnehin nie alles Eingetragene erledigt werden kann.

- Sie sind unkalkulierbar und vage, da aus ihnen keine Ergebnisse, sondern nur Aktivitäten abgelesen werden können. Und selbst wenn Aktivitäten hinsichtlich ihres Zeitaufwandes geschätzt werden, stehen sie noch in keinem Kalender und haben damit kein fest zugeordnetes Zeitfenster.
- Sie werden immer voller und kaum je ganz abgearbeitet. Wenn Dinge erledigt werden sollen, müssen sie im Kalender stehen und das am besten auf einer Wochenbasis, um im Momentum zu bleiben. Nur so entsteht ein klarer Überblick, der meist zu der Erkenntnis führt, dass man sich viel zu viel vorgenommen hat.
- Sie enthalten in der Regel mehr Themen und Aktivitäten als nötig und auch zu viele gut gemeinte Themen und Aktivitäten.

Lange Zeit habe ich Projektplanungen mit all den dazu gehörenden Methoden und Werkzeugen sehr geschätzt, deshalb fiel es mir nicht wirklich leicht, meine Erkenntnisse in die Tat umzusetzen und ohne Meilenstein, Projekt- und Aktivitätenplänen oder To-Do-Listen zu arbeiten. Doch spätestens als ich festgestellt habe, dass auf diese Art die Produktivität steigt, da phasenweise nur an einem Thema hochkonzentriert und zügig gearbeitet wird, war ich überzeugt. Auch weil mit der hinzukommenden Flexibilität und Resilienz angemessen auf neue Erfordernisse reagiert werden kann und man eben nicht immer wieder eine mit viel Mühe ausgearbeitete Planung umwerfen muss.

Die genannten Führungsprinzipien funktionieren nur, wenn Sie wirklich bereit sind, das Planen und Reporten über Meilensteine und Aktivitäten aufzugeben. Wenn Sie ernsthaft in den Vordergrund stellen, dass Sie Ergebnisse erreichen wollen und alles, was Sie tun, nur darauf abstimmen. Sie bewahren sich Ihre Produktivität, wenn Sie sich darauf konzentrieren, Stück für Stück, Woche für Woche Ihren Zielen zu nähern und nur auf dieser Basis die jeweils nächsten Schritte vereinbaren. Gegenüber Ihren Stakeholdern berichten sie nur den Ergebnisfortschritt und keinen fürs Ergebnis ohnehin irrelevanten Aktivitätsfortschritt. Dies wahrt die Flexibilität, das Angemessene tun zu können und nicht etwas tun zu müssen, was man einmal so geplant hat. Und eine kontinuierliche Reflexion verschafft Ihnen und Ihrem Team die Möglichkeit, die kürzesten und intelligentesten Wege zu gehen, die zu Beginn eines Prozesses gar nicht erkennbar sein können.

Umsetzungserkenntnis #33
To-Do-Listen vernichten Produktivität und sind nur „Zwischenhändler". Sie stehen zwischen dem, was Sie erreichen möchten (Ergebnissen) und der Zeit, die dafür benötigt wird. Beides ist besser über wöchentliche Ergebnislisten und Team-Kalender zu managen.

Der in den letzten Jahren verbreitete Führungsstil, jeden in die Umsetzung oder den Change, einzubinden, macht nicht nur das Vorhaben zu einer aufwendigen Angelegenheit, sondern hat auch noch den negativen Effekt, dass die Produktivität des Unternehmens bzw. der Bereiche während der Veränderung stärker sinkt als nötig. Diese Maximaleinbindung ist für mich ein Zeichen von Führungsschwäche: Endlose Erläuterungen müssen die eigene Unsicherheit kaschieren, gemäß dem Motto „Ich habe doch jedem gesagt, worum es geht, wieso machen die jetzt nicht mit?" Menschen machen nicht zwangsläufig mit, weil man ihnen etwas sagt. Sie machen entweder mit, weil sie sich emotional angesprochen fühlen, was bei den meisten Veränderungen zunächst einmal nicht der Fall ist, oder weil sie klare Führung erleben. Klare Führung zeichnet sich im Rahmen des Umsetzungsmanagements dadurch aus, dass man mit durchdachten Konzepten, einer klaren Vorgabe und entsprechender Sicherheit sowie Souveränität die nächsten Schritte erläutert und dann aktiv wird. Stattdessen aber erlebt man zunehmend ein ständiges Reden, nicht selten ein Zerreden relevanter Aspekte, bis schließlich immer mehr Gründe auftauchen, warum bestimmte Dinge nicht funktionieren werden und man schließlich an einem Punkt ankommt, der die ursprünglich angedachte Veränderung absurd werden lässt.

> Ich hatte einen Chemiekonzern dabei begleitet, ein Shared-Service-Center über die einzelnen Teilkonzerne zu etablieren. Trotz eines schlechten Bauchgefühls habe ich mich darauf eingelassen, den CFO bei seinem Ansatz zu unterstützen, alle betroffenen operativen Bereiche in die Konzepterstellung mit einzubinden, um maximale Beteiligung und höchstmögliche Belastbarkeit des Konzeptes sicherzustellen – so hieß es. Es kam, wie es kommen musste: Bereits während der Konzeption kostete es Unmengen an Energie und Zeit, die Mannschaft überhaupt zu den an sich offensichtlichen Synergiemöglichkeiten zu führen. Ganz zu schweigen von der Umsetzungsplanung, in der die Geschäftsführer der einzelnen Gesellschaften sich „auf einmal" stark auf dem Parkett engagierten. Das Ende vom Lied: viel Aufwand mit wenig Effekt. Denn die an sich schon nicht stark ausgeprägten, aber dennoch stichhaltigen Konzepte wurden dort komplett zerredet. Der CFO hatte zu keinem Zeitpunkt das Rückgrat, mit einer klaren Führung und Anspruchshaltung, für die notwendige Ausrichtung auf die Ziele und die dafür erarbeiteten Konzepte zu sorgen. Besser wäre es gewesen, ein Kernteam für die Konzeption zu bilden mit der expliziten Erwartung, dass die dort erarbeiteten Ergebnisse entsprechend umgesetzt werden.

Dieser Fall ist ein Paradebeispiel dafür, dass ohne klare Führung, Konsequenz und deutliche Erwartungshaltungen nicht nur das Ergebnis unterdurchschnittlich wird, sondern auch unnötig viel an Ressourcen und Zeit verschwendet wird.

Hier zeigt sich, wie nachteilig es sich auswirkt, wenn man sich nicht vorher überlegt, wen man wann, auf welche Art und Weise und in welcher Reihenfolge in den Umsetzungsprozess einbindet – und zwar verbunden mit einem ganz klaren Zielbild. Wenn Sie dieses Bild als Entscheider nicht haben, dann können Sie es natürlich auch nicht vermitteln.

7.2   Wo nichts passiert, wenn nichts passiert, passiert nichts

Werden Umsetzungsvorhaben nicht von Anfang an konsequent gemanagt, beginnt nach anfänglicher Motivation die Verlässlichkeit und Verbindlichkeit in der Zusammenarbeit zwischen den Teilprojekten und auch innerhalb der Teams abzunehmen, was wiederum

demotivierend wirkt. Ein gefährlicher Teufelskreis nimmt seinen Lauf. Gute Umsetzungsmanager sorgen in den anstehenden Umsetzungen daher für eine ausgeprägte
Konsequenzkultur. In dieser Kultur wird es wertgeschätzt, sich im Kleinen wie im Großen
aufeinander verlassen zu können und sich sicher sein zu dürfen, immer rechtzeitig bzw.
so früh wie möglich von relevanten Änderungen oder neu auftretenden Faktoren proaktiv
informiert zu werden. Die oben beschriebene evolutionäre Schätzgenauigkeit führt dazu,
dass in vernünftigen Zeithorizonten zwischen ein bis maximal vier Wochen die Umsetzung
iterativ nach vorne gemanagt wird. Durch die regelmäßigen Gesamtprojekt-Reviews wird
die Synchronisation und der Abgleich der einzelnen Teilprojekte sichergestellt, Konzepte
können angepasst und aufeinander abgestimmt werden, ohne dass langfristig ausgeleg-
te und detailliert durchdachte Pläne, die es in High-Performance-Umsetzungen ohnehin
nicht gibt, überarbeitet werden müssten. Sowohl in den Gesamtprojekt-Reviews als auch
innerhalb der Teilprojekt-Reviews auf wöchentlicher Basis ist ein hohes Maß an Verlässlichkeit und Verbindlichkeit zu etablieren. Zu schnell machen sich hier eine falsche Moral
und verkehrte Arbeitsprinzipien breit. Verzögerungen werden einfach in Kauf genommen
und für alles und jedes findet sich ein Grund, warum die Arbeit nicht zeitgerecht erledigt werden konnte. Solche Umsetzungen werden nicht nur zunehmend unproduktiv und
verlieren an Momentum, sondern brauchen nicht selten immer stärker werdende Dosen
„künstlichen" Drucks seitens des Topmanagements, um voranzukommen.

Auch an uns selber können wir manchmal feststellen, dass wir Aufgaben so lange es geht
vor uns her schieben, um sie dann kurz vor Abgabetermin auf die Schnelle zu erledigen.
Doch wieso braucht es so häufig ein gehöriges Maß an äußerem Druck, bis wir endlich das
Notwendige tun oder das seit langem Unausweichliche entscheiden? Denkt man ein wenig
darüber nach, kommt man schnell zu dem Schluss, dass Angst dahintersteckt. Es sind vier
Arten von Angst, mit denen Sie sich meiner Erfahrung nach für sich selber und als Coach
für Ihre Teilprojektleiter auseinandersetzen sollten, da Sie damit eine der Hauptbremsen
träger Umsetzungsprozesse lösen:

- Angst vor der eigenen Courage
  Im Prozess und während der Durchsetzung der notwendigen Dinge vertrauen wir nicht
  wirklich auf unser Gespür, das Richtige vom Falschen unterscheiden zu können und
  können deshalb am Ende auch nicht wirklich erfolgreich sein. Erfolgreich sein bedeutet,
  der eigenen Vorstellung möglichst gerecht zu werden und sie in Realität umzuwandeln.
- Angst davor, andere zu verletzen
  Überall dort, wo Entscheidungen getroffen werden müssen, kann es Betroffene geben. Kein Umsetzungsverantwortlicher, der ethisch und moralisch halbwegs gesund
  aufgestellt ist, führt absichtsvoll negative Konsequenzen für einzelne Beteiligte herbei.
  Deshalb ist es umso fataler und aus meiner Sicht moralisch umso verwerflicher, notwendige personelle Konsequenzen aus Scheu vor Konfrontation so lange hinauszuzögern
  bis die äußeren Umstände keine andere Wahl mehr lassen. Anstatt von Anfang an konsequent zu handeln, lassen wir es durch unsere eigene Inkonsequenz zu, dass die Dinge
  schlimmer werden, und richten dadurch unnötigen Schaden an.

- Angst, Steine ins Rollen zu bringen
  Die Angst vor dem Urteil der anderen (zum Beispiel Manager, Mitarbeiter etc.) ist entschieden kein guter Ratgeber. Denn sind die Steine erst einmal ins Rollen gekommen, kann man selten noch etwas aufhalten. Deshalb: Vertrauen Sie auf sich selber!
- Angst vor dem Scheitern
  Wir wollen Erfolg haben und fürchten uns davor, zu scheitern oder das Falsche zu tun. Hier gilt es nüchtern abzuwägen, eine gute Entscheidung zu treffen und auf seinen Bauch zu hören. Und dann konsequent zu handeln!

Konsequenz von Anfang an ist somit eine wichtige Haltung, um Umsetzungen erfolgreich zu bewältigen. Um dieses Art des Managens zu erleichtern und eine Mannschaft zu guten Leistungen zu befähigen, ist es ratsam, insgesamt zu einer Konsequenzkultur zu kommen.

Kolbusas Prinzipien zur Etablierung einer Konsequenzkultur

1. Duftmarken sind am Anfang zu setzen
   Es muss direkt zu Beginn eines Umsetzungsvorhabens allen Beteiligten verständlich der Rahmen des Verlässlichen und die Regeln, an die sich alle zu halten haben, vermittelt werden. Diese Klarheit bezüglich der Regeln der Zusammenarbeit und in der Ansprache gehört auch zu den Führungsprinzipien. Konsequenz bedeutet in der Folge dafür zu sorgen, dass diese Regeln auch wirklich eingehalten werden.
2. Konsequenz bedeutet Vorleben
   Seien Sie sich Ihrer Strahlkraft bewusst, mit der Ihr Handeln das aller anderen in der Umsetzung prägt. Wenn Ihnen in der Organisation die „Geht nicht"-, „Klappt nicht"- oder „Unmöglich"-Aussagen entgegenströmen, dann können Sie nur ernsthaft konsequent sein, wenn Sie diese Konsequenz auch bei sich selber anwenden. Fangen Sie bei sich selber an und leben Sie der Organisation konsequentes Verhalten vor.
3. Konsequenz heißt Handeln
   Die Dinge werden nicht besser, wenn man wartet. Die negativen Folgen mangelnder Konsequenz werden umso schwerwiegender, je länger die notwendige Konsequenz aufgeschoben wird. Es gilt so früh wie möglich zu handeln. Und der Zeitpunkt ist meist früher als wir glauben! Folgen Sie Ihrer Intuition. Manchmal ist es beispielsweise besser, einen Projektmitarbeiter schon bei den ersten Anzeichen von Inkompetenz aus dem Projektteam zu nehmen. Damit schützen Sie das Projekt davor, dass es gegen die Wand fährt und wenden Schaden von Ihrem Mitarbeiter ab, dem bei einem Scheitern des Projekts möglicherweise noch Schlimmeres widerfahren würde.
4. Wo nichts passiert, wenn nichts passiert, passiert nichts!
   Inkonsequenz ist unglaublich ansteckend. Fängt sie an kleinen Stellen an, ist sie schnell Gewohnheit und dann Kultur, von der man nur mit viel Mühe wieder wegkommt. Dann ist es normal, dass die Aufgaben, die man im letzten Meeting zugesagt

hat, zunächst einmal nicht erledigt werden. Daher sollten Sie unbedingt im Kleinen wie im Großen für Konsequenz und Verlässlichkeit sorgen.

Umsetzungserkenntnis #34

Konsequenz darf nicht mit Härte verwechselt werden. Man muss weder unfreundlich, schroff noch rau im Ton sein oder eine Ellbogenkultur etablieren. Ganz im Gegenteil sogar. Motivation entsteht aus Erfolgen. Erfolge entstehen aus klaren Ergebnisvereinbarungen, die entsprechend realistisch sind. Diese Vereinbarungen können durchaus neu getroffen werden, es sollte jedoch zu Konsequenzen führen, wenn sie ohne Ankündigung und Neuvereinbarung nicht eingehalten werden.

Nicht selten habe ich es erlebt, dass wenn Personen unter hohem Druck stehen und die Situation nichts anderes mehr als Konsequenz zulässt, diese sehr hart ausfällt. Viel besser ist es, sehr früh sehr konsequent zu sein und dabei ethisch, moralisch und menschlich zu handeln. In Summe bedeutet dies, einfach verantwortungsbewusst zu sein.

Durch Konsequenz und Verlässlichkeit wird Umsetzung zu einem Flow-Erlebnis und weist ein echtes Umsetzungsmomentum auf. Denn jeder hat für sich die Erwartungshaltungen an sich und andere geklärt und kann sich darauf verlassen, alles Notwendige für den eigenen Erfolg zu bekommen. Dafür ist es als Umsetzungsmanager notwendig zu wissen, was das eigene Team in welcher Geschwindigkeit zu leisten im Stande ist. Denn nur dann kann auch das entsprechende Maß an Verlässlichkeit in der Organisation realistischerweise erzeugt werden. Wenn das eigene Team komplett überfordert ist, sei es zeitlich als auch fachlich, kann es sich auch unmöglich an Zusagen halten und verbindlich sein. Statt einer Konsequenz- entsteht so eine Frustkultur.

7.3 Weg vom Farbenwunder – Gutes Umsetzungsreporting

Das Umsetzungsreporting soll sicherstellen, dass man den gesetzten Zielen und Erwartungen gerecht wird und in diesem Sinne den angestrebten Ergebnissen näher kommt. Diese Informationen sind sowohl für die direkt Beteiligten als auch die Stakeholder essenziell, um das notwendige Vertrauen in die Umsetzung zu haben. Daher sollte sich das Reporting auch nicht auf Pläne, Aktivitäten oder To-Do-Listen beziehen, sondern den Grad der Erfüllung bezogen auf die zu erreichenden Ergebnisse darstellen, immer in der Form, wie sie die jeweiligen Stakeholder-Gruppen benötigen. Es muss allein die Frage beantwortet werden: „Wie nah sind wir an den angestrebten Ergebnissen?" Danach kann diskutiert werden, was einen sicher macht, die Ergebnisse auf diesem Wege zu erreichen und wo Unsicherheiten und Hürden gesehen werden und wie damit umgegangen wird. In diesem Zusammenhang ist es sinnvoll, dass Sie mit den einzelnen Stakeholdern anfänglich einen kurzen Workshop machen und festhalten, woran sie persönlich festmachen werden, ob sie mit der Umsetzung vorankommen oder nicht. So vereinbaren Sie drei bis fünf Kriterien, gegen die Sie zukünftig den Fortschritt reporten werden.

Merkmale eines guten Umsetzungsreporting

1. Der richtige Fokus

   Dass beim Umsetzungsreporting der Fokus auf die Ergebnisse und nicht Aktivitäten zu richten ist, dürfte inzwischen klar geworden sein. Die Frage ist, wie detailliert auf die Ergebniserreichung einzugehen ist und aus welcher Perspektive sie betrachtet werden soll. So sind die Teilprojekt-Reports und die sich daraus ergebenden Gesamtprojekt-Reviews mit Sicherheit detaillierter in der Darstellung der zu erarbeitenden Konzepte oder zu implementierenden Prozesse und Strukturen als die verdichteten Reports für den Lenkungsausschuss. Auch wird der Lenkungsausschuss bestimmt Interessen an einem Reporting zum Umsetzungsprozess aus Sicht des Umsetzungsmanagers haben, was in den einzelnen Teilprojekt-Reports unter Umständen nicht relevant ist. Gute Reports vermitteln je nach Anspruchsgruppe die richtigen Dinge in der richtigen Verdichtung. Als Faustregel gilt jedoch, dass kein Reporting drei Seiten überschreitet. Überlegen Sie sich ein passendes Reporting, was im Minimum immer folgende Kriterien, grafisch strukturiert und ansprechend aufbereitet, aufweist: Ziele, je Ziel zwei bis drei Fortschrittskriterien, Erfüllungsgrad und Historie, kritische Erfolgsfaktoren und Entscheidungsbedarf.

2. Die optimale kognitive Distanz

   Viele Umsetzungsreportings sind häufig völlig überfrachtet oder werden erst nach eingehender Erklärung verständlich. Sowohl für diejenigen, die sie ausfüllen müssen, als auch für diejenigen, die sie lesen. Ein gutes Reporting ist kurz und knapp und ausgerichtet am Interessens- und Verständniskontext der jeweiligen Zielgruppe, für die es deswegen ohne weiteres verständlich ist. Hier ist Empathie gefragt. Versetzen Sie sich in die jeweilige Zielgruppe hinein und sorgen Sie dafür, dass Sie das gesamte Projekt in seinem Status auf drei Folien im jeweiligen Kontext des Adressaten selbsterklärend auf den Punkt bringen.

3. Der Fratze Wahrheit ins Gesicht schauen

   Nicht selten werden Reports zur wahren Farce: von den Teilprojektleitern kurz vor Abgabeschluss noch einmal schnell ausgefüllt, mit möglichst wenig kritischen, auf alle Fälle möglichst wenig selbstkritischen Tönen, um keinerlei Rückfragen zu erleben und der eigentlichen Arbeit weiter nachgehen zu können, zeigen sie sich als Konsequenz aus dem aktivitätsorientierten Management einer Umsetzung. Bei Stakeholdern schwindet das Vertrauen in diese Reports und auch betroffene Mitarbeiter oder Projektsponsoren wollen wissen, wie das Projekt denn tatsächlich stehe. Sorgen Sie dafür, dass Ihnen dies nicht passiert. Etablieren Sie Transparenz und Ehrlichkeit und stärken Sie in dieser Hinsicht auch Ihren Teilprojektleitern den Rücken und bleiben Sie souverän. Dinge gehen nun einmal schief – in jeder Umsetzung! Es ist im Sinne des Lerneffektes, der Umsetzungsproduktivität und Kultur nur klug, aufzuzeigen, wo man einen Schritt vor und zwei zurück gemacht hat und was man daraus gelernt hat. Managen Sie ergebnisorientiert weiter und drücken Sie dies in Ihren Reports aus. Alles andere führt nur zu unnötigem Umsetzungsstress.

4. Reporting-Konsistenz

   Es ist nicht notwendig, dass jeder im Projekt das Reporting an Vorstand und Lenkungsausschuss kennt. Es ist jedoch entscheidend, dass die Reportings in ihrer Struktur und Mechanik konsistent und stimmig sind. Wenn es Ihnen möglich ist, dann seien Sie hier komplett transparent, so dass alle Projektmitarbeiter oder zumindest Teilprojektleiter auch das Reporting an den Lenkungsausschuss und die Sponsoren kennen. Vermeiden Sie jedoch, die Inhalte solidarisch abstimmen zu müssen! Es geht um Konsistenz und dort, wo ihre eigenen Bewertungen und Einschätzungen zusätzlich einfließen, um Transparenz. Es wird immer auch zu Widerstand führen. Je offener Sie verfahren, desto weniger Stress und Ärger haben sie später.

5. Die richtige Reportingphilosophie

   Keiner braucht ein optimistisches Reporting, sondern ein ehrliches. In der Reportinghierarchie und im Team muss dafür gesorgt werden, dass eine Kultur des ehrlichen Reportings entsteht. Dazu ist es notwendig, dass Schwierigkeiten in Teilprojekten ernst genommen werden und entsprechend unterstützt und gegengesteuert wird, anstatt einfach nur schlecht darüber zu reden und Schuldzuweisungen aufzuführen.

6. Managementhaltung zum Reporting

   Lassen Sie sich von ihren Stakeholdern nicht vorschreiben, wie Sie zu arbeiten haben. Weder sollten Sie sich irgendwelche Reportingschemata aufzwängen lassen, noch sollten Sie sich dazu überreden lassen, Meilensteine oder Aktivitäten zu reporten. Sicherlich ist es wichtig, die Erwartungshaltung des Managements zu erfüllen, aber die sollte ja auf den Erfolg des Umsetzungsvorhabens hinauslaufen. Und der lässt sich nun mal am besten am Ergebnisfortschritt zeigen.

> **Umsetzungserkenntnis #35**
> Ein gutes Reporting zeichnet sich dadurch aus, dass nicht Meilensteine und Aktivitäten im Vordergrund stehen, sondern dass gegen Ergebniskriterien und angestrebten Fortschritt reportet wird. Daran wird angezeigt, wie weit man gekommen ist und wie zügig man sich dem angestrebten Ergebnis entgegen bewegt.

Für ein gutes Umsetzungsreporting muss das Reporting-Verständnis in der Organisation klar sein. Es muss auf der untersten Berichtsebene, zum Beispiel der Teilprojektebene, nachvollziehbar sein, wo und wie die berichteten Aspekte weiterverwendet werden und welche Bedeutung die einzelnen Aspekte haben. Nicht selten habe ich es erlebt, dass die Zufriedenheit im Team abgefragt oder bestimmte Risikoeinschätzungen gefordert werden und damit nichts, aber auch rein gar nichts passiert. In einem komplexen internationalen

Programm eines US-Konzerns hatten wir hier einmal bewusst bestimmte Aspekte auf dunkelrot gesetzt, doch der Effekt: keine Nachfrage. Achten Sie darauf, dass Ihnen das nicht passiert, sonst werden die Reportings nur noch des Reportings wegen ausgefüllt und außer Aufwand ist kein Effekt erkennbar. In vielen Organisationen existieren leider auch immer noch standardisierte Umsetzungsreportings, die, wenn überhaupt, geringfügig verändert für jedes Projekt angewendet werden. Sie zwingen die Umsetzungsmanager dazu, sich die Welt zurechtzulügen, da sie für das eigene Projekt unbrauchbar oder wenig aussagekräftig sind oder sorgen für eine inputorientierte Managementweise. Dies kostet unwahrscheinlich viel Aufwand, Kraft und Energie – insbesondere dieses Lügenschema aufrechtzuerhalten. Und dann passiert es leider allzu häufig in den Organisationen, dass Themen, die in den Teilprojekten auf gelb oder rot stehen, sich in der Summe oder im Einzelnen durch ein Farbenwunder nach oben hin grün entwickeln. Kein Wunder also, dass Reportings häufig nicht erst genommen werden.

Noch einen Gang höher: Umsetzungsgravitation und Umsetzungsexzellenz

8

Zusammenfassung

Neben den in den vorangegangenen Kapiteln behandelten Voraussetzungen, die erfüllt sein müssen, um eine messbare Steigerung der Produktivität und Geschwindigkeit einer Umsetzung zu erreichen, kann das, was man eine Philosophie des Umsetzungsmanagements nennen könnte, Ihrem Vorhaben zu einer noch besseren Performance verhelfen. Sie unterstützt die Kunst, Ergebnisorientierung, Stringenz und Gelassenheit trotz aller Widersprüchlichkeit zu einem kongruenteren Prozessganzen zusammenzufügen und auf diese Weise nicht nur zu besseren Ergebnissen zu kommen, sondern dabei das Maß an Stress und Belastung für alle Beteiligten einschließlich Ihrer eigenen Person so gering wie möglich zu halten.

Eine ausdifferenzierte Umsetzungsphilosophie ermöglich Ihnen zudem, ein Unternehmen auf Umsetzungsperformance zu trimmen oder, etwas anspruchsvoller ausgedrückt, eine Kultur der Umsetzungsexzellenz zu etablieren. Diese Exzellenz gewinnt an Bedeutung vor allem deswegen, weil die Halbwertzeit von Strategien immer kürzer werden, Wettbewerbsgrenzen immer weiter verschwimmen, Chancen und Risiken sowohl in immer größerer Menge als auch höherer Frequenz am Horizont auftauchen und wieder verschwinden. Demjenigen also, der darin geübt ist, Strategien, Veränderungen und Projekte schnell und zügig anzugehen, verschafft alleine diese Fähigkeit schon einen entscheidenden Wettbewerbsvorteil.

Das Kapitel beginnt mit der Darstellung eines der zentralsten Elemente der Umsetzungsgravitation: Es beschreibt, wie man sich selbst und die Umsetzungsbeteiligten darin trainiert, besser und gelassener mit Unsicherheit und Unschärfe im Prozess selbst und in Bezug auf das Ergebnis (Was kommt dabei heraus?) sowie auf Widersprüchlichkeiten (Passen die Dinge wirklich zusammen?) umzugehen. Dazu gehört unter anderem eine stets realistische Einschätzung der Leistungsfähigkeit Ihres Teams und auch Ihrer eigenen

M. Kolbusa, *Umsetzungsmanagement*,
DOI 10.1007/978-3-658-02237-2_8, © Springer Fachmedien Wiesbaden 2013

Möglichkeiten sowie die laufende Überprüfung des Agierens im Hinblick auf mögliche einfachere und direktere Wege zum Ergebnis. Dies erfordert ein hohes Maß an Selbstreflexion, die Sie trainieren können und zwar anhand des Gravitationsrades. Es beschreibt fünf Phasen beruhend auf den Prinzipien Schwärmen, Ausbrechen, Fantasieren, Manipulieren, Gravitieren, Dynamisieren, Aushalten und Lernen.

Um diese Prinzipien in den Umsetzungsalltag und langfristig sozusagen in die DNS Ihres Unternehmens oder Bereiches aufzunehmen, müssen Sie auf die Unterstützung von dazu befähigten Chief Gravitation Officers (CGOs) Ihrer Wahl zurückgreifen. Die CGOs verkörpern gewissermaßen diese Umsetzungsprinzipien und helfen die Umsetzungsleistung zu beschleunigen und kontinuierlich zu entschlacken. Die so angelegte Umsetzungsexzellenz lässt sich dann zum Wettbewerbsfaktor entwickeln, wenn sie im gesamtunternehmerischen Kontext dazu führt, dass sämtlichen Strategieumsetzungen, Veränderungen und Projekten mit einer grundsätzlich anderen Haltung begegnet wird. Voraussetzung für diese Managementkompetenzen wiederum ist eine Reihe von Kernprinzipien, deren Einführung und Etablierung über den zentralen Hebel Führung geschieht. Für eine unternehmensweite Umsetzungsexzellenz sollten Sie also ihr Führungsverständnis, die daraus resultierende Führungsphilosophie und die in der Praxis gelebten Führungsprinzipien reflektieren.

8.1   Das Gravitationsprinzip in der Umsetzung

Zu einem erfolgreichen Umsetzungsverlauf, bei dem die Beteiligten zwar viel leisten, nicht jedoch unnötig belastet werden, tragen meist mehrere Aspekte bei (siehe Abb. 8.1):

- Strukturierung
  Durch eine gute Ausarbeitung in der Taktikphase (Konzept und Planung) wird Klarheit und konzeptionelle Sicherheit hergestellt, die als Basis dafür dient, die Umsetzung gezielt vorantreiben zu können (siehe Kap. 3).
- Methodik
  Der Methodenkrebs wird vermieden dadurch, dass wenige richtige Methoden in konzentrierter und fokussierter Art eingesetzt und eben nicht zum Selbstzweck werden (siehe Kap. 4).
- Komplexität
  Vorhandene Komplexität ist so weit wie möglich beherrschbar gestaltet durch das Praktizieren von vernetztem Denken und das Arbeiten in Optionen und Alternativen (siehe Kap. 5).
- Führung und Steuerung
  Anstatt grundsätzlich alle Betroffenen zu Beteiligten zu machen oder zufällig und opportunistisch Abstimmungen dazu herbeizuführen, wird genau durchdacht, wer wann in welcher Reihenfolge und wie in den Umsetzungsprozess einbezogen wird. Zudem

Abb. 8.1 Dimensionen zur
Produktivitätssteigerung in der
Umsetzung

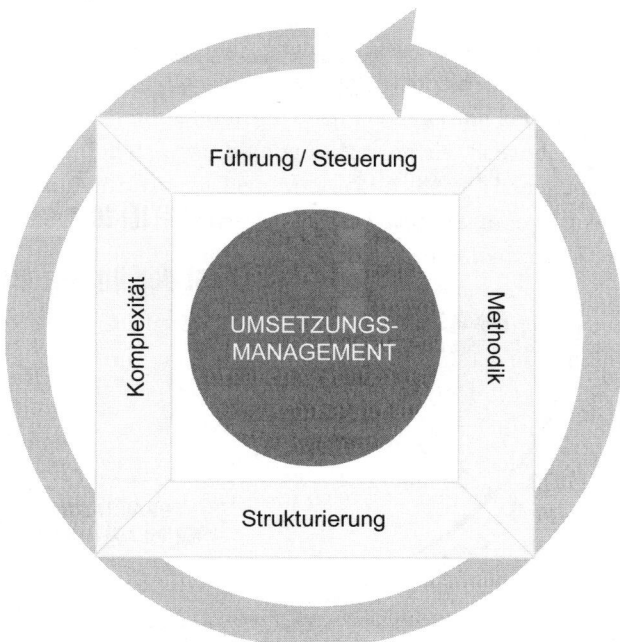

wird mithilfe eines konsequenten Umsetzungsmanagements für Verbindlichkeit und Verlässlichkeit innerhalb der Strukturen gesorgt (siehe Kap. 6 und 7).

Wenn Sie bei Ihren Umsetzungsvorhaben diese vier Aspekte im Griff haben, werden Sie schon eine gute Performance erleben. Um jedoch noch vom vierten in den fünften Gang zu kommen, ist es nötig um diese vier zentralen Umsetzungsaspekte ganz bestimmte Haltungen und Arbeitsprinzipien zu bauen. So ermöglichen Sie es – um im Bild zu bleiben – Ihrem Motor, in einen noch effizienteren Drehzahlbereich (niedriger Stress und geringe Belastung) bei hoher Geschwindigkeit (Effektivität und Ergebnisqualität) zu kommen: Dafür sorgen die fünf Gravitationsphasen mit ihren acht Gravitationsprinzipien (siehe Abb. 8.2). Durch die Etablierung dieser Prinzipien wird gerade in größeren Umsetzungsvorhaben die Produktivität auf ein neues Niveau gehoben. Der fünfte Gang kann eingelegt werden.

Die Phasen der Gravitation und ihre Gravitationsprinzipien

1. Phase: Sehen Je früher Sie erkennen, dass Ihr Schwarm, das heißt alle an der Umsetzung Beteiligten, in die falsche Richtung stößt, umso größer die Chance auf eine erfolgreiche und schnell verlaufende Umsetzung. Das hier benutzte Bild des Schwarms kennzeichnet sehr gut, was in Umsetzungsvorhaben häufig passiert. Beispielsweise versteift sich auf unerklärliche Art und Weise das gesamte Umsetzungsteam darauf, die Produktvielfalt zu reduzieren, um die Kosten zu senken, oder neue Strukturen und

Abb. 8.2 Fünf Gravitationsphasen bestimmen die Kunst der Umsetzung

Vertriebskonzepte zu erarbeiten, um den Umsatz zu steigern, oder IT-Systeme zu konsolidieren, um die Effizienz zu erhöhen. Und alle zusammen liegen mitsamt ihren Annahmen völlig daneben! Durch die Reduktion der Produktvielfalt würden zwar die Kosten gesenkt, aber sie würde am Ende zu geringerer Kundenakzeptanz und damit gleichzeitig zu einem dramatischen Umsatzrückgang führen. Die neuen Strukturen und Vertriebskonzepte würden in keiner Weise den Umsatz steigern, weil übersehen wird, dass der Wettbewerber nicht mehr der Anbieter von nebenan ist, sondern beispielsweise die Playstation, die die Kinobesucher zu Hause hält. Doch wie ein Schwarm – „was viele tun, kann nicht verkehrt sein" – sind alle in dieselbe Richtung gestoßen.

Es geht somit in der Phase „Sehen" um Effektivität – und zwar im Großen, siehe die Beispiele oben, wie auch im Kleinen. Zum Beispiel wenn jeder eigentlich weiß, dass die Strategie nicht wirklich geklärt ist, und trotzdem alle daran arbeiten, die neue Zielorganisation herbeizuführen, anstatt das Stoppschild zu heben und die Frage nach dem Wozu zu stellen. Wichtig ist also, sich selber und den „Schwarm" zu beobachten, um immer wieder zu klären, was eigentlich wozu getan wird. Und dies im täglichen Tun, zum Beispiel in Meetings, Workshops und Lenkungsausschusssitzungen und bezogen auf das gesamte Umsetzungsvorhaben. Zur Schärfung des Blicks helfen die beiden Gravitationsprinzipien des *Schwärmens* und *Ausbrechens aus Erfahrungsgefängnissen*. Es geht darum, dass eigene Schwarmverhalten und das des Teams zu identifizieren und zu erkennen, ob etwas nur gemacht wird, weil man „es immer schon so gemacht hat" oder „es eben so geplant wurde". Denn es gibt immer bessere Alternativen und Abkürzungen, man muss nur darin geübt sein, immer wieder anders auf die Dinge zu schauen.

Versetzen Sie sich und ihre Mannschaft in die Lage, aus verschiedenen Perspektiven auf anstehende Themenstellung zu schauen. Nur so finden Sie die zu Ihren Zielen passenden Lösungen und Möglichkeiten – zwar vielleicht jenseits der Konformität, aber stimmig. Wenn Sie nach der **Reflexionsregel** verfahren und hinterfragen, warum Sie bestimmte Dinge auf eine bestimmte Art tun, erkennen Sie, ob der Schwarm, nur weil er ein Schwarm ist, einer Richtung folgt, oder ob die Richtung tatsächlich die richtige ist. Öffnen Sie Ihren Blick auf den weiteren Kontext der Umsetzung und prüfen Sie die Sinnhaftigkeit Ihres Tuns auf den Unternehmensalltag hin. Wenn eine Strategie beispielsweise darauf abzielt, eine Business Unit nach vorne zu bringen, muss im Rahmen der Umsetzung auch der Zusammenhang zwischen der Business Unit und dem gesamten Konzern, der gesamten Branche und auch anderer Branchen betrachtet werden.

Sie müssen sich dabei stets gewahr sein, dass Realität nur Wahrnehmung ist und sie immer nur im Auge des Betrachters existiert. Wenn Sie es schaffen, diese Einsicht zu verinnerlichen, entsteht in Ihnen eine Offenheit, die Sie für ansonsten nicht gesehene Wege und Möglichkeiten sensibilisiert. Dabei hilft die **Regel des Hinterfragens**, nach der Sie bewusst und kontinuierlich Dinge in Frage stellen und nach einfacheren Wegen suchen, also ausbrechen. Und die **Regel des Zweifelns**, die verhindert, dass Sie sich nicht in Dinge verstricken, sondern mit ihrem Umsetzungsgeist immer einen klaren Blick behalten und sich selbst eine Meinung bilden, nichts und niemandem blind glauben, sondern selbst hinschauen, was um Sie herum wirklich passiert. Diese Gravitationsprinzipien und Regeln sukzessive in Ihre Umsetzungsvorhaben zu etablieren, liegt in der Verantwortung der CGOs, die im Gravitationsmanagement trainiert sind und Ihnen diese Punkte immer wieder aufzeigen können und dürfen, um so durch ein hohes Maß an Effektivität die Ressourcen, Kräfte und zur Verfügung stehende Zeit auf das Wesentliche und Richtige zu konzentrieren.

2. Phase: Schwung holen Indem über *Fantasie* die richtigen Zukunftsvorstellungen entwickelt werden und über *Manipulation* diese sozusagen in die Köpfe ihres Umsetzungsteams implantiert werden, bekommen Sie den richtigen Schwung für die Umsetzung aufgebaut und der Schwarm richtet sich wie von selber daran aus. Doch um zu erkennen, dass etwas nicht effektiv oder vielleicht sogar falsch ist, braucht es ein klares Bild, von dem aus man diese Ableitungen machen kann. Das Prinzip des *Fantasierens* ist beim Schwungholen das Schwierigste für nicht geübte Umsetzungsmanager. Was sollen Sie bei einer Neuausrichtung der Business Unit schon fantasieren? Es geht hier schließlich um die Sache! Wieso soll sich ein Energieunternehmen im Rahmen der Energiewende und der daraus abzuleitenden Konsequenzen mit Fantasien abgeben? Ganz einfach: Weil Sie sich sonst nur vom Status quo aus Stück für Stück nach vorne begeben und in der Regel einfach nur den Status quo optimieren oder verändern. Sie arbeiten sich von der Vergangenheit in die Zukunft, und setzen sich nicht von einem Ergebnis, das heißt einer Zukunftsvorstellung herkommend damit auseinander, was genau zu tun ist. Die Umsetzungskultur, das gesamte Handeln in ihrer Umsetzung muss jedoch, wenn Sie an Geschwindigkeit und Effektivität interessiert sind, stark von diesem Fantasieren geprägt sein. Hinter dem Fantasieren steckt die Haltung, für jedes Ziel und Ergebnis Bilder zu schaffen, um so für eine einheitliche Vorstellung in den Köpfen der Umsetzungsbeteiligten zu sorgen (**Bilderregel**). Um sicherzustellen, dass alle synchron arbeiten, muss nicht die Zukunft bis ins letzte Detail durchdacht sein, sondern über Vorstellungen gesprochen und stets vom Ergebnis her gedacht und gearbeitet werden.

Ihre CGOs werden sowohl das Topmanagement als auch jedes Arbeitsmeeting mit der notwendigen Fantasie ausstatten. Wenn der Vorstand wieder erläutern will, wieso auch zukünftig die Einzelgesellschaften in ihren Führungsstrukturen nicht verändert werden können, ist es beispielsweise an der Zeit, Fantasie ins Spiel zu bringen. Das heißt, die CGOs zeigen auf, wie es in der Zukunft laufen könnte, und dass der kürzeste Weg dorthin nicht der ist, sich mit der Frage zu beschäftigen, warum Dinge heute so sind wie sie sind.

Um nun das Umsetzungsteam in die richtige Richtung zu bewegen, hilft Ihnen die **Regel der Selbstmanipulation**. Nach dem Motto „Talk the walk and walk the talk" lassen Sie Worten nicht nur Taten folgen, sondern stellen Sie sich den Weg vor, lassen Sie seinen Verlauf vor dem inneren Auge plastisch werden („Talk the Walk"). So manipulieren Sie sich praktisch selbst in eine bestimmte Richtung, um dann den gesprochenen Weg auch zu gehen. Mit der **Implantationsregel** sorgen Sie dafür, andere in die richtige Richtung zu führen, indem Sie ihnen in Diskussionen den für sie selbst entstehenden Nutzen vermitteln. Es wird im positiven Sinne ausgemalt, was die anderen zukünftig zu erwarten haben. Die Konsequenz aus beiden Regeln ist, dass alle Beteiligten anfangen, an das Ergebnis zu glauben und es durch diesen Glauben auch erreichen werden.

3. Phase: Energie aufbauen Um in einer Umsetzung schnell und produktiv vorwärts-zukommen, reicht es natürlich nicht aus, zu erkennen, welche Dinge wie richtig zu erledigen sind, sondern es muss Fahrt aufgenommen werden. Das heißt die Gravitationskraft, die von attraktiven Zukunftsbildern ausgeht, sollte genutzt werden. Durch die Etablierung der vier vorab vorgestellten Gravitationsprinzipien erzeugen Sie diese Kraftfelder in der Umsetzung (*Gravitieren*). Anders auf die Dinge zu blicken (*Schwärmen*), sich von ihren jeweiligen Erfahrungsgefängnissen zu befreien (*Ausbrechen*), sich das Ergebnis bildlich vorzustellen (*Fantasieren*) und sich und die anderen in Richtung der notwendigen und gewünschten Ergebnisse und Aktionen auszurichten (*Manipulieren*) – all das zusammen eröffnet Kraftfelder, da der Glaube an das Ergebnis eine enorme Produktivitätsquelle ist. Mithilfe der **Vernetzungsregel** verbinden Sie diese unterschiedlichen Kraftfelder miteinander. Wenn beispielsweise bei der Umsetzung einer Strategie zur Serviceführerschaft der Servicebereich ein neues Rollenkonzept ausarbeitet und auch dafür brennt, die notwendigen Kompetenzen auszubilden, kann dieses Erarbeitungsergebnis entweder zunichte gemacht oder aber durch Vernetzung mit anderen Ergebnissen befruchtet werden. Ersteres passiert, wenn über das neue Rollenkonzept in welcher Weise auch immer geringschätzig geurteilt wird. Das Zweite hingegen tritt ein, wenn zwischen den Bereichen in regelmäßigen Abständen eine Ergebnissynchronisation erfolgt und alle sich bereit zeigen, die eigenen Konzepte so anzupassen, dass sie insgesamt ineinandergreifen können. Beispielsweise findet eine Diskussion aus Sicht des Kunden zwischen dem Vertriebs- und Servicebereich statt, weil der Vertrieb unbedingt bestimmte Informationen über den Kunden aus den einzelnen Kontakten braucht, so dass das Rollenmodell im Servicebereich entsprechend angepasst wird. Mit dem Vernetzungsprinzip sorgen Sie dafür, dass Vertrieb und Service wöchentlich oder zweiwöchentlich ihre Erarbeitungsergebnisse und Vorstellungen in Abgleich bringen und immer wieder der Zielsetzung anpassen.

Die Aufgabe der CGOs ist es, die einzelnen Projekte, Teilprojekte, Teams oder Arbeitsgruppen darin zu unterstützen, mit den richtigen Haltungen und Prinzipien ein Umsetzungsmomentum zu entwickeln.

4. Phase: Geschwindigkeit Durch die Gravitation ist Schwung in die Umsetzung gekommen, der nun zu Geschwindigkeit weiter ausgebaut wird. Um diese Geschwindigkeit aufzunehmen und dann vor allem aufrechtzuerhalten, gilt es eine Eigendynamik aufzubauen (*Dynamisieren*) und alles, was sich an Widrigkeiten und Widerständen auftut, zu überrollen (*Aushalten*). Denn wenn ihr Projekt erst einmal zum Stehen gekommen ist, ist ein erheblicher Energieaufwand erforderlich, um wieder Fahrt aufzunehmen und in den Umsetzungs-Flow zurückzufinden. Beim *Dynamisieren* etablieren die CGOs das Prinzip, in „Chunks" zu arbeiten: kurze intensive Einheiten, in denen vereinbarte kleine Ergebnisse bzw. „Ergebnisscheiben" in hoher Geschwindigkeit erreicht werden, danach Erholung, Reflexion, Training, um dann die nächste Ergebnisscheibe in Angriff zu nehmen. Erfolgreiche Umsetzungen sind kein Marathon sondern eine Serie aus Sprints, Training und Erholung. Hat sich der Servicebereich also die Aufgabe gestellt, seine neue Strategie durch mehr Kundennähe und Kundenbindung umzusetzen, werden keine ausgefeilten Pläne ausformuliert und dann abgearbeitet, sondern von einer klaren Zukunftsvorstellung und Ausrichtung des „Service-Schwarms" kommend wird die Aufgabe in Scheiben zerlegt: Es muss ein gutes Sourcing-Modell, ein neues Führungs-/Steuerungsmodell und ein neues Organisationsmodell gefunden werden. Dazu nimmt sich das Teilprojekt „Sourcing" seine erste „Ergebnisscheibe" vor, ohne dabei alle anderen Ergebnisscheiben bereits zu planen. Als Erstes wird beispielsweise aus der Servicewahrnehmung der Kunden heraus, die man zukünftig haben möchte, ein Modell für die interne Zusammenarbeit entwickelt. Dann werden die daraus resultierenden Aufwandstreiber und die vorhandenen Kompetenzen durchdacht. Eins nach dem anderen. Und die Erkenntnisse der ersten Ergebnisscheibe werden für die Planung der nächsten genutzt. So treiben Sie im positiven Sinne, das heißt noch ohne Druck, und erhalten dennoch Tempo. Geschwindigkeit entsteht auch durch Anwendung der **Belohnungsregel**: Erfolge in der Umsetzung werden belohnt, was positive Anreize erzeugt. Mit der **Geschwindigkeitsregel** („Geschwindigkeit ist so wichtig wie Inhalt") sorgen Sie dafür, dass alle Beteiligten mit hoher Geschwindigkeit durch den Umsetzungsprozess gezogen werden und auf diese Weise die natürliche Trägheit und der Hang, erst einmal alles genau zu durchdenken und sich abzusichern, überwunden wird.

Das *Aushalten* von Widerständen ist unvermeidbar, damit kein Tempoverlust entsteht. Hierfür müssen die eigenen Emotionen beobachtet werden: Hat man Angst auszubrechen oder fühlt man sich gezwungen, auf einen Angriff zu reagieren, nur weil einem der Schwarm nicht folgt. Aushalten bedeutet, Widerstand an sich abprallen zu lassen oder auch zu brechen. Mit der **Brechstangenregel** sorgen Sie dafür, dass Umsetzungsbeteiligte, die sich nicht aktiv in der Umsetzung integrieren, doch mit ins Boot geholt oder aber gar nicht beteiligt werden. Dies funktioniert über die Kategorien Sinn, Macht und Angst (siehe Kap. 6.1): Ist der Sinn bestimmten Umsetzungsbeteiligten nicht vermittelbar, sind die Möglichkeiten, etwas zu erreichen aber gegeben und kann der Widerstand mit einer klaren Ansage und der Androhung von Konsequenzen nicht gebrochen werden, muss man sich von den betreffenden Personen lösen. „Brechstangenregel" deshalb, weil dieser Punkt am besten schnell und so früh wie möglich geklärt werden sollte. Auf der anderen Seite kann es Personen geben, zum Beispiel Stakeholder, die an die Umsetzung bestimmte Forderungen stellen, oder Personen, die die Umsetzung bewusst oder unbewusst manipulieren oder gefährden wollen. Deren Widerstand ist mit dem **Mauerprinzip** abzuwehren, indem er schlichtweg ignoriert und eine Mauer um diese Personen gezogen wird. Dafür machen Sie dem Team klar, auf welche Erwartungen und Anforderungen aus welcher Richtung reagiert wird und was diplomatisch korrekt ignoriert wird.

Auch andere während des Prozesses typischerweise auftauchende Widerstände, müssen ausgehalten werden, Widerstände, die sich beispielsweise äußern durch Aussagen wie „Wir müssen erst einmal genau durchdenken, was wir hier machen, bevor wir anfangen." Nein, das müssen Sie nicht! Sie müssen ein klares Bild vom nächsten Schritt haben. Halten Sie es aus, noch nicht genau zu wissen, wie es weitergehen wird. Jeglicher Versuch der Antizipation ist zum Scheitern verurteilt – es kommt ohnehin anders – und bedeutet Zeitverschwendung. Es braucht eine konsequente Managementhaltung, diesen Widerständen zu begegnen. Begegnen Sie aktiv der Tendenz, dass sich Gruppen und „Fürstentümer" bilden wollen. Diese Art von Widerstand ist bis zu einem gewissen Grad normal und menschlich, bremst aber die Umsetzung aus bzw. macht sie unproduktiv. Gruppen sind in Ordnung, Abschottungen in (Teil-)Projekten nicht.

5. Phase: Erfolg Erfolg wird in kleinen Schritten gefeiert, indem man merkt, dass man der Fantasie Stück für Stück näher kommt – trotz wiederholten Scheiterns, das hier ganz natürlich dazugehört: Man muss lernen dürfen und das beinhaltet, das Falsche zu machen oder das Richtige falsch zu tun. Ist ein Fehlschlag eingetreten, beginnt der Kreislauf wieder von vorne: mit dem *Schwärmen* sorgen ihre CGOs für das Erkennen anderer Hebel oder eines besseren Ansatzes. Erfolg ist lernen. Nur durch Lernen werden wir besser. Und am besten, ich würde sogar fast sagen ausschließlich, lernen wir, indem wir Fehler machen und scheitern. Im Kleinen wie im Großen. So darf der Servicebereich zum Beispiel lernen, dass das Mithören von Gesprächen den Kunden nervt, für administrativ hohen Aufwand sorgt und keinen wirklichen Nutzen bringt. War dies bisher ein Instrument, um die Kundenbindung und Wertschätzung der Leistung zu bewerten, muss nun nach anderweitigen Bewertungs- und Steuerungsmöglichkeiten gesucht werden. Um zu lernen, bedarf es einer Umsetzungskultur des Scheiterns, das heißt Fehler zu machen wird nicht sanktioniert. Nur durch Fehler kommt man vorwärts und Umsetzungen, in denen keine Fehler gemacht werden, gibt es nicht. Es gibt höchstens solche, in denen Fehler kaschiert und nicht zugegeben werden, doch so kann nicht aus ihnen gelernt werden. Vielmehr muss man stolz darauf sein können, Fehler machen zu dürfen, denn nur so werden unbekannte Wege ausprobiert. Es muss die **Regel der Fehlertoleranz** eingeführt werden wie auch die **Fehleranerkennungsregel**, nach der man offen zu Fehlern stehen darf und gemeinsam analysiert, warum etwas nicht funktioniert hat. Umsetzungspräsentationen dienen eben nicht nur dazu zu zeigen, wie toll alles läuft, sondern auch als Lernstoff. Damit einher geht auch die **Vergesslichkeitsregel**. Was gestern noch für richtig gehalten wurde, darf heute für falsch gehalten werden. Im Zuge des Lernens können sich Meinungen ändern und neue Erkenntnisse entstehen. Themen zu hinterfragen und Meinungen zu ändern, ist also durchaus erwünscht.

Umsetzungserkenntnis #36
Um in einer Umsetzung vom vierten in den fünften Gang zu kommen, muss „disziplinierte Gelassenheit" praktiziert werden. Es gilt die Souveränität auszubilden zu erkennen, wo man auf dem Holzweg ist. Sie müssen fantasieren, um überhaupt erst vom Ergebnis her arbeiten zu können und dann mit hoher Geschwindigkeit ein Thema nach dem anderen zu erledigen und zwar ohne vorher bereits Schritt zwei und Schritt drei angedacht oder geplant zu haben. Dafür braucht es Disziplin und Durchhaltevermögen.

8.2 Auswahl und Führung der Chief Gravitation Officers

Die Hebel, um diese Prinzipien in ein Projekt, größeres Programm oder die Strategieumsetzung eines gesamten Unternehmens zu etablieren, stellen die sogenannten Chief Gravitation Officer (CGOs) dar. Ihre Aufgabe ist es, diese Prinzipien in den fünf Phasen der Gravitation zu vermitteln (siehe Abb. 8.3), sie in die DNS eines Umsetzungsvorhabens einzuschreiben. Es gibt drei verschiedene Möglichkeiten, die Funktion von CGOs zu installieren:

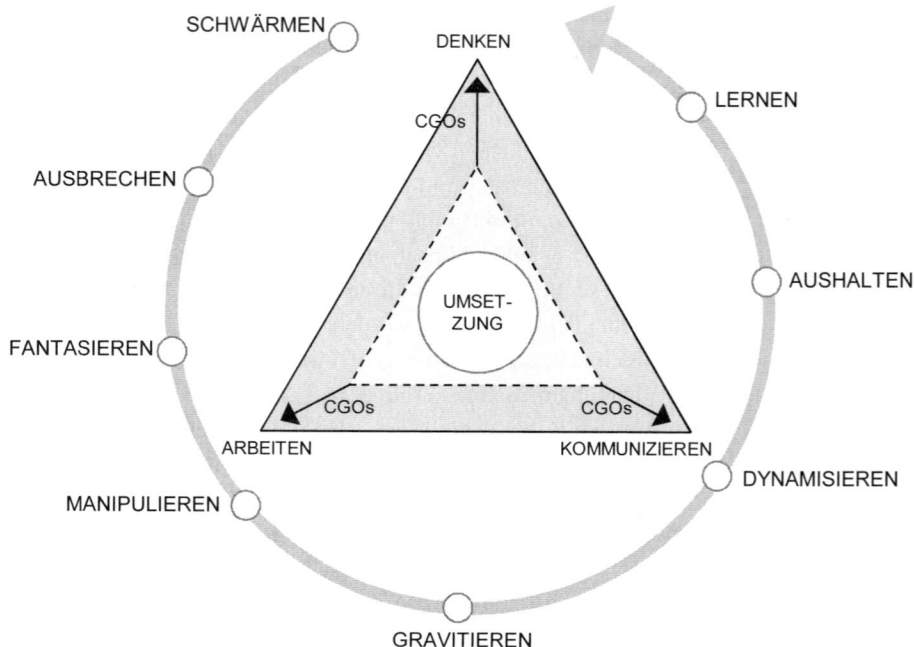

Abb. 8.3 Die Prägung des Denkens, Arbeitens und Kommunizierens durch die CGOs

1. Sie machen Ihre Umsetzungsmanager (Programmmanager, Projektleiter und Teilpro-jektleiter) zu CGOs.
2. Sie wählen die CGOs quer durch die Organisation über verschiedene Ebenen hinweg aus.
3. Sie selbst führen als verantwortlicher Umsetzungsmanager Ihre Projektleiter bzw. -teams nach den Prinzipien und fungieren als Vorbild bzw. Multiplikator.

Ich selber arbeite meistens nach der dritten Variante. Bei Umsetzungen, die ins Stocken geraten sind oder Gefahr laufen zu scheitern, wende ich sofort und meist ohne große theoretische Erläuterungen die acht Gravitationsprinzipien an. Bei einigen Beteiligten schlägt der Funke sofort über und sie übernehmen die Prinzipien, andere wiederum lehnen das Vorgehen rundherum ab. Diesen Widerstand versuche ich jedoch zu ignorieren bzw. auszuhalten, weil ich weiß, dass sich nach drei bis fünf Wochen die ersten Früchte des Erfolgs zeigen, die wiederum dann für das gesamte Team Motivation genug sind, nach genau den Prinzipien weiterzuarbeiten. Der Vorteil dieser Variante ist, dass so relativ zügig Fortschritte in der Umsetzungsperformance erreicht werden und selbst äußerst verkrustete Strukturen schnell wieder flexibel werden. Der Nachteil ist, dass es einiges an Erfahrung und Durchhaltevermögen dafür braucht und der rasche Erfolg für die Beteiligten zunächst schwer bis gar nicht nachvollziehbar ist.

Wenn Sie noch keine bzw. wenig Erfahrung mit den Prinzipien haben, ist es am sinnvollsten nach Variante eins zu verfahren und einen ausgewählten Personenkreis zu Chief Gravitation Officers auszubilden, also am besten Ihre Programm-, Projekt-, Teilprojekt- und/oder Teamleiter zu CGOs zu machen. Dies sollte prinzipiell immer die erste Wahl sein, allerdings war sie in ungefähr einem Viertel aller Fälle, in denen ich Umsetzungen begleitet habe, nicht möglich. Denn wenn die Fronten zu verhärtet sind, Sichtweisen zu eingefahren oder es schlicht an der erforderlichen Kompetenz in den leitenden Positionen fehlt, bleibt Ihnen nur die zweite Wahl, nämlich in den Reihen „hinter" den Managern zu suchen, wo Sie unter Garantie auf Personen treffen, die den „richtigen Geist", die richtige Portion an „konstruktivem Ungehorsam" und auch die Lust und den Willen haben, das anstehende Thema nach vorne zu bringen. Denn gäbe es diese Personen dort nicht, würde das Unternehmen oder der Bereich schon längst nicht mehr existieren.

CGOs arbeiten aktiv mit am Umsetzungsprozess, sorgen durch klare Strukturierung und Mitwirkung auf der inhaltlichen Ebene und im Kontakt mit den Mitarbeitern dafür, dass konzeptionell und planerisch sowie in der Ausführung immer die richtigen Prinzipien und Werkzeuge zur Anwendung kommen. Sie fordern nicht nur Ergebnisse und Tasks auf kluge Weise ein und kontrollieren und kritisieren sie, sondern machen die Umsetzungsbeteiligten zu echten Umsetzungshelden.

Umsetzungserkenntnis #37
Das Selbstverständnis der CGOs besteht darin, mithilfe der acht Gravitationsprinzipien alle Projektbeteiligten zu Umsetzungshelden zu machen.

1. Die Auswahl der CGOs In der Funktion eines Moderators und Coachs befähigen die CGOs zum Arbeiten, Denken und Kommunizieren in der Umsetzungsorganisation. Sie haben verstanden, dass es wenig bringt, Menschen zu treiben und sie nur durch Logik zu überzeugen. Sie sind vielmehr in der Lage (und das kann nicht jeder!) durch das Skizzieren entsprechender Zukunftsbilder (Fantasieren) andere emotional zu entzünden und verspüren eine Lust, andere zu Helden der Umsetzung zu machen. Mangelt es an diesen beiden Grundeigenschaften von „emotionaler Führungslust" und „authentischer Erfolgsbefähigung", fehlt die entscheidende Qualifikation eines CGOs. Das von Seiten des Change-Managements gerne verlangte „magische Drittel", ist hier gar nicht erforderlich. An wenigen kritischen Stellen die richtigen Manager zur Hand haben, ist völlig ausreichend. Die Durchschlagskraft einiger weniger wird häufig unterschätzt. Fehlt es Ihnen an solchen Managern, dann suchen Sie in der zweiten und dritten Führungsreihe nach Personen, die für die Umsetzung „brennen", die vielleicht auch als Querdenker oder Kritiker gelten – sie helfen mehr, als solche, die zwar wissen, was zu tun ist, sich aber nicht trauen. Allein die Tatsache, dass Sie ein paar wenige CGOs mit dann automatisch exponierter Stellung um sich scharen, wird schon für sich genommen eine entsprechend Wirkung

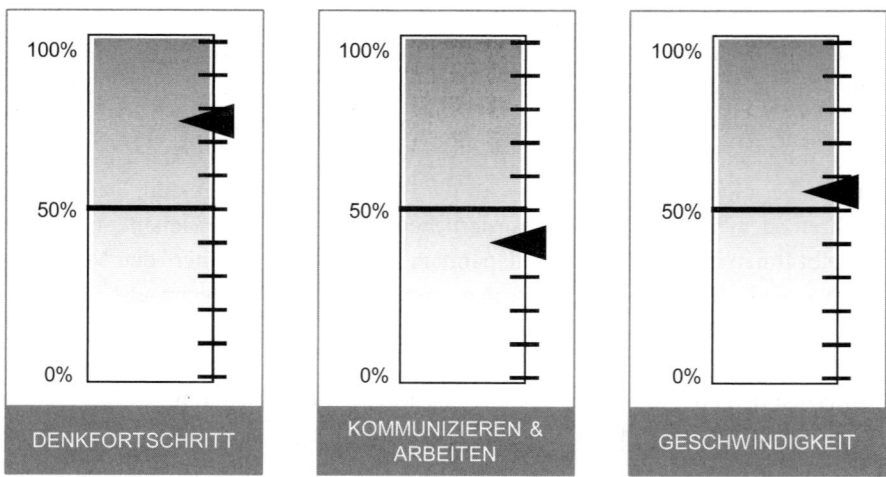

Abb. 8.4 Das Gravitationsreifegradmodell

entfalten. Auch wenn diese CGOs möglicherweise mit Argwohn betrachtet werden, lassen Sie sich nicht beirren, sondern sorgen Sie im Gegenteil für Geschwindigkeit, so dass über solche Dinge nicht nachgedacht werden kann, und managen Sie nach vorne. Wichtig ist nur, dass Sie die CGOs gut trainieren und in ein produktives Wirkgeflecht mit den Projektmanagern bringen.

2. Training und Führung der CGOs Um mithilfe der CGOs tatsächlich die beabsichtigte Produktivitätssteigerung im Umsetzungsvorhaben zu erreichen, ist es wichtig, deren Kompetenzen kontinuierlich weiterzuentwickeln und ihren Erfolg zu prüfen. Diese Aufgabe sollten Sie einem Master-CGO übertragen, der sich mit fünf bis sieben zugeordneten CGOs in regelmäßigen Abständen (mindestens alle zwei Wochen) zusammensetzt, um sich über den Fortschritt zu informieren, aber auch Hilfestellung zu geben entlang von Fragen wie: Verändern die CGOs die Art des Denkens und Arbeitens und Kommunizierens in der Umsetzung? Gelingt es ihnen, dass das Denken breiter und schärfer wird? Entwickelt sich die Zusammenarbeit effizienter und wird die Kommunikation zielgerichteter, offener und ergebnisorientierter? Steigt die Fehlerkultur? Neben dem mündlichen Feedback in den Diskussionsrunden mit dem Master-CGO über die Unterstützung und die Erfolge in den Teilprojekten braucht es einige Kenngrößen, um den Fortschritt festzuhalten (siehe Abb. 8.4):

- Denkfortschritt: Wie weit ist das Denken in vernetzten Strukturen und Wirkungsmechaniken vorangeschritten?
- Kommunizieren und Arbeiten: Wie gut gelingt das Arbeiten in Optionen?
- Geschwindigkeit: Wie lang ist die durchschnittliche Meetingdauer? Hat sich die Teilnehmerzahl in Meetings verringert?

3. Die Etablierung der CGOs Innerhalb eines Umsetzungsvorhabens sollte am besten jedem Projektleiter – sofern er diese Rolle nicht selbst wahrnimmt – ein CGO zur Seite gestellt werden. Generell ist es wirkungsvoller, wenn die CGOs keine Projektleitungsverantwortung haben. Dann können sie sich primär auf die Prinzipien und ihre Verankerung im Projekt konzentrieren, während die Projektleiter ihre ungeteilte Aufmerksamkeit auf ihre eigenen Themen richten können. Unter dieser Voraussetzung gibt es folgende Regeln für die Etablierung der CGOs:

- CGO-Rotation
  CGOs sollten über (Teil-)Projektgrenzen hinweg eingesetzt werden, um die Teilprojekte miteinander zu vernetzen und das an den Gravitationsprinzipien ausgerichtete Arbeiten, Kommunizieren und Denken zu vermitteln. Hierzu sollte alle sechs bis acht Wochen eine Rotation der CGOs innerhalb der Teilprojekte stattfinden.
- CGO-Quote
  Als Faustregel kann gelten: Für jedes Teilprojekt mit maximal zehn Mitarbeitern sollte ein CGO installiert werden. Bei größeren Umsetzungsprojekten sollten entsprechend viele Einzelprojekte mit CGOs eingerichtet werden.
- CGO-Funktion
  CGOs sollten am besten nur moderierend tätig sein und nicht führend. Ihre Position in der Umsetzungsorganisation ist gleichgestellt mit den jeweiligen Teil-/Projektleitern, denen sie zugeordnet sind. Das heißt beide agieren zusammen als Führungstandem.

4. Die CGO-Arenen Die Arenen, in denen CGOs ihre Wirkung entfalten, sind nicht ihre Schreibtische und auch nicht irgendwelche internen Meetings, in denen die Prinzipien diskutiert, verinnerlicht und trainiert werden. Es sind vielmehr die Orte des Geschehens ihrer Umsetzung und abgesehen von umsetzungsspezifischen Ausprägungen sind dies zu 80 % Workshops, Meetings und Projektreview-Sitzungen.

8.3   Der Wettbewerbsfaktor Umsetzungsperformance

Es ist keine neue Erkenntnis, dass sich die Wettbewerbs- und die Markterfordernisse immer schneller verändern. Durch die Weiterentwicklung bestehender Märkte kommt es zu völlig neuen Angeboten (beispielsweise Elektromobilität oder Kitesurfen) oder es werden neue Bedürfnisse generiert, die wiederum zu vorher nicht gekannten Märkten führen (zum Beispiel Apps, Smart Metering). Oder die Grenzen zwischen bisher getrennten Märkten bzw. Branchen verwischen sich (zum Beispiel zwischen Laptops/PCs und mobilen Endgeräten wie Smartphones; zwischen Social Gaming und Online-Glücksspielen; zwischen Food und Non-Food), oder bestehende Strukturen verändern sich (unter anderem durch die Energiewende) und Produkt-Lebenszyklen verkürzen sich immer stärker (zum Beispiel Autos, Handys, Notebooks). Ursachen dafür sind im Wesentlichen die vier Megatrends:

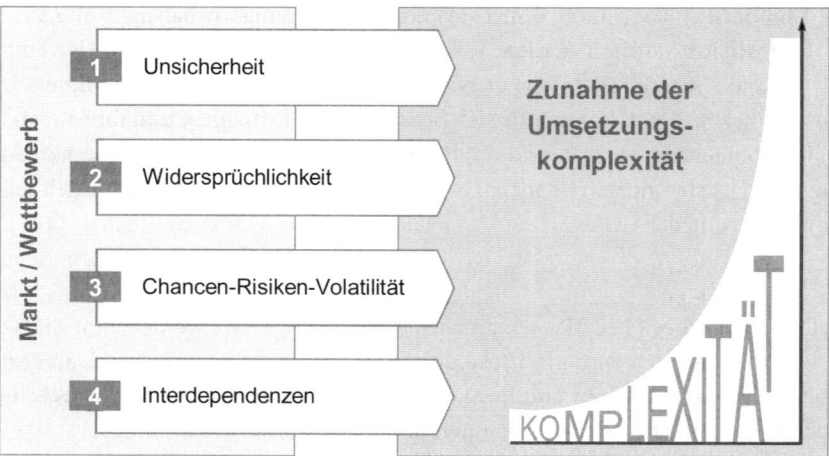

Abb. 8.5 Auswirkungen der Markt- und Wettbewerbsveränderungen auf die Umsetzungsherausforderungen

Globalisierung, technologischer Fortschritt, demografischer Wandel und Ressourcenverknappung. Diese Trends bewirken, dass Geschäftsmodelle sich verändern, Unternehmen schneller entstehen, aber auch schneller wieder verschwinden und langfristiger Erfolg nicht mehr automatisch mit der einmal gelungenen Entwicklung oder Fortführung eines Geschäftsmodells gegeben ist. Jedes Unternehmen muss lernen, mit den daraus sich ergebenden Folgewirkungen umzugehen (siehe Abb. 8.5):

1. Unsicherheit
   Es lässt sich nur noch schwer prognostizieren, wie sich welcher Wettbewerber verhalten wird. Häufig ist noch nicht einmal klar, wer nächstes Jahr mein Wettbewerber sein wird oder wie sich die wirtschaftlichen und politischen Rahmenbedingungen in zwölf Monaten darstellen werden. Krisen kommen und gehen schneller als früher und sind in ihren Auswirkungen in keiner Form abschätzbar, wie unter anderem die ständigen Fehlprognosen der sogenannten Wirtschaftsexperten zeigen.
2. Widersprüchlichkeit
   Während etliche Hersteller unter der Konsumflaute leiden, verkaufen andere Hersteller zeitgleich dreimal so viele Produkte wie bisher. Diese Widersprüchlichkeiten sind auf nationaler und globaler Ebene ebenso Alltag wie in den Unternehmen. Auch dort laufen bestimmte Bereiche exzellent, während andere im Vergleich dazu aus schwer erklärbaren Gründen nicht performen. Strategien wie Projekte haben mit widersprüchlichen Anforderungen und Rahmenbedingungen zu kämpfen.
3. Chancen-Risiken-Volatilität
   Es tun sich immer mehr und auch immer häufiger Chancen am Horizont auf, doch auf welche Trends und Technologien soll man setzen, welche ignorieren? So ist es dem Heizungshersteller Viessmann rechtzeitig gelungen, IT, moderne Apps und Heizungs-

technologie zu einem Wettbewerbsvorteil zu integrieren. Deutsche Automobilhersteller hingegen haben die ersten Entwicklungen der Elektromobilität verschlafen – bestimmt nicht absichtlich, sie haben eben auf andere Chancen gesetzt, wie zum Beispiel leistungsstarke Motoren, die in neuen Märkten gefordert werden. Die Volatilität sorgt für unternehmerischen Stress: Sie bringt die Qual der Wahl mit sich und gleichzeitig den Zwang, echte Prioritäten bei echter Ressourcenfokussierung setzen zu müssen, was wiederum bedeutet, Bestehendes konsequent loszulassen. Darin haben die meisten Unternehmen nicht besonders viel Übung.

4. Interdependenzen

Nicht nur die einzelne Umsetzung wird komplexer, weil aufgrund der hohen Prozessintegrität zwischen den verschiedenen Geschäftsbereichen und der dahinter liegenden Produktions-, Prozess- und IT-Strukturen meist gar nicht mehr offensichtlich ist, welche Effekte sich im Einzelnen und fürs Gesamte ergeben. Es werden immer mehr sogenannte Querschnittsthemen aufkommen, die in Umsetzungen über die verschiedensten Unternehmensbereiche bzw. Konzerngesellschaften hinweg effizient eingeführt und bearbeitet werden müssen. Man nehme nur das Beispiel De-Mail, eine Gesetzesinnovation, die den Brief, das Einschreiben mit Rückschein und etliche Behördenprozesse wie auch Authentifizierungserfordernisse bei Banken und Versicherungen ablösen soll. Die Anbieter solcher Lösungen sind auf einmal mit einem Markt konfrontiert, den es so vorher nicht gab und auf den sie auch nicht vorbereitet sind. Es kommt zu einer Vermischung von Privat- und Geschäftskundenbereich wie auch zu Lösungsansätzen, die bisher für sich mehr oder weniger singulär standen. Eine komplexe Umsetzung ist auf einmal gefordert quer über Bereiche, die so noch nie miteinander gearbeitet haben. Diese Art von Umsetzungen wird deutlich zunehmen.

In der Wirkung stehen diese vier Faktoren für Komplexität. Eine Komplexität, die aufgrund der Interdependenz und Widersprüchlichkeit schwer zu managen und deshalb anstrengend ist, die aber auch wegen der Möglichkeiten, die sie generiert, wunderbar ist, weil sich echte Wettbewerbsvorteile und die Weiterentwicklung von Unternehmen ergeben können.

Umsetzungserkenntnis #38
Die Entwicklung von Umsetzungsexzellenz, mit der Sie in hoher Geschwindigkeit neue Themen zum Erfolg führen, bei laufenden Projekten die Fähigkeit haben loszulassen und in der Lage sind, Teams schnell in verschiedene Kontexte zu setzen und zur Zusammenarbeit zu befähigen, wird zu einem ausschlaggebenden Wettbewerbsvorteil werden.

Ein Telekommunikationsunternehmen setzte vor einigen Jahren ein Programm auf, um die Strukturen in der Wertschöpfung anzupassen, die Time-To-Market zu erhöhen sowie die

Kosteneffizienz zu steigern. Gleichzeitig sollten die Bereiche IT und Netz-Technologie zusammengelegt werden wie auch die Betreuungsstrukturen verschiedener Kundensegmente. Dahinterliegende IT-Systeme galt es zu konsolidieren und weitestgehend zu automatisieren. Das Programm hatte eine geplante Dauer von 18 Monaten, zog sich schließlich jedoch über drei Jahre hin. Und obwohl bereits nach zwei Jahren klar war, dass man selbst mit dieser neuen Struktur und den neuen Systemen dem Wettbewerb hinterherhängen würde, wurde es zu Ende geführt.

Dies ist ein Negativbeispiel aus der Vergangenheit, was sich zukünftig kein Unternehmen mehr erlauben kann. Es ist ein typischer Fall dafür, dass man sich den vier genannten Faktoren nicht wirklich gestellt hat, sondern glaubte:

- sicher zu wissen, was kommen wird („Unsicherheit")
- überall klar regeln und beschreiben zu können, warum man was wie machen wird („Widersprüchlichkeit")
- dass einmal vorhandene Chancen für immer bestehen und man sich ewig Zeit lassen könne, diese umzusetzen („Chancen-Risiken-Volatilität")
- dass die Produktwelt und Kundenanforderungen anderer Bereiche warten, bis man fertig ist. So hat sich während der Projektlaufzeit die Smartphone-Welt etabliert und das Projekt dadurch schon zur Farce werden lassen („Interdependenzen").

Dieses Umsetzungsvorhaben war schon von Beginn an viel zu langatmig und entwickelte keine Geschwindigkeit. Auch konzentrierte man sich nicht auf die wichtigen Dinge, sondern alles im Programm wurde vom Anfang bis zum Ende detailliert durchgeplant und man war rein auf Aktivitäten orientiert. Schließlich hat auch die „Sunk Costs"-Falle nicht lang auf sich warten lassen, das heißt schlechtem Geld wurde gutes hinterher geworfen, weil man das Geplante zu Ende bringen wollte, obwohl schon sehr früh der Sinn der ganzen Unternehmung mehrfach in Frage gestellt wurde. Das Management hätte viel früher die Umsetzung stoppen und auf Basis der neuen Gegebenheiten das Programm ändern und neue Priorisierungen setzen müssen.

Will man demgegenüber Umsetzungsexzellenz als Wettbewerbsvorteil generieren, sollte man Folgendes für die Zukunft beachten:

- Monströse Umsetzungsprojekte gehören der Vergangenheit an.
- Wir werden immer mehr in kleinen „Ergebnisscheiben" arbeiten müssen.
- Geschwindigkeit wird so wichtig wie Inhalt werden.
- Langfristige Planungen sind überholt, stattdessen sollte man sich an die Veränderungen in der Umgebung, im Wettbewerb oder auch im Projekt selber anpassen. Ohne Langfristplan gelingt das am besten.
- Man muss lernen, mit der Unsicherheit bezüglich dem, was kommen wird, umzugehen.

	Managementfaktoren					
	Qualität	Business Case-Orientie-rung	Geschwin-digkeit	Ressour-ceninten-sität	Abbruch-quote	Themen-parallelität
Heutiges Umsetzungs-verständnis						
Umsetzungs-kompetenz als Wettbewerbs-faktor						

Abb. 8.6 Veränderungen der Anforderungen an das Umsetzungsmanagement (Führungsverständnis)

Um also Umsetzungskompetenz als Wettbewerbsfaktor zu nutzen, müssen die veränderten Anforderungen (Markt/Wettbewerb) im Umsetzungsmanagement in jedem Fall berücksichtigt werden (siehe Abb. 8.6).

Die Managementfaktoren, die dabei relevant sind und die aus meiner Sicht zukünftig anders gewichtet werden müssen, sind:

- Qualität
  Wir müssen lernen und uns dazu zwingen, vom Perfektionismus abzukommen. Das bedeutet nicht, dass Qualität keine Rolle mehr spielt, sondern vielmehr, dass sie sich iterativ entwickeln wird. Hermann Scherer hat in diesem Zusammenhang vom Prinzip der „schnellen schlechten Qualität" gesprochen (Scherer 2011). Dies bringt genau auf den Punkt, worum es geht: Um zu lernen, muss man Fehler machen dürfen und um zügig zum Erfolg zu kommen, muss man schnell Ergebnisse produzieren. In diesem Sinne müssen Sie Abstand davon nehmen, die Dinge perfekt machen zu wollen. Dafür werden Sie, wollen Sie nachhaltig erfolgreich sein, keine Zeit mehr haben. Das Motto muss also sein, schnell etwas Vorzeigbares zu entwickeln, um es dann unter Umständen in weiteren Iterationen zu verbessern und unter den genannten Komplexitätsfaktoren stets die Möglichkeit zu haben, Dinge anzupassen oder auch über Bord zu werfen. Und das gilt für Umsetzungen insgesamt, die entsprechend hinterfragt werden müssen und auch für jedes einzelne Konzept. Machen Sie einen schnellen kompletten, qualitativ schlechten Entwurf, sehen Sie sich den an und dann machen Sie ihn iterativ besser.
- Business Case-Orientierung
  Es ist üblich und vor dem Hintergrund wirtschaftlichen Handelns auch sehr vernünftig, sämtliche Umsetzungen mit Business Cases zu unterlegen. Allerdings wird diese Praxis nach meiner Beobachtung immer absurder. Auf der einen Seite werden sehr

konkrete Aussagen über bestimmte Umsatzmengen und Kostenentwicklung und der daraus resultierenden Rentabilität getroffen. Auf der anderen Seite wird die Vernetzung mit anderen Produktstrukturen und zukünftigen Entwicklungen wenn nicht komplett ignoriert, so doch nur sehr vage behandelt. Man idealisiert, denkt nicht vernetzt und entwickelt einen Plan, der sich nicht wirklich ausführen lässt. Sind als logische Konsequenz Business Cases in dieser Form also Zeitverschwendung und sollte man sich von ihnen ganz verabschieden? Nein, es muss darüber nachgedacht werden, welche Projekte sinnvoll sind und welche Themen Priorität haben, um damit auch die notwendigen Investitionen und Ressourcen zugesprochen zu bekommen. Doch zunehmend werden auch Projekte bedeutsam, die dazu dienen, das Unternehmen strategisch voranzubringen, einen Wettbewerbsvorteil zu generieren, von dem man noch nicht genau weiß, wie er sich exakt darstellen und rechnen wird. In den dafür notwendigen Business Cases geht es nicht darum, die Effizienz zu steigern, sondern in einer vernetzten Abwägung zu entscheiden, was das Unternehmen strategisch am schnellsten und weitesten nach vorne bringt. Beispielsweise in neue Märkte einzusteigen, neue Produkte zu finden, neue Partnerschaften einzugehen oder Wertschöpfungsstrukturen oder Geschäftsmodelle anzugehen, von denen man heute noch gar nicht weiß, ob und wie sie sich rechnen. Deshalb wird die Bedeutung des Business Cases zukünftig nicht unbedingt abnehmen, aber der Fokus wird ein anderer werden. Schwerpunkt wird nicht mehr sein, ob sich ein Projekt auf Heller und Pfennig rechnet, sondern ob Wettbewerbsvorteile entstehen, insbesondere auch durch die Flexibilität und die Geschwindigkeit, in der bestimmte Themen angegangen werden können.

• Geschwindigkeit
Geschwindigkeit ist so wichtig wie der Inhalt, um den es geht. Sie müssen schneller werden und schneller werden Sie nur, indem sie weniger und dieses Wenige auch noch schneller machen. Das erfordert extreme Ergebnisorientierung und ein hohes Maß an Flexibilität und die Souveränität, dass sich manche der Probleme und Herausforderungen im Laufe des Prozesses klären oder von alleine erledigen. Geschwindigkeit muss zum Prinzip gemacht werden. Im heutigen Management ist Geschwindigkeit immer noch gleichbedeutend damit, Pläne und Meilensteine „sportlich" zu setzen und zu verfolgen. Dass ist jedoch der falsche Ansatz. (siehe Kap. 4.3).

• Ressourcenintensität
Grundsätzlich werden Sie weiter gefordert sein, die Produktivität zu steigern, das heißt mit weniger Ressourcen mehr zu erreichen. Dies kombiniert mit den bereits genannten Managementansprüchen an die Qualität und Geschwindigkeit wird dazu führen, dass Sie kleinere und schlankere „Schnellboot"-Projekte und keine oder zumindest nur wenige große „Tanker" in ihren Umsetzungen von Strategien oder Veränderungen von Organisationen haben werden. Die Ressourcenintensität der Projekte wird somit dramatisch zurückgehen.

• Abbruchquote
Basierend auf der sich ändernden Business-Case-Orientierung, die sich mehr strategisch begründeten Projekten zuwendet, und den schnelleren Markt- und Wettbewerbsverän-

derungen steigt auch die Abbruchquote von Umsetzungsvorhaben. Zumindest dann, wenn es nicht an entsprechender Managementkonsequenz mangelt. Sie müssen lernen, das Prinzip der „Sunk Costs" in die Realität umzusetzen. Sobald Sie erkennen, dass ein bestimmtes Projekt, eine bestimmte Strategie oder Veränderung keinen Sinn mehr macht, müssen Sie loslassen und das, was bislang sozusagen als „Schande" oder Scheitern verstanden wird, mit zum Prinzip machen: Abbruch! Anderes Thema, neuer Fokus, geänderte Prioritäten. Sie müssen, um eine Kultur der Umsetzungsexzellenz zu erreichen, ein anderes Verhältnis zu Fehlern und Projektabbrüchen entwickeln. Darin liegt kein Scheitern, sondern ein kontinuierliches Lernen und Weiterentwickeln. Gründe für das Loslassen können beispielsweise sein, dass die neue Struktur, der neue Markteintritt, das veränderte Bewertungs- oder Führungssystem nicht den gewünschten Erfolg bringt oder dass sich die Rahmenbedingungen zum Nachteil des Projektes verändert haben und daher andere Wege eingeschlagen werden müssen. Umsetzungen werden heutzutage noch viel zu häufig bis zum Ende durchgezogen, nur weil man es so besprochen und beschlossen hat. Man wird immer mehr dazu stehen müssen, Dinge zu lassen, sobald man merkt, dass sie nichts bringen.

- Themenparallelität
  Bereits für die einzelne Umsetzung gilt, dass sie vernetzt mit anderen Managementaspekten stärker parallel als seriell abgewickelt wird und so eher kleinen Schnellbooten als einem sich Stück für Stück fortbewegenden Tanker ähnelt. Entsprechend wird sich das Führungsverständnis ändern müssen, das heißt, das Maß an Dezentralität und Vertrauen in die einzelnen „Schnellboote" wird sich steigern müssen. Umsetzungsthemen sind zukünftig weniger sequenziell, sondern parallel zu bewältigen, da Themenvielfalt und Komplexität es nicht mehr zulassen werden, verschiedene Themen hintereinander abzuarbeiten. So nimmt auch hier die Bedeutung des vernetzten Denkens und Arbeitens zu.

Diese Managementfaktoren in einer Organisation zu berücksichtigen und zu etablieren kann nicht von heute auf morgen geschehen. Meiner Erfahrung nach, muss man anfangen, sich mit ihnen auseinanderzusetzen und sie zum Diskussionsthema zu machen, um so sukzessive zu Umsetzungsexzellenz zu gelangen.

8.4 Managementprinzipien von Umsetzungskulturen

Unternehmen werden nur dann Umsetzungsexzellenz und damit eine bessere Wettbewerbsfähigkeit erreichen, wenn sie über eine Umgewichtung der sechs genannten Managementfaktoren zu einer Umsetzungskultur gelangen, die den vier Megatrends Rechnung trägt. Dazu sind folgende Kernprinzipien zu etablieren (siehe Abb. 8.7).

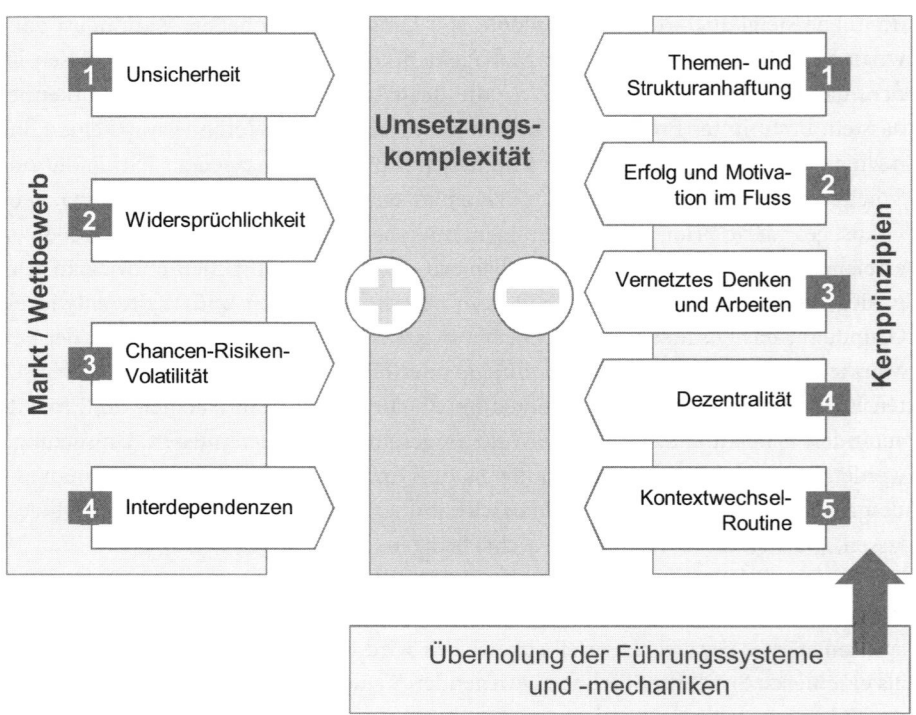

Abb. 8.7 Die fünf Kernprinzipien erfolgreicher Umsetzungskulturen

Kernprinzip 1: Themen- und Strukturanhaftung   Ist es bisher üblich, dass ein Mitarbeiter ein Projekt von Anfang bis Ende begleitet, wird er zukünftig vermehrt nur in Projektphasen mitwirken, dafür aber in mehreren Projekten gleichzeitig tätig sein – und dies parallel zu seiner operativen Betriebstätigkeit. „Projekt" meint dabei nicht die Themen aus dem „Regelbetrieb". Hier ist es auch heute schon üblich, dass beispielsweise in der IT auf drei Entwicklungsprojekten parallel gearbeitet wird. Gemeint sind vielmehr Projekte, die einen selbst, die eigene Abteilung, den eigenen Bereich oder das gesamte Unternehmen entwickeln und damit verändern. Werden solche Projekte als Zusatzbelastung wahrgenommen, ist das ein Zeichen dafür, dass sich Organisationen und Mitarbeiter am „Regelbetrieb" orientieren. Diese Orientierung aufzubrechen, das Anhaften an Strukturen und einzelnen Themen zu überwinden, ist Aufgabe des Managers. Die Bedeutung von Organisationsrahmen und Funktionszuordnungen müssen abnehmen, wenn Sie Umsetzungsexzellenz erreichen wollen.

Kernprinzip 2: Erfolg und Motivation aus dem Prozess   Wann ist jemand in einer Organisation erfolgreich? Wann ist er motiviert? Der Versuch von Organisationen hier mit der Zauberformel „Motivation 2.0" (Pink 2010) zu arbeiten, also Ziele zu setzen, das Erreichen dieser Ziele zu kontrollieren und einen Bonus für positive Ergebnisse in Aussicht zu stellen, richtet mehr Schaden an als er Nutzen bringt. Die meist sogar noch auf Jahresrhythmen basierenden Führungssysteme erzeugen mit ihren Ziel- und Bonistrukturen Fokussierungen, Prioritäten und Effekte, die bereits nach kurzer Zeit überholt und damit unproduktiv sind. Derartige Führungs- und Zielsysteme müssen überdacht und durch wesentlich agilere Führungsmechaniken ersetzt werden, die auf die stark befriedigende Wirkung, die ein Beitrag zu kurzfristig erreichten Ergebnissen haben kann, als Anreiz setzen.

Kernprinzip 3: Vernetztes Denken und Arbeiten Die zunehmende Komplexität zwingt uns dazu, immer mehr Faktoren in ihrer Vernetzung zu berücksichtigen. Aus diesem Grund muss die Linearität im Denken ersetzt werden durch vernetztes Denken, das wiederum in Unternehmen durch entsprechende Arbeitsweisen und Denkwerkzeuge unterstützt werden muss. Ein entscheidender Schritt hierfür ist, eine Organisation darin zu trainieren, in allem konsequent vom Ergebnis her zu arbeiten und das dahinter liegende Wirkgeflecht zu durchdringen, um so die wenigen entscheidenden Hebel zu identifizieren. Die Konzentration auf diese Hebel hilft, der Komplexität der Themenstellungen Herr zu werden. Auch das Denken abseits des Üblichen hilft Komplexität zu beherrschen und zu überraschenden Ergebnissen zu kommen. Sich also in anderen Branchen, Märkten und Wertschöpfungsstrukturen umzuschauen, Anregungen zu bekommen durch einen völlig neuen Kontext – all das kann die Suche nach Lösungsmöglichkeiten unterstützen. Und diese Art Lösungen, auf die jedes Unternehmen heutzutage so sehr angewiesen ist, sind attraktiver als das, was man bisher verfolgt hat. Im Sinne eines ergebnisorientierten Arbeitens müssen auch sämtliche Unternehmensfunktionen, die sich mit Prozessorientierung, Qualitätsmanagement und Personal und ähnlichen Unterstützungsthemen beschäftigen, überdacht werden. Denn sie sind rein inputorientiert und bringen in der Regel wenig direkten Nutzen. Damit sage ich nicht, dass diese Funktionen an sich überflüssig sind. Sie gehören nur dorthin verlagert, wo sie einen direkten Wertbeitrag leisten und auch einen direkten Ergebnisbezug haben.

Kernprinzip 4: Dezentralität Erfolgreiche Umsetzungskulturen sind stark geprägt von maximaler Dezentralisierung. Darunter ist nicht nur die möglichst dezentralisierte Organisation von Unternehmensbereichen oder Konzernteilen zu verstehen. Es geht vor allem um die Etablierung dezentraler Business-Units und die Vergabe von möglichst viel Verantwortung in die einzelnen Geschäftsbereiche und darum, extrem wenig hierarchisch zu strukturieren und zu führen. Unternehmen sollten als funktionierender Organismus strukturiert und organisiert werden. Der Gefahr, dass sich auf diese Art kleine „Fürstentümer" bilden, kann nur mit entsprechenden Führungs- und Steuerungsmechaniken wie dem beschriebenen Puzzle-Management (siehe Kap. 3.2) begegnet werden. Der Controlling- und Administrationsaufwand ist unter Nutzung intelligenter Führungsmechaniken und Strukturen auf ein notwendiges Minimum zu bringen.

Kernprinzip 5: Kontextwechsel-Routine Sowohl für Mitarbeiter als auch für Führungskräfte sollte der regelmäßige Wechsel in einen anderen Arbeits- und Projektkontext zur

Abb. 8.8 Umsetzungskulturen erfordern agile Strukturen und Prioritäten

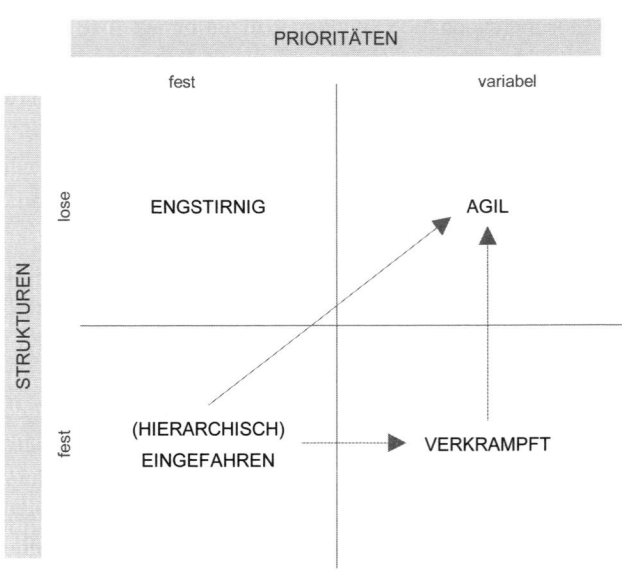

Routine gemacht werden. Das bereitet am Anfang Schwierigkeiten – siehe die erzwungenen Jobrotationen oder etwas zügigeren Projektwechsel – hilft aber, sobald es Programm geworden ist, der Anhaftung an Strukturen und Themen zu entgehen, stärker in vernetzten Strukturen zu denken, mehr Empathie auszubilden und zu verhindern, dass das Prinzip der Dezentralität zur Isolierung einzelner Bereiche und damit zu „Eigenbröteleien" führt.

8.5   Führung – Worauf es ankommt

Zentraler Hebel für die Verankerung der fünf Kernprinzipien von Umsetzungskulturen ist, das eigene Führungsverständnis zu reflektieren. Die meisten der mir bekannten Führungs- und Steuerungsansätze, -strukturen und -mechaniken sind nur begrenzt kompatibel mit den dargestellten Prinzipien von Performance-Umsetzungskulturen. Abbildung 8.8 verdeutlicht, wo sich Führung und Steuerung hinbewegen müssen, um in diesem Sinne erfolgreich zu sein. Im Moment befinden sich viele Unternehmen mit ihren Prioritäten und ihren hierarchisch fest eingefahrenen Strukturen im unteren linken Quadranten. Umsetzungsexzellenz kann jedoch mit dieser Art von Führung und Steuerung nur schwerlich erlangt werden, zumal man vom Markt zunehmend gezwungen wird, mit wechselnden Prioritäten zu agieren.

Um, was meines Erachtens für die Unternehmen heute unausweichlich ist, aus dem verkrampften Status in den agilen zu kommen, müssen sie sich basierend auf den genannten fünf Prinzipien vom Führungsverständnis ganz anders aufstellen. Hierzu werden wieder die fünf Kernprinzipien der Umsetzungskulturen hinzugezogen.

- *Jobrotation muss Prinzip werden*
  Um Kontextwechsel-Routine zu erlangen, sollten Manager, und zwar auf allen Ebenen (Führungsprinzip), in der Lage sein, andere Positionen bzw. Verantwortung in der Wertschöpfung einzunehmen, um nicht in den festen Strukturen verhaftet zu bleiben.
- *Veränderte Zielsysteme*
  Mitarbeiter müssen Lust verspüren und in der Lage sein, sich selbst dazu zu motivieren, in verschiedenen Kontexten zu arbeiten. Geringe Anhaftung bedeutet, sich mit Themen zu identifizieren, aber immer weniger mit der einen Business-Unit, in der man tätig ist, dafür immer mehr als Unternehmer im Unternehmen. Das heißt, das unternehmerische Denken muss gefördert und gestärkt werden.
- *Keine monetären Führungssysteme (Führungsprinzip)*
  Die geringe Anhaftung der Führung und der Mitarbeiter an bestimmte Themen oder Zielstellungen macht es erforderlich, das Führungssystem auf allen Ebenen völlig neu zu überdenken. Absolut notwendig ist, wegzukommen von monetären Zielsetzungen. Denn Erfolg und Motivation entsteht aus Fluss, in diesem Fall aus dem häufigen Kontextwechsel, der geringen Anhaftung, der ausgeprägten unternehmerischen Denkweise und dem Spaß, Themen vorwärtszubringen. Keiner empfindet es als schlimm, in andere Teams zu gehen, sondern betrachtet solche Wechsel immer als temporär. Führungssysteme, die auf Bonifizierung abzielen, müssen deterministisch mess- und bewertbar sein und an diesem Punkt kommt es zur Kollision mit den neuen Erfordernissen: Das, was zukünftig, bezogen auf die einzelnen Umsetzungen und die Agilität der Organisation entscheidend ist, wird im Widerspruch zu den etablierten Führungssystemen stehen.

Überblick – Schnelle Hilfe zur Umsetzungsbeschleunigung

9

Zusammenfassung

Abschließend möchte ich noch einmal die Hebel, die für ein erfolgreiches Umsetzungsmanagement entscheidend sind, überblicksweise zusammenfassen. Nutzen Sie diese Übersicht als Erinnerungs- und Orientierungshilfe auch für den Fall, dass Sie möglicherweise festsitzende Umsetzungsbremsen schnell wieder lösen müssen.

Die fünf Strategie-Emotionalisierungsschritte nach Kolbusa Oft liegt es an der Unklarheit von Strategiepapieren, dass die Umsetzungsarbeit zäh, langwierig und aufwendig wird. Strategien werden zu häufig nur an abstrakten Dingen festgemacht und können dementsprechend keinerlei Zugkraft entwickeln. Zugkraft ist aber wichtig, will man ein Unternehmen zu einer neuen oder auch nur in Teilen veränderten Position bewegen. Daher muss eine Strategie für das operative Management Attraktivität ausstrahlen, sowohl auf der Ebene der Inhalte (Logik) als auch auf der Ebene der Emotionen. Dies geschieht am besten darüber, dass in den Köpfen der Manager entsprechende Bilder verankert werden, aus denen heraus erst die für den Prozess so wichtigen positiven Emotionen entstehen.

Die fünf Strategie-Emotionalisierungsschritte nach Kolbusa

1. Selber

   Umsetzung hat mit Führen zu tun. Wollen Sie Strategien erfolgreich umsetzen, müssen Sie für ein Ziel brennen. Und brennen tut man nicht für ein abstraktes Ziel, sondern eine emotionale Vorstellung. Beschreiben Sie daher (spontan und unstrukturiert) in schriftlicher Form das Leben nach der Strategieumsetzung: Was wird zukünftig anders sein, wie fühlt sich das Erreichte an, worüber und wie reden die Leute miteinander, wie wird mit dem Kunden umgegangen, welche Lieferantenbeziehungen gestalten sich wie?

2. Breite

Lassen Sie die gleiche Übung Ihre Topmanagement-Kollegen oder konstruktiven Reibungspartner, die Sie mit in das Team ziehen wollen, durchführen. Es sollten nicht mehr als sieben Leute sein.

3. Abgleich

Ziehen Sie sich mit diesem Team für einen Tag zurück und diskutieren Sie über die festgehaltenen Bilder - ohne vorbereitete Folien, dafür mit einem guten Moderator (entweder Sie moderieren oder Sie nehmen teil, beides auf einmal geht nicht). Lassen Sie dann einen gemeinsamen Zukunftstext von drei bis fünf DIN A4-Seiten erstellen.

4. Übersetzung

Überlegen Sie dann, wie Sie diesen Zukunftstext in einem der Ihnen zur Verfügung stehenden Modelle abbilden können. Aus dieser analytischen Durchdringung werden sich Erkenntnisse ergeben, die sich wieder auf den Zukunftstext auswirken und vice versa. Dieses Pingpongspiel werden Sie zwei- bis dreimal durchlaufen müssen, bis Sie sowohl auf der emotionalen wie auch auf der analytischen Ebene konsistent sind und förmlich spüren, wie sich der Geist der Strategie in Ihrem Topmanagement-Team verankert und Zugkraft entwickelt.

5. Tiefe

Jeder Manager stellt dieses Bild ohne Nutzung irgendwelcher Hilfsmittel seiner nächsten Führungsebene vor und diskutiert dort einen Tag lang – zunächst frei-spontan, dann strukturiert-methodisch.

Vorgehensleitfaden in der Konzeption In der Konzeptionsphase geht es um die „Schärfung" der Strategie, das heißt: Es geht um die notwendige konzeptionelle Detaillierung zur Beschreibung der unternehmens- bzw. bereichsspezifischen strategischen Lücke zwischen „Hier" – der aktuellen Position – und „Dort" – der strategischen Position, die Sie anstreben. Sie sind gefordert, sich gedanklich intensiv zu beschäftigen mit den Fragen: „Wie sieht es an dem neuen Standort aus?" (Konzeption) und „Wie genau komme ich dahin, um gut aufgestellt und mit den richtigen Kompetenzen die richtigen Dinge auf die richtige Art zu tun" (Planung). Dabei können Sie sich an meinem Leitfaden orientieren.

Konzeptionsleitfaden

1. Konzeptionstiefe

Legen Sie fest, bis zu welcher Managementebene und welchen Bereichen das Zielbild („Wie sieht es am neuen Standort aus?") heruntergebrochen werden muss, um vernünftig planen und eine zügige Umsetzung erleben zu können.

Hier gilt: Das zu erreichende Ergebnis gibt vor, wo und wie viel Sicherheit nötig ist. So ermitteln Sie, wer eingebunden werden muss, um zu erreichen, dass auf allen mit der Umsetzung befassten Ebenen der weitere Prozess zum Selbstläufer wird. Überlegen Sie sich dabei genau, bis zu welcher Ebene Sie diese Sicherheit mittels

Konzepttiefe schaffen wollen. Je tiefer sie gehen, desto höher wird der Aufwand, und zwar exponentiell ansteigend. Sie sollten also so wenige Personen wie möglich und nur so viele wie nötig einbinden.

2. Schlüsselfragen

   Das Prinzip der Kern- und Schlüsselfragen hilft Ihnen herauszufinden, welche Themen und welche Bereiche in der Konzeption besonderer Aufmerksamkeit bedürfen. Ihre Kernfrage bringt die gesamte Strategie aus Sicht eines einzelnen Bereiches auf den Punkt und bildet dort den Mittelpunkt. Jeder Bereich hat somit eine eigene, zentrale Kernfrage mit Bezug zur Strategie. Um diese Kernfrage ranken sich jeweils drei bis sieben Schlüsselfragen, die es mithilfe entsprechender Modelle zu klären gilt. So werden die entscheidenden Fragen konsequent vom Ende her kommend gestellt, abgeglichen und diskutiert. Achten Sie auf strikte Begrenzung auf die wenigen entscheidenden Fragen. Sorgen Sie unbedingt für Disziplin.

3. Auswahl der notwendigen Modelle

   Die Antworten auf die Schlüsselfragen werden mit Hilfe von Modellen entwickelt, die darstellen, wie Ihre Organisation als Ganzes zukünftig funktioniert. Relevant können dabei folgende Modelle sein:

   • Das *Unternehmensmodell*: Wie sieht das grundlegende Geschäftsverständnis aus, die Unternehmensmechanik oder -logik, nach der zukünftig gearbeitet wird?

   • Das *Wertschöpfungsrad*: Welches sind die zukünftigen Kern- und Unterstützungsprozesse und wie sehen die Schnittstellen dazwischen aus?

   • Das *Organisationsmodell*: Wie wird das Unternehmen nach der neuen Unternehmenslogik und der anders gestalteten Wertschöpfung organisiert?

   • Das *Führungs- und Steuerungsmodell*: Wie werden die zukünftigen Unternehmensbereiche orchestriert und gesteuert, damit alles mit den richtigen Prioritäten ineinandergreift und das Unternehmensmodell wie auch das Wertschöpfungsrad Realität werden?

   • Das *Sourcing-Modell*: Wie muss sich die Fertigungstiefe strategisch verändern, ausgehend von den Kern- und Unterstützungsprozessen des Wertschöpfungsrades?

   • Das *Kompetenzmodell*: Welche Kompetenzen werden, ausgehend vom Wertschöpfungsrad, in den einzelnen Bereichen benötigt? Über welche Rollen und Funktionen werden diese am geschicktesten vorgehalten? Und was sind die wesentlichen Wert- und Aufwandstreiber, über die ein durchdachtes Mengengerüst zum Sizing der Organisationseinheiten vorgenommen werden kann?

   • Das *Kooperations- und Wertemodell*: Muss sich die Art der Zusammenarbeit und das Miteinander ändern?

   Die vier erstgenannten Modelle sind für ein Konzept unentbehrlich; die Anwendung der restlichen oder noch weiterer Modelle (zum Beispiel *Standort-* oder *Partnermodell*) muss abhängig von Ihrer Strategie entschieden werden.

4. Konzeption der notwendigen Modelle

   Zweck der Modellauswahl bzw. der Modellentwicklung ist es, dem operativen Management Sicherheit in Bezug auf die herbeizuführenden Veränderungen zu geben. Die

Modelle müssen bis zu der Ebene, für die Klarheit herrschen soll, heruntergebrochen werden (Konzeptionstiefe). Die Modellerarbeitung ist also nur Mittel zum Zweck, um zu zentralen Aspekten Klarheit zu schaffen.

Um diejenigen Punkte aufzudecken, die für Unsicherheit im operativen Management sorgen, hilft Ihnen unter anderem das Promote-/Prevent-Modell.

Jede Ihrer Schlüsselfragen wird in Form einer grafischen Darstellung auf einem DIN A4-Blatt beantwortet. Da die Interdependenzen sehr groß sind, werden Sie Ihre Modelle nicht sukzessive, sondern nur iterativ im Rahmen der Beantwortung Ihrer Kern- und Schlüsselfragen entwickeln können.

5. Schleifen zur Modell-Synchronisation

Da Ihre Modelle und Antworten auf die Kern- und Schlüsselfragen innerhalb eines Bereiches wie auch zwischen den Bereichen nicht sofort schlüssig ineinandergreifen werden, müssen Sie die Modelle mehrfach in Abgleich bringen. Erst wenn in jedem Bereich Klarheit darüber herrscht, wie der eigene strategische Beitrag zur Umsetzung der Unternehmensstrategie aussieht, wie man sich dafür aufstellt und wie der Masterplan für das Erreichen des jeweiligen mit den Zukunftsmodellen beschriebenen Zustandes aussieht, ist der notwendige Reifegrad erreicht.

6. Iteration (bis Klarheit da ist)

Ziel der Konzeption ist es, beim operativen, für die Umsetzung verantwortlichen Management eine klare Vorstellung davon zu erzeugen, was mit der neuen Strategie herbeigeführt werden soll. Das heißt, das Zielbild muss nun auch in die Köpfe des operativen Managements transportiert werden und zwar in wesentlich detaillierterer Form. Der Drill-Down muss in der Konzeption so lange erfolgen, bis dieses Ziel wirklich erreicht ist. Ansonsten wird es in der Planung schwer werden zu klären, wer was bis wann zu tun hat und blockierende Unsicherheit wäre die Folge.

Beseitigung des WHDJG-Phänomens Schlecht bzw. nicht ausreichend durchdachte Umsetzungen rufen bei den Beteiligten immer und ohne Ausnahme Unsicherheit hervor. Hat sich in Ihrem Umsetzungsvorhaben das WHDJG-Phänomen (Was-heißt-das-jetzt-genau?) verbreitet, müssen Sie die Stellen, an denen Sie Klarheit schaffen müssen, identifizieren. Zur Überwindung der Unsicherheit ist das folgende Fünf-Punkte-Programm in der dargestellten Reihenfolge zu durchlaufen.

Kolbusas 5-Punkte-Programm zur Beseitigung des WHDJG-Phänomens

1. Zukunftsdrehbuch

Bitten Sie alle Beteiligten, ein zwei- bis dreiseitiges Drehbuch des Zukunftsfilms für Ihr Teilprojekt oder Ihren Bereich, alleine oder im Team, zu schreiben. Anhand dieses Zukunftsdrehbuchs soll jeder Verantwortungsbereich ableiten, was sich für ihn mit Bezug auf das Geschäft, die Wertschöpfung (alles andere interessiert nicht), verändern, was neu sein oder wegfallen wird. Diese Retropolation nimmt das angestrebte Ergebnis vorweg, beschreibt die Situation, wie sie nach erfolgreich abgeschlossener

Umsetzung sein könnte. Es ist wichtig, dass die Zukunftsfilme eine Denkweite von sechs bis neun Monate nicht übersteigen.

2. Strukturunterlegung

   Diese schriftlich fixierten Vorstellungen müssen nun systematisiert und strukturiert werden. Anhand der diversen Modelle, zum Beispiel Wertschöpfungsmodelle, Prozessmodelle, Produktportfoliodarstellungen, Wertbeiträge etc. beschreibt jeder Bereich systematisch für sich, wie sich die erarbeitete Zukunftsvorstellung nach Beendigung der Umsetzung in der Aufbereitung diverser Modelle systematisiert und konkretisiert.

   Skizzieren Sie also nur die in ihrem Zukunftsmodell entscheidenden Aspekte und überlegen Sie, wie die „konzeptionelle Lücke" aussieht, und beschreiben Sie diese je Bereich, indem Sie die folgenden drei Aspekte beleuchten:

   a) Was wird „morgen" dazukommen,

   b) was wird sich ändern und

   c) was wird wegfallen?

   Dies geschieht in Form eines skizzierten Schemas ohne Text und in einer von der Programmleitung fest vorgegebenen Template-Struktur.

3. Einnorden

   Legen Sie nun drei bis vier Kriterien fest, die anzeigen, ob sich der Umsetzungsprozess tatsächlich dem Zielzustand annähert. Diese Fortschrittskriterien sorgen für eine konzentrierte und schnelle Umsetzung, da sich alle weiteren Diskussion und Aktionen genau daran, und an nichts anderem (keine Pläne!), ausrichten werden.

4. Absichern

   Klären Sie, was Ihr Team dauerhaft zuversichtlich macht, die skizzierten Ergebnisse zu erreichen und was gegebenenfalls Sorge bereitet. Insbesondere Letzteres ist sehr wichtig, um dem Team die Gewissheit und die Sicherheit zu geben, das gewünschte Zielbild auch wirklich erreichen zu können. Geben Sie sich nicht mit den einfachen Antworten zufrieden, sondern fühlen Sie sich hinein, wer weshalb wirklich an den Erfolg glaubt. Wenn Sie keine Antworten bekommen, ist entweder Nacharbeit notwendig, da doch noch nicht klar ist, was erreicht werden soll, oder Sie haben ein Motivations- oder Kompetenzproblem und müssen sehen, dass Sie Ihr Team neu besetzen.

5. Unsicherheit hinterfragen

   Sollte sich die Verunsicherung Ihrer Beteiligten nicht wirklich auflösen, müssen Sie den Sorgen und Schwierigkeiten Ihrer Mannschaft nachgehen und sie detailliert auflisten. Bedienen Sie sich dazu auch des Promote-/Prevent-Modells. Praktizieren Sie unbedingt eine offene Kultur beim Versuch, die Probleme zu überwinden, fragen Sie, welche Aspekte an wen zu adressieren sind, um den Verhinderungsfaktoren auf die Spur zu kommen.

Puzzle-Management – Filme synchronisieren Nach der Beseitigung des WHDJG-Phänomens, das heißt dem Scharfstellen des Zukunftsbildes für die einzelnen Bereiche, ist ein Abgleich notwendig. Jedes der Bereichs- oder Abteilungsdrehbücher stellt ein einzelnes

Puzzlestück dar, das Auskunft gibt über einen Umsetzungsbereich und jedes dieser Puzzle-stücke hat Aus- und Einbuchtungen, die beim Abgleich sauber ineinandergreifen müssen.

Kolbusas fünf Schritte für erfolgreiches Puzzle-Management

1. Organigramm und Puzzlestücke verbinden
   Die losgelöst vom Organigramm erarbeiteten Puzzlestücke (Zukunftsdrehbücher) müssen nun in die Organisationsstruktur eingeordnet werden. Dazu werden die re-levanten Elemente des Organigramms (Ressorts, Bereiche, Abteilungen) jeweils als ein Puzzlestück verstanden. Diese Teile sind gemäß der erarbeiteten Zusammen-arbeitsmodelle und Arbeitsbeziehungen zueinander zu bringen. Die noch an den existierenden Bereichen orientierten Zukunftsbilder werden in neue, der zukünftigen Organisationsstruktur entsprechende Puzzlestücke sortiert.

2. Ein- und Ausbuchtungen der Puzzleteile klären
   Durch Leistungen, die von anderen Bereichen beansprucht werden, entstehen Ein-buchtungen im eigenen Puzzleteil, umgekehrt kennzeichnen die Ausbuchtungen, die in andere Bereiche ragen, die Leistungen, die zu liefern sind. Für die einzelnen Puzzleteile muss daher geklärt werden, welche Leistungen die Verantwortungsbe-reiche von anderen Bereichen benötigen, um die eigene Umsetzung erfolgreicher zu machen und so Stück für Stück die Nuten des eigenen Puzzlestücks in die anderen Bereiche zu klären. Es interessieren nur und ausschließlich die Nuten und Kanten, die Input- und Outputbeziehungen im Rahmen der Wertschöpfung! Alles andere betrachten Sie als Black Box und liegt in der Verantwortungshoheit des jeweiligen „Puzzle-Managers". Lassen Sie sich nicht von komplexen Detailbetrachtungen wie Prozessmodellierungen etc. ab- und aufhalten.

3. Beziehungswirknetz der Puzzleteile
   Sobald die Input- und Outputbeziehungen (die Ein- und Ausbuchtungen) geklärt sind, kommt es zum Puzzle-Abgleich. Mit ihm wird festgestellt, welcher Bereich an wen welche Erwartungen hat und mit welchen Hypothesen er in seinen eige-nen Bereichskonzepten unterwegs ist. Während dieses Abgleichs ist es hilfreich, die einzelnen Beziehungen in Form eines Wirknetzes festzuhalten, um zu erkennen, wie die Wertschöpfung eventuell vereinfacht werden könnte. Zudem ist dieses Wir-knetz ein wichtiges Instrument für den nächsten Schritt. Es zeigt nämlich, welche Bereiche unvermeidlich Beziehungen zueinander haben und im Rahmen bilateraler Abgleichssitzungen sich weiter abstimmen müssen.

4. Bilateraler Puzzle-Abgleich – Zuschnitt
   Nachdem das Wirknetz die Beziehungen der Puzzleteile untereinander offenge-legt hat, ist nun festzulegen, welcher Bereich was mit wem klärt und in welcher Reihenfolge. Dazu nutzt man die Modelle, die beim Scharfstellen erarbeitet wurden.

5. Puzzle-Progress

  Anhand des skizzierten Puzzle-Bildes sind die Kriterien festzulegen, die anzeigen, dass man dem Ergebnis näher kommt. Diese Progresskriterien dienen dem Umsetzungsvorhaben insgesamt immer wieder dazu, den Projektfortschritt ergebnisorientiert zu überwachen. Auch diese Fortschrittskriterien sind bereits beim Scharfstellen erarbeitet worden und können hier genutzt werden.

Die Identifikation sinnloser Konzepte – Der Konzeptfilter Um im Umsetzungsmanagement erfolgreich zu sein, müssen Methoden und Konzepte strikt zielorientiert eingesetzt und nur so weit ausgearbeitet werden, wie sie der Absicherung und dem Schutz vor Fehlern und unnötigen Erfahrungskurven dienen. Sie halten also einen notwendigen Grad an Unschärfe aus. Um sinnlose Konzepte zu identifizieren und die Anzahl der für die Konzepterarbeitung benötigten Methoden zu begrenzen, sind die richtigen Fragen der Beweisführung zu stellen. Hierzu dient der Konzeptfilter. Mit seiner Hilfe werden alle Konzepte aussortiert, die nicht mindestens eines der nachfolgenden Kriterien erfüllen.

Kolbusas Konzeptfilter

1. Zielbeitrag

  Besteht ein klarer Bezug zu einem Ziel, das heißt, gibt es entweder einen klaren Beitrag (Konzept), der das zu erarbeitende Ergebnis als Ergebnistyp skizziert oder einen indirekten Beitrag in der Form, dass die Methode attraktivere Optionen, Wege oder Abkürzungen zu dem angestrebten Ergebnis liefert?

2. Sofortige Erklärbarkeit „Wozu mache ich das?"

  Wenn nicht klar erläutert werden kann, wozu ein Konzept erarbeitet wird und welchen Bezug es zu den Zielen hat, fällt es weg.

3. Beitrag zu mindestens einem anderen Konzept

  Steht das Konzept oder die Methode nur für sich allein oder wird damit auch ein Beitrag zu anderen Konzepten geliefert? Ein isoliertes Konzept ist wenig hilfreich und berechtigt zu der Frage, ob für die Zielerreichung überhaupt das richtige Mittel gewählt worden ist.

4. Generieren von Managementsicherheit bezogen auf die Umsetzung

  Hilft das Konzept den verantwortlichen Managern, die faktische Umsetzung einfacher und sicherer durchzuführen?

Der Weg zum optimalen Geschwindigkeitsbereich Die meisten Organisationen arbeiten um den optimalen Geschwindigkeitsbereich herum und erreichen ihn nie, da sie nicht ausreichend Geschwindigkeit in der Umsetzung fordern oder nie ein wirklich realistisches Gefühl für die Leistungsmöglichkeiten ihrer Organisation entwickeln und so entweder untertourig fahren oder überdrehen. Der nachfolgende Leitfaden hilft Ihnen, die Beteiligten in optimaler Geschwindigkeit durch den Umsetzungsprozess zu bringen.

Der Weg zum optimalen Geschwindigkeitsbereich

1. Ermittlung des optimalen Drehzahlbereiches
   Klären Sie für sich: Was vermag ich zu leisten? Was ist in welchen Zeiteinheiten leistbar? Was ist mein Team, meine Organisation zu leisten in der Lage? Durchdenken Sie dies systematisch. Zerlegen Sie die zu liefernden Konzepte und Ergebnisse in Stücke und legen Sie diese auf die Zeitachse. Ermitteln Sie die wirklich zur Verfügung stehenden Ressourcen und ordnen Sie diese den einzelnen Stücken zu. Auch wenn die daraus resultierende Erkenntnis ernüchternd sein sollte (was sie häufig ist) – nur so bekommen Sie eine realistische Ausgangsbasis.

2. Erarbeitungsziele definieren
   Arbeiten Sie nicht über To-Do-Listen oder Pläne, sondern über Ergebnislisten und das in klaren, kurzen Intervallen von einer bis maximal drei Wochen. Nur so bleiben die Feedback-Zyklen kurz genug, um Ihrer Mannschaft das notwendige Momentum und den Spaß an der Sache zu verschaffen. Von kontraproduktiver Wirkung sind hier Aktivitäten, Zeit oder Aufwand.

3. Organisation des Fortschrittsmanagements
   Auch das Projekt-/Fortschrittsmanagement und jegliche Formen des Reporting sind so aufzubauen, dass Sie nur an Ergebnissen und nicht an Aktivitäten und Plänen orientiert sind. Vereinbaren Sie nur, wie weit der Stand der Ergebnisse bis zum nächsten Mal sich entwickelt haben soll und was das Team dafür meint tun zu müssen. Schneiden Sie die Themen vielleicht noch an, diskutieren Sie sie aber unter keinen Umständen.

4. Grafische Darstellung
   Sorgen Sie für eine Bild- und Grafikdarstellung bei allen Konzepten und Entscheidungsvorlagen. Das heißt alle Modelle, Ergebnistypen, Reports etc. funktionieren über Modelle, die grafisch mit wenigen entscheidenden Informationen die Zusammenhänge und Alternativen intuitiv klar machen. Alles andere beachtet später sowieso keiner mehr und ist für die Ergebniserreichung auch irrelevant.

5. Anwendung des Konzeptfilters
   Auch unnötige Konzeptausarbeitungen kosten Geschwindigkeit, so dass hier mit dem Konzeptfilter für Fokussierung zu sorgen ist. Weniger ist mehr!

6. Ressourceneinsatz
   Die Ressourcen sind auf das auszurichten, worum es im Ergebnis geht. Es ist also konsequente Ergebnisorientierung gefordert.

Die acht Prinzipien zur Komplexitätsbeherrschung Um Komplexität in einer Umsetzung angemessen managen zu können, sind die Dimensionen Konzeption, Planung, Politik und Emotionen differenziert zu adressieren. Dazu helfen Ihnen acht Prinzipien

Die acht Prinzipien zur Komplexitätsbeherrschung

1. Fokusprinzip
   Mit Fokus vermeiden Sie unnötige Planungskomplexität. Das Setzen echter Prioritäten verhilft Ihnen zu einem outputorientierten Umgang mit Ihren Ressourcen. Die fokussierten Ergebnisse erreichen Sie über sukzessives und genau beobachtetes Voranschreiten sowie einer Planung „auf Sicht".

2. Resilienzprinzip
   Lassen Sie den Dingen auch gedanklich ihren Lauf und fixieren Sie sich nicht auf eine bestimmte Entwicklung. Suchen Sie nicht Sicherheit in der Planung, sondern managen Sie im Moment! Dies wirkt sich auf Planungseffektivität wie auch auf das Managen der emotionalen Komplexität positiv aus.

3. Optionenprinzip
   Denken, arbeiten und diskutieren Sie immer mit Optionen. Mit alternativlosem Verhalten werden nur Fronten aufgebaut. Machen Sie es zur Gewohnheit, dass jeder in Ihrem Team stets drei Optionen präsentiert, ohne eine davon erkennbar zu präferieren. Nur so vermeiden Sie aufkommende Fronten, die nur noch eine Lösung über Kompromisse erlauben.

4. Treiberprinzip
   Widmen Sie sich den Interessen, Sorgen und Ängsten der Beteiligten. Denn um ein Umsetzungsmomentum zu erreichen, müssen Sie an den Emotionen ansetzen. Nutzen Sie die Wirknetzmethode des vernetzten Denkens, indem Sie sich fragen: Wer von den Entscheidern und sonstigen relevanten Personen hat welche Interessen, Sorgen oder Ängste? Was sind die Ursachen dafür? Wer beeinflusst wen im Positiven oder Negativen wie stark? So erkennen Sie, wer Treiber ist, wer „zwischen den Stühlen" sitzt, aber erfolgskritisch ist, und wer sich am Ende dem fügen wird, und wie Sie dieses Geflecht im Sinne Ihrer Zielsetzung nutzen können.

5. Manipulationsprinzip
   Durch die Arbeit nach dem Treiberprinzip wissen Sie, bei wem Sie auf welche „Knöpfe" drücken müssen, um die Beteiligten in Ihrem Sinne motivieren oder Konstellationen herbeiführen zu können, die für die Zielerreichung geeignet sind.

6. Vernetzungsprinzip
   Über Vernetzung können die politischen Interessen und Positionierungen bzw. Zielsetzungen der beteiligten Einzel- und der Interessengruppen im Zusammenhang und in ihrer direkten oder indirekten Wirkung auf das Gesamtsystem erkannt werden. Im Rahmen der Konzeption hilft Vernetzung, die entscheidenden Faktoren und Möglichkeiten zu eruieren.

7. Kapselungsprinzip
   Zerlegen Sie die Komplexität in klar abgrenzbare Einheiten (Kapseln), ohne sie zu reduzieren, und vermeiden Sie, alle Beteiligten überall irgendwie einzubeziehen. Statt also einen sehr breiten Konzeptionsauftrag an das Strategieumsetzungsteam zu

geben, werden klar voneinander abgegrenzte Einzelkonzeptionsprojekte (Kapselung) mit fünf bis sieben Fortschritts- und Ergebniskriterien vergeben, um hier jede Kapsel konzentriert auf das wirklich Wichtige auszurichten.

8. Geschwindigkeitsprinzip
   Bei richtiger Anwendung sorgt Geschwindigkeit sowohl in der Konzeption als auch in der Planung für Fokussierung und Komplexitätsbeherrschung, da sich Ihre Mannschaft weniger Gedanken über Komplexität machen kann. Es geht darum, in klar definierten, kleinen Zeiteinheiten schnell zu arbeiten, um so den Blick für das Wesentliche zu wahren und effizient zu bleiben.

Gezielte Umsetzungspolitik betreiben Um zu einem gut funktionierenden politischen Gesamtkonstrukt zu kommen, sollten die Einzelinteressen der Beteiligten entlang folgender Fragen geprüft werden: Wer hat aus welcher Intention heraus welche Interessen? Wo gibt es Schnittmengen? Wo divergieren die einzelnen Interessenskreise, haben keine Schnittmengen und wieso? Wie lassen sich günstigere Konstellationen für eine erfolgreiche Umsetzung bereiten? Die nachfolgenden Quick-Steps helfen Ihnen, die politische Situation Ihres Umsetzungsvorhabens transparent zu machen.

Kolbusas Programm zur Umsetzungspolitik

1. Die relevanten Personen auflisten
   Zu den relevanten Personen gehören alle, die für Sie im Rahmen des Umsetzungsvorhabens eine entscheidende Rolle spielen wie zum Beispiel Stakeholder jeglicher Art, Projektsponsoren, Projekttreiber, Projektleiter, Führungskräfte verschiedenster Bereiche oder Abteilungen, Träger von Schlüsselkompetenzen etc.

2. Die Powermap – Einstellungen ermitteln
   Prüfen Sie zu jeder dieser Personen die Frage: „Welche Ziele und welche Werte verbinden sich mit ihr?" (öffentliche Sphäre) und die Frage: „Welche Interessen spielen für sie eine Rolle, was bereitet ihr Freude, Sorge bzw. Angst und was macht sie unter Umständen neidisch?" (persönliche, emotionale Sphäre). Unterschätzen Sie keinesfalls die Macht von Status und Anerkennung!

3. Die Powermap – die Gemengelage visualisieren
   In Form eines Wirknetzes vernetzen Sie die Kreise der einzelnen Personen entlang der Frage: Wer beeinflusst wen? Stärkere Beeinflussungen können Sie durch dickere Pfeile darstellen und Sie können zusätzlich zwischen positiven und negativen Beeinflussungen unterscheiden.

4. Die Politiklandschaft verstehen
   Mithilfe einer Aktiv-Passiv-Matrix kann das Wirknetz ausgewertet und interpretiert werden (Vester 2002). Ziel ist es, diejenigen Faktoren bzw. Personen zu ermitteln, die relevant sind in Bezug auf die Fragestellung: „Wer übt in meinem Umsetzungsvorhaben den größten Einfluss in positiver oder negativer Form auf welche Art aus?"

5. Die Analyse der Ergebnisse
   Für die Schlüsse, die Sie aus den gewonnenen Erkenntnissen ziehen können, und die daraus abzuleitenden Maßnahmen, sind die folgenden Fragestellungen hilfreich:
   - Welches sind die entscheidenden Erfolgstreiber für das Umsetzungsvorhaben?
   - Wie können diese Personen in Gremien zueinander gebracht oder wenn nötig auch auseinander gebracht werden?
   - Gibt es Personen, die ihre persönlichen Interessen und Ziele niemals mit dem Umsetzungsziel in Einklang bringen können?
   - Können Sie diese Personen umgehen oder müssen Sie Ihr Umsetzungsvorhaben im Wissen um den vorhandenen Widerstand managen und wie können Sie diesen Widerstand möglichst früh brechen oder bewusst eskalieren?
   - Gibt es Personen oder Personengruppen, die gegen Ihr Umsetzungsvorhaben arbeiten, die Sie aber durch aktive Beeinflussung auf Ihre Seite ziehen können? Welches sind die Personen mit dem größten Einfluss und auf welcher emotionalen Ebene beeinflussen sie?
   - Gibt es Gruppen- oder Bündnisbildungen, die das Gesamtziel aktiv unterstützen?
   - Können Sie noch weitere Personen in diese Gruppe ziehen?

Führungsprinzipien Gutes Umsetzungsmanagement zeichnet sich dadurch aus, dass man sich dem Erfolg bzw. dem Ziel über sich wiederholende Teilprozesse nähert. Im Abstand von einer bis maximal vier Wochen werden für das Gesamtprojekt – für Teilprojekte auf alle Fälle wöchentlich – die nächsten Schritte festgelegt. Konkret: Jeder Beteiligte notiert in seinem Wochenkalender, was an welchem Tag von wem gemacht wird. So wird die realistische Einschätzung von Machbarkeit trainiert. Dabei helfen folgende Führungsprinzipien:

Kolbusas Führungsprinzipien in der Umsetzung

1. Geschwindigkeit! Und zwar von Anfang an
   Gute Führung sorgt dafür, dass von Anfang an die notwendige Geschwindigkeit in einer Umsetzung vorhanden ist, dass es zwischendurch Trainings gibt und auch ausreichend Erholungszeiten vorhanden sind.
2. Regelmäßiges Training
   Betrachten Sie Ihre Themen und Probleme mit Abstand und aus unterschiedlichen Perspektiven, damit Sie nicht oberflächlich werden und sich nicht in unnötigen Details verstricken. Was tun Sie im Moment? Was läuft dabei gut, was ist weniger gut gelaufen und welche Dinge hätten Sie anders, weil einfacher und direkter tun können? Geben Sie sich die Zeit zu lernen und zu reflektieren und holen Sie sich für Anregungen zu alternativem Vorgehen gegebenenfalls nicht involvierte Sparringpartner entweder von innerhalb und auch außerhalb der Organisation dazu.

3. Konsequente Verlässlichkeit und Verbindlichkeit
    Sorgen Sie im Kleinen (von Meeting zu Meeting) wie auch im Großen (beispiels-
    weise Vereinbarungen an Schnittstellen von Teilprojekten) für Verlässlichkeit und
    Verbindlichkeit. Managen Sie stets nach dem Motto: Jede Vereinbarung kann neu
    ausgehandelt werden, solange dies proaktiv von einem Partner erfolgt. Konsequenz
    ist entscheidend für echte Umsetzungsperformance. Verwechseln Sie dabei niemals
    Konsequenz mit Härte und beachten Sie dennoch: Dort, wo nichts passiert, wenn
    nichts passiert, passiert nichts.
4. Realisten statt Optimisten
    Erfolgreiches Umsetzungsmanagement braucht selbstverständlich einen positiven
    Geist. Stellen Sie sich den jeweiligen Themen mit allem, was dazugehört, ohne falsche
    Erwartungen zu wecken. Sorgen Sie dafür, dass die Dinge vom Ergebnis her durch-
    dacht werden und Sie stets vorbereitet sind (Katastrophenszenarien!). Dabei bleiben
    Sie positiv, ohne sich etwas vorzumachen.
5. Echte Prioritäten
    Setzen Sie klare Prioritäten und kommunizieren Sie sie auch. Versuchen Sie, drei
    Dinge wirklich voranzubringen, anstatt hundert Dinge nur ein paar Zentimeter. Hal-
    ten Sie den von allen Seiten aufkommenden Druck und Wunsch, alles Mögliche auf
    einmal und parallel machen zu sollen, aus und versuchen Sie, ihn zu kompensieren,
    denn: Wenn alles eine Priorität ist, ist nichts eine Priorität.
6. Keine Überfrachtung des Teams
    Motivation entsteht aus Erfolg. Lassen Sie also die Mannschaft an den Füllständen
    weniger klarer Fortschrittskriterien sehen und spüren, wie der Prozess vorangeht und
    freuen Sie sich mit allen gemeinsam darüber. Belohnen Sie Fortschritt durch Status
    und Anerkennung – nicht mit Geld! Dafür ist es wichtig, dass maßvoll gearbeitet
    wird. Vermeiden Sie, dass der Motor heißläuft.

Etablierung einer Konsequenzkultur Konsequenz ist eine wichtige Haltung, um aus
gewöhnlichen Umsetzungen High-Performance-Umsetzungen zu machen. Versuchen Sie,
eine Kultur der Konsequenz zu etablieren, um Ihre Mannschaft zu guten Leistungen zu
befähigen.

Kolbusas Prinzipien zur Etablierung einer Konsequenzkultur

1. Konsequenz von Anfang an
    Zu Beginn eines Umsetzungsvorhabens müssen allen Beteiligten die einzuhaltenden
    Regeln klargemacht werden. Konsequenz bedeutet dann, Verlässlichkeit im Hinblick
    auf diese Regeln einzufordern. Hin und wieder sind hier starke Signale nötig: Wer
    sich an die Vereinbarungen nicht hält, spielt nicht mehr mit – selbst wenn dies
    zunächst einen Verlust darstellt. Die Performance-Einbußen werden durch eine sich
    etablierende Kultur der Konsequenz, in der sich alle aufeinander verlassen können,
    schnell wettgemacht.

2. Konsequenz bedeutet vorleben

   Seien Sie sich der Strahlkraft Ihres Handelns und Ihrer Einstellungen bewusst. Wenn Ihnen hauptsächlich Aussagen wie „Geht nicht", „Klappt nicht" oder „Unmöglich" rückgemeldet werden, dann können Sie nur mit Konsequenz im eigenen Verhalten korrigierend einwirken. Nur mit vorgelebter Konsequenz motivieren Sie die anderen in Richtung des zu erreichenden Ergebnisses.

3. Konsequenz heißt handeln.

   Die Dinge werden nicht besser, wenn man wartet. Die negativen Folgen mangelnder Konsequenz werden umso massiver, je länger Sie es an der nötigen Konsequenz fehlen lassen. Handeln Sie also lieber früher als später, Korrekturen sind leichter zu machen als Versäumtes aufzuholen.

4. Konsequenz bis zum Ende

   Inkonsequenz ist unglaublich ansteckend. Einmal zugelassen, verbreitet sie sich schnell und wird zur Gewohnheit, die nur mit viel Mühe wieder überwunden werden kann. Deswegen: Halten Sie sich selbst durchgehend an die vereinbarten Regeln und die anderen werden es auch tun.

Gutes Umsetzungsreporting   Ein gutes Umsetzungsreporting muss ausschließlich die Frage beantworten: „Wie nah sind wir an den angestrebten Ergebnissen?" Danach kann diskutiert werden, was einen sicher macht, die Ergebnisse auf diesem Wege zu erreichen, und wo Unsicherheiten und Hürden gesehen werden und wie damit umgegangen wird.

Merkmale eines guten Umsetzungsreportings

1. Der richtige Fokus

   Als Faustregel gilt, dass kein Reporting drei Seiten überschreitet. Ein Reporting weist im Minimum immer folgende Kriterien, grafisch strukturiert und ansprechend aufbereitet, auf: Ziele, je Ziel zwei bis drei Fortschrittskriterien, Erfüllungsgrad und Historie, kritische Erfolgsfaktoren und Entscheidungsbedarf.

2. Die optimale kognitive Distanz

   Überfrachten Sie Ihr Umsetzungsreporting nicht – weder in der thematischen noch in der zeitlichen Dimension. Ein gutes Reporting ist kurz, knapp und übersichtlich. Und das Wichtigste: Üben Sie sich in Empathie: Was ist der Verständniskontext der Zielgruppe? An welchen Erfahrungen und Erwartungen (output-/ergebnisbezogen) müssen Sie sich orientieren? Was sind die Fragen, die sich die Zielgruppe stellt, und wie können Sie diese auf einen einfache Art und intuitiv beantworten?

3. Der Fratze Wahrheit ins Gesicht schauen

   Bauen Sie in Ihren Reports auf Transparenz und Ehrlichkeit und stärken Sie in dieser Hinsicht auch Ihren Teilprojektleitern den Rücken und bleiben Sie souverän. Gegen Kritik verminte Reports kosten Sie das Vertrauen von Seiten der Stakeholder (Wo steht das Projekt wirklich?).

4. Reporting-Konsistenz

    Die Reportings müssen in ihrer Struktur und Mechanik konsistent und stimmig sein. Dort wo Ihre eigenen Bewertungen und Einschätzungen zusätzlich einfließen, ist unbedingt auf Transparenz zu achten.

5. Die richtige Reportingphilosophie

    In der Reportinghierarchie und im Team sollte eine Kultur des ehrlichen Reportings entstehen. Dazu gehört, dass in Teilprojekten aufkommende Schwierigkeiten ernst genommen werden und entsprechende Unterstützung und Gegensteuerung geleistet wird, anstatt nur schlecht darüber zu reden und mit Schuldzuweisungen zu arbeiten.

6. Managementhaltung zum Reporting

    Lassen Sie sich von ihren Stakeholdern nicht vorschreiben, wie Sie zu arbeiten haben. Weder sollten Sie sich irgendwelche Reportingschemata aufzwingen lassen, noch sollten Sie sich dazu überreden lassen, Meilensteine oder Aktivitäten zu reporten.

Anhang

Literatur

Bergstraesser A (1961) Politik in Wissenschaft und Bildung. Rombach Verlag, Freiburg

Csikszentmihalyi M (2007) Flow: Das Geheimnis des Glücks. Klett-Cotta, Stuttgart

Gomez P, Probst G (2001) Die Praxis des ganzheitlichen Problemlösens. Vernetzt denken. Unternehmerisch handeln. Persönlich überzeugen. Haupt, Bern

Isaacson W (2011) Steve jobs: a biography. Simon & Schuster, New York

Kolbusa M (2011) Der Strategie-Scout: Komplexität beherrschen, Szenarien nutzen, Politik machen. Gabler, Wiesbaden

Macciavelli N (2009) Der Fürst. Nikol Verlag, Hamburg

Pink DH (2010) Drive: Was Sie wirklich motiviert. Ecowin Verlag, Salzburg

Scherer H (2011) Glückskinder: Warum manche lebenslang Chancen suchen – und andere sie täglich nutzen. Campus, Frankfurt

Vester F (2002) Die Kunst vernetzt zu denken. Ideen und Werkzeuge für einen Umgang mit Komplexität. dtv, München

M. Kolbusa, *Umsetzungsmanagement*,
DOI 10.1007/978-3-658-02237-2, © Springer Fachmedien Wiesbaden 2013

Sachverzeichnis

A

Abbruchquote, 170
Abgleich, 21
Aktiv-Passiv-Matrix, 97, 134, 186
Aktivität, 6, 9, 27, 35, 51, 102, 105, 106, 109, 145
Anfangsklarheit, 49
Angst, 38, 84, 108, 119, 121, 125, 130, 131
Angst Ängste, 147
Ausführung, 4, 10, 25, 67, 94, 101, 121, 123, 163

B

Bedrohungspotenzial, 118
Belohnungsregel, 160
Best Practices, 10, 22, 29, 41, 48, 53, 64, 65, 140
Bilderregel, 158
Body-Prinzip, 123
Brechstangenregel, 160
Breite, 21
Business Case-Orientierung, 169

C

Chancen-Risiken-Volatilität, 166
Chancenpotential, 118
Change-Chaos, 30, 31
Change-Management, 32, 36, 37, 163
Chief Gravitation Officer, 129, 154, 161, 163
Coaching, 36

D

Defokussierung, 35, 67, 70, 84
Denkdistanz, 32
Denkrichtung, 4, 5
Denkweite, 32, 53, 181
Denkwerkzeug, 74, 79, 90, 173

D

Dezentralität, 171, 173
Diversität, 92
Drehzahlbereich, 86
Drill-Down, 46, 180
Drill-down, 79, 123
Druck, 50
Durchstartmüdigkeit, 50

E

EBIT, 3, 10
Effektivität, 115, 126, 155, 156
Effizienz, 6, 19, 170
Eigenfokussierung, 50
Eigeninteresse, 28, 32, 38, 114
Einflussmatrix, 135
Emotion, 108, 160, 177, 184
Emotionalisierung, 17, 19, 20, 114, 129, 130, 138
Emotionalisierungsfaktor, 133
Entemotionalisierung, 114, 129, 131
Erarbeitungsziel, 86
Erfolgsstrategie, 13, 19
Ergebnis, 27, 31, 42, 52, 149
Ergebnisliste, 72, 86, 141, 184
Ergebnisphilosophie, 101
Erklärbarkeit, 81

F

Fähigkeitseinschätzung, 139
Führungsmodell, 22, 45, 47, 60, 179
Führungsprinzip, 142, 145, 148, 154, 175, 187
Führungssystem, 171, 173, 175
Fahrzeugwahl, 84
Fehleranerkennungsregel, 161
Finanzkennzahl, 11, 12
Flow, 28, 29, 34, 86

M. Kolbusa, *Umsetzungsmanagement*,
DOI 10.1007/978-3-658-02237-2, © Springer Fachmedien Wiesbaden 2013

Flux, 91, 94, 98, 102
Fokusprinzip, 109, 185
Fortschrittskriterium, 55, 60, 76, 111, 126, 140, 189
Fortschrittsmanagement, 86,184
Frust, 132

G
Gegenstromverfahren, 61
Geschwindigkeit, 22, 51, 60, 72, 75, 76, 82, 111, 119, 142, 159, 164, 170, 187
Geschwindigkeitsprinzip, 111, 186
Geschwindigkeitsregel, 87, 160
Gewohnheit, 103
Globalisierung, 11, 166
Gravitationsprinzip, 154, 155
Gravitationsrad, 154
Gruppengröße, 43

H
Hebel, 92, 95, 99, 120, 161, 174
High-Performance-Umsetzung, 10, 19, 31, 51, 65, 68, 83, 101, 188

I
Igel-Syndrom, 50
Impact, 115
Impact-Wahrnehmung, 115
Implantationsregel, 158
Ineffizienz, 12, 67, 68, 70, 84
Inkonsequenz, 147, 148, 189
Input, 27, 37, 78
Input-Orientierung, 34
Input-Teufel, 35
Interdependenz, 47, 89, 91, 101, 167
Iteration, 47, 180

J
Jobrotation, 174, 175

K
Kapselungsprinzip, 111, 185
Kernfrage, 43, 179
Key Success Person, 115
Kompetenzmodell, 45, 47, 57, 60, 179

Komplexität, 18, 34, 82, 90, 92, 100, 154, 173, 184
Komplexitätsbeherrschung, 89, 184
Komplexitätsdimension, 108, 112
Komplexitätstreiber, 91, 101, 102
Konsequenz, 133, 138, 146, 148, 188
Konsequenzkultur, 147, 148 188
Kontextwechsel-Routine, 173, 175
Kontrolle, 35, 106, 107
Kontrollwerkzeug, 39
Konzept, 7, 9, 22, 24, 61, 80, 183
Konzeptfilter, 80, 87, 101, 183
Konzeption, 7, 22, 41, 66, 74, 108, 178, 184
Konzeptionstiefe, 29, 30, 33, 42, 178
Kooperationsmodell, 46, 179

L
Lösungsklarheit, 75, 77, 82
Logik, 17, 18, 31, 163, 177

M
Macht, 119–121, 186
Managementsicherheit, 81
Manipulationsprinzip, 110, 185
Mannschaftsaufteilung, 84
Mauerprinzip, 160
Megatrend, 165, 171
Meilenstein, 9, 31, 34, 35, 85, 109, 145
Methode, 63–65, 67, 68, 77, 80, 183
Methodenkrebs, 64, 67, 70, 75, 154
Methodik, 154
Mitfahrer, 84
Modell, 21, 44, 46, 53, 58, 65, 179
Modell-Synchronisation, 47, 180
Modellauswahl, 46, 179
Motivation, 17, 18, 38, 130, 144, 172
Motivationsproblem, 57

N
Neid, 132

O
Optionenprinzip, 110, 185
Organigramm, 58, 125, 182
Organisation, 28, 84, 120, 179
Organisationsmodell, 45, 179
Output-Engel, 35
Oxymoron, 4, 10

P

Panic, 39
Perfektionismus, 67, 69, 70, 73, 76, 84
Plan, 106, 108
Planung, 3, 9, 66, 94, 105, 106, 108, 178
Politik, 29, 32, 108, 111, 184
Politiklandschaft, 134, 186
Powermap, 134, 136, 186
Priorität, 75, 90, 100, 108, 109, 143, 174, 188
Problemklarheit, 77
Programm-Management, 31, 58
Projektplanung, 98, 145
Promote-/Prevent-Modell, 46, 180, 181
Pull-Effekt, 17, 19
Push-Management, 30, 76
Push-Umsetzung, 17
Puzzle-Abgleich, 59, 60, 62, 182
Puzzle-Management, 53, 58, 173, 181
Puzzle-Progress, 60, 183

Q

Qualität, 169

R

Realist, 143
Rechtfertigungspolitik, 35
Reflexionsregel, 157
Regel, 117, 125, 157, 158, 161, 165
Reporting, 86, 149, 151, 189
Resilienz, 112, 138, 145
Resilienzprinzip, 109, 185
Ressourcen, 27, 28, 33, 119, 128
Ressourceneinsatz, 87, 184
Ressourcenintensität, 170
Ressourcenverknappung, 166

S

Schlüsselfrage, 43, 47, 179
Sinn, 119–121
Sinnkrise, 51
Sourcing-Modell, 45, 47, 60, 179
Standards, 10, 22, 29, 41, 65
Standort, 6, 8, 23, 178
Steuerung, 154
Steuerungsmodell, 22, 45, 47, 60, 179
Strategie, 2, 6, 14
Strategie-Emotionalisierungsschritt, 21, 177

Strategiealternative, 15
Strategiebeschreibung, 14
Strategieoptionsraum, 15
Strategiepapier, 14, 15, 177
Strategiephase, 70, 71, 73, 75, 79, 122
Strukturanhaftung, 172
Strukturierung, 154
Strukturierungsprinzip, 122
Strukturunterlegung, 53, 181
Strukturvorgabe, 55, 61
Symptom, 50, 51, 68, 75
System-Grid, 135

T

Taktik, 22, 71–73
Taktikphase, 10, 79, 123, 154
Teamkenntnis, 84
Template, 55, 58, 181
Themenparallelität, 171
Tiefe, 21
To-Do-Liste, 35, 86, 141, 144, 184
Trägheit, 68, 70, 72, 76, 82
Training, 69, 74, 76, 142, 164, 187
Treiberprinzip, 110, 111, 185

U

Überfrachtung, 144
Übersetzung, 21
Umsatz, 3, 10
Umsetzungsdilemma, 27
Umsetzungsexzellenz, 153, 154, 168, 171, 174
Umsetzungsgravitation, 153
Umsetzungskonzept, 30–33
Umsetzungskultur, 106, 132, 158, 161, 171, 174
Umsetzungsmanagement, 7, 11, 68, 106, 139
Umsetzungsmanager, 58, 60, 74, 75, 106, 115, 121, 140, 147
Umsetzungsmomentum, 28, 76, 121, 128, 149
Umsetzungsorganisation, 139, 141
Umsetzungsphase, 82, 114, 120
Umsetzungsphilosophie, 153
Umsetzungspolitik, 29, 32, 33, 133, 186
Umsetzungsproduktivität, 6, 150
Umsetzungsreporting, 9, 121, 137, 149, 189
Umsetzungsteam, 139, 141, 158
Unschärfe, 22, 43, 55, 102, 153, 183
Unsicherheit, 30, 39, 48, 68, 70, 78, 102, 166
Unternehmensmodell, 44, 179

Unternehmenszweck, 4, 6, 11, 93

V
Veränderung, 7, 28, 115, 119, 129
Veränderungsprozess, 25, 51, 124
Verbindlichkeit, 143
Vereinfachung, 99
Vergesslichkeitsregel, 161
Vernetzung, 38, 108, 112, 173
Vernetzungsprinzip, 111, 159, 185
Vernetzungsregel, 158
Verunsicherungen, 49
Vielfältigkeit, 101
Vision, 4, 10, 11, 13, 23, 93

W
Wartungsintervall, 84
Wertemodell, 46, 179
Wertschöpfungsrad, 45, 47, 179

Wettbewerbsgrenze, 11, 153
Wettbewerbspositionierung, 8, 11
Wettbewerbsvorteil, 14, 19, 104, 108, 153, 168
WHDJG-Phänomen, 3, 49, 50, 52, 57, 180
Widersprüchlichkeit, 91, 94, 102, 153, 166
Wirkgeflecht, 115
Wirknetz, 38, 59, 95, 101, 134
Wirknetzanalyse, 56

Z
Zeit, 27, 28, 83, 144
Zeitvorgabe, 84
Ziel, 6, 10, 23, 38
Zielbeitrag, 80
Zielbild, 3, 31, 33, 42, 46
Zielsystem, 114, 126, 175
Zukunftsbild, 15, 20, 32, 163, 181
Zukunftsdrehbuch, 52, 57, 180
Zukunftsfilm, 14, 17, 21, 31, 180
Zwang, 102